Vorwort

Das vorliegende Rechnungswesenbuch erfüllt die Anforderungen für den Ausbildungsberuf Automobilkaufmann/Automobilkauffrau. Gemäß dem Rahmenlehrplan werden die Grundlagen der Buchführung einschließlich des Jahresabschlusses und der Kosten- und Leistungsrechnung ausführlich behandelt. Da im Kfz-Gewerbe auch die Erfassung, Aufbereitung und Auswertung von Informationen sowie die Planung von unternehmerischen Zielen von besonderer Wichtigkeit ist, werden diese Aspekte im Controllingteil praxisorientiert dargestellt.

Das Buch ist nach den Lernfeldern des Rahmenlehrplans gegliedert, berücksichtigt aber neben den rechnungswesenorientierten Lernfeldern 2, 6 und 10 auch buchungstechnische Teilbereiche aus den übrigen Lernfeldern (vgl. Synopse im Anhang). So wie es in der Praxis der Fall ist, werden der Jahresabschluss und seine vorbereitenden Abschlussbuchungen dabei erst am Ende des Buchführungsteils behandelt. Grundlage dieses Rechnungswesenbandes ist der Kontenrahmen des Zentralverbands Deutsches Kraftfahrzeuggewerbe e. V. aus 2012 (ZDK).

Die einzelnen Themenbereiche werden am Beispiel des Modellunternehmens AUTOHAUS FRITZ GMBH erarbeitet. Dieses Unternehmen bildet die Grundlage für den Einstieg in die Sachdarstellung und bietet – im Anhang abgedruckt – einen Datenkranz für vertiefende Fragen und Aufgaben. Drei umfassende **Projektaufgaben** ermöglichen es den Schülern, die theoretischen und praktischen Zusammenhänge zu vertiefen. Die entsprechenden Seiten sind dabei farblich abgesetzt. Ein **Methoden- und Präsentationspool** im Anhang des Buches sowie der Verweis auf den Einsatz von EDV unterstützen dabei den handlungsorientierten Aspekt dieses Projekts sowie der Übungsaufgaben.

Verlag und Autor sind für jede Anregung und Kritik dankbar!

Der Verfasser

W0194097

Erläuterungen der im Buch stehenden Symbole:

	Dieses Symbol verweist auf den umfangreichen **Methoden- und Präsentationspool** im Anhang des Buches. Entsprechende Begriffe und Methoden, die dort nachgeschlagen werden können, sind im Text gekennzeichnet.
	Dieses Zeichen deutet auf inhaltliche Parallelen anderer Lernfelder (1 bis 12) des Rahmenlehrplans für Automobilkaufleute hin.
	Dieses Symbol verweist auf angrenzende Themengebiete anderer Fächer (GK = Gemeinschaftskunde; D = Deutsch; T = Technik; DV = Datenverarbeitung). Handlungsaufträge und Aufgaben, die mit dem Hinweis auf DV gekennzeichnet sind, werden auf der **Zusatz-CD-ROM** (Best.-Nr. 00755) beispielhaft gelöst.

Inhaltsverzeichnis

Lernfeld 6
Am Jahresabschluss und an der Kosten- und Leistungsrechnung mitwirken

Lernfeld 10
Erfolgskontrollen durchführen und Kennzahlen für betriebliche Entscheidungen aufbereiten

Anhang

Zulassungen von Herstellern/Importeuren in Deutschland*

	Zulassungen Jan.–Dez.			Marktanteil in % Jan.–Dez.		
	2009	2008	2007	2009	2008	2007
Gesamtmarkt	3 591 611	3 090 040	3 148 163	100	100	100
Land Rover	4 496	7 149	8 178	0,13	0,23	0,26
Ford	272 444	217 301	213 870	7,59	7,03	6,79
Jaguar	2 522	3 916	3 720	0,07	0,13	0,12
Volvo	23 644	27 977	33 485	0,66	0,91	1,06
Audi	219 108	251 393	249 305	6,10	8,14	7,92
Seat	66 847	49 331	52 888	1,86	1,6	1,68
Skoda	182 441	121 277	118 685	5,08	3,92	3,77
VW	758 881	615 235	608 822	21,13	19,91	19,34
Mercedes	263 821	327 944	327 705	7,35	10,61	10,41
Smart	31 646	33 829	31 984	0,88	1,09	1,02
Chevrolet	29 534	21 305	25 245	0,82	0,69	0,8
Opel	321 536	258 300	285 266	8,95	8,36	9,06
Saab	1 188	3 798	4 167	0,03	0,12	0,13
BMW	206 067	253 912	255 395	5,74	8,22	8,11
Mini	31 791	30 855	29 494	0,89	1	0,94
Dacia	78 281	24 931	17 313	2,18	0,81	0,55
Nissan	59 482	45 748	41 571	1,66	1,48	1,32
Renault	137 040	122 232	122 946	3,82	3,96	3,91
Citroën	95 579	73 337	73 244	2,66	2,37	2,33
Peugeot	124 724	94 676	93 394	3,47	3,06	2,97
Alfa Romeo	11 616	7 600	11 576	0,32	0,25	0,37
Fiat	157 907	88 104	73 783	4,40	2,85	2,34
Lancia	3 327	3 578	2 563	0,09	0,12	0,08
Daihatsu	10 119	13 726	13 533	0,28	0,44	0,43
Lexus	2 072	3 818	4 772	0,06	0,12	0,15
Toyota	130 022	92 962	127 763	3,62	3,01	4,06
Hyundai	87 709	51 674	47 521	2,44	1,67	1,51
Kia	51 323	34 323	40 381	1,43	1,11	1,28
Chrysler	7 288	14 525	18 658	0,20	0,47	0,59
Honda	43 241	40 133	41 729	1,20	1,3	1,33
Mazda	57 424	56 277	65 651	1,60	1,82	2,09
Mitsubishi	28 659	25 560	31 450	0,80	0,83	1
Porsche	14 317	16 232	17 673	0,40	0,53	0,56
Subaru	8 395	9 611	8 524	0,23	0,31	0,27
Suzuki	57 106	36 838	36 369	1,59	1,19	1,16
Rest sonstige Hersteller						

* Quelle: Kraftfahrt-Bundesamt, Flensburg

Lernfeld 2
Bestände und Wertströme erfassen und dokumentieren

1 Das Rechnungswesen im Autohaus

> Der Buchhalter Karlheinz Thalmann der Autohaus Fritz GmbH ist 51 Jahre alt und in seinem Bereich ein „alter Hase". Herrn Thalmann ärgert das Vorurteil, Buchhalter seien langweilige Menschen, die in ihren „Kämmerlein" sitzen, tote Zahlen hin und her schieben und am liebsten graue Kleidung tragen.

1. Warum ist das Rechnungswesen im Kfz-Betrieb die zentrale Abteilung, wenn es darum geht, Informationen für die Geschäftsleitung oder die Abteilungsleiter zu beschaffen?
2. Lösen Sie die Aufgabe in **Gruppenarbeit**. Bilden Sie dazu Gruppen mit nicht mehr als fünf Teilnehmern. Jedes Gruppenmitglied repräsentiert einen Geschäftsbereich, also Neufahrzeugverkauf, Gebrauchtfahrzeugverkauf, Lager, Werkstatt oder Verwaltung und formuliert notwendige Informationen für seine Abteilung, die das Rechnungswesen zur Verfügung stellen kann. Notieren Sie die Ergebnisse auf **Metaplan-Karten** und stellen Sie das Ergebnis auf einer **Pinnwand** dar.

1.1 Aufgaben des Rechnungswesens

Rechnungswesen ist der Oberbegriff für die gesamte Verwaltung und Auswertung des Zahlenmaterials innerhalb eines Autohauses. Ein Teil davon ist die Buchführung. Sie liefert für alle Teile des Rechnungswesens die Basiswerte in einer zeitlich geordneten Reihenfolge und ermöglicht so die Erstellung der täglichen Umsatzzahlen oder der monatlichen kurzfristigen Erfolgsrechnung. Ebenso liefert die Buchführung das Zahlenmaterial für den Jahresabschluss. Buchführung bezieht sich immer auf einen Zeitabschnitt.

Zum **Beispiel** auf:

einen Tag	durch abendliche Kassenabrechnung,
einen Monat	durch die kurzfristige Erfolgsrechnung,
ein Jahr	durch den Jahresabschluss und die Bilanzerstellung.

Aus diesem Grund nennt man die Buchführung auch eine Zeitraum-Rechnung.

Die **Kosten- und Leistungsrechnung** ist weiterer Teil des Rechnungswesens. Aufgabe der Kosten- und Leistungsrechnung ist es, den Erfolg der einzelnen Abteilungen zu ermitteln. Zu diesem Zweck stellt sie diejenigen Kosten denjenigen Erlösen gegenüber, die in einer Periode (Monat) angefallen sind. Diese monatliche **Betriebsabrechnung** ist ebenfalls eine Zeitraum-Rechnung.

Werden diese Betriebsabrechnungen miteinander verglichen und ausgewertet, so kann der Kfz-Unternehmer Kennzahlen seines Betriebes ermitteln. Diesen Bereich nennt man **Unternehmensstatistik**. Sie gibt einen Überblick über die Entwicklung und wirtschaftliche Lage des Autohauses. Die Statistik ist eine Vergleichsrechnung.

Eine weitere Aufgabe des Rechnungswesens ist die **Kalkulation**. Der Preis eines konkreten Reparaturauftrages soll ermittelt werden. Die dazu benötigten Daten liefert die Kostenrechnung. Die

Kalkulation bezieht sich immer auf einen Auftrag oder ein zu verkaufendes Stück (etwa Gebrauchtfahrzeug, Zubehörteil). Aus diesem Grund nennt man die Kalkulation auch eine Auftrags- oder Stückrechnung.

Ein ständig wichtiger werdender Teil des Rechnungswesens ist die **Planung**. Der Kfz-Unternehmer benötigt Informationen darüber, wie in der Zukunft seine Erlöse, seine Kosten und somit auch sein Gewinn aussehen könnten. Planung bezieht sich immer auf einen zukünftigen Zeitraum, somit ist die Planung eine Zukunftsrechnung.

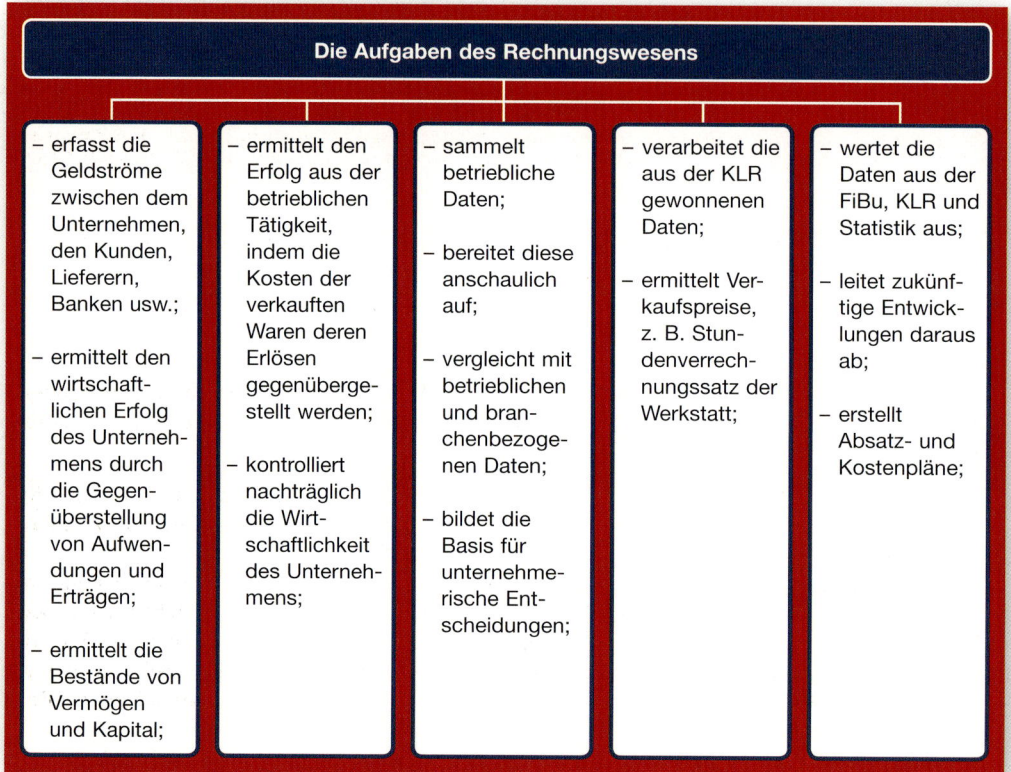

Die Aufgaben des Rechnungswesens

– erfasst die Geldströme zwischen dem Unternehmen, den Kunden, Lieferern, Banken usw.; – ermittelt den wirtschaftlichen Erfolg des Unternehmens durch die Gegenüberstellung von Aufwendungen und Erträgen; – ermittelt die Bestände von Vermögen und Kapital;	– ermittelt den Erfolg aus der betrieblichen Tätigkeit, indem die Kosten der verkauften Waren deren Erlösen gegenübergestellt werden; – kontrolliert nachträglich die Wirtschaftlichkeit des Unternehmens;	– sammelt betriebliche Daten; – bereitet diese anschaulich auf; – vergleicht mit betrieblichen und branchenbezogenen Daten; – bildet die Basis für unternehmerische Entscheidungen;	– verarbeitet die aus der KLR gewonnenen Daten; – ermittelt Verkaufspreise, z. B. Stundenverrechnungssatz der Werkstatt;	– wertet die Daten aus der FiBu, KLR und Statistik aus; – leitet zukünftige Entwicklungen daraus ab; – erstellt Absatz- und Kostenpläne;

Betrachtet man die Finanzbuchhaltung für sich allein, erfüllt sie im Autohaus folgende Zwecke:

- **Selbstinformation für den Kfz-Unternehmer:** D. h., der Unternehmer erhält täglich einen Überblick über die finanzielle Lage des Autohauses.

- **Rechenschaftslegung:** D. h., Mitgesellschaftern kann Auskunft darüber gegeben werden, wie ihr Geld im Autohaus verwendet wird.

- **Nachweis der Besteuerung:** D. h., dem Finanzamt können eindeutig die Bemessungsgrundlagen für die Steuern übermittelt werden.

- **Gläubigerschutz:** D. h., kreditgebenden Banken kann die wirtschaftliche Lage des Autohauses dargestellt werden.

- **Beweismittel:** D. h., bei Rechtsstreitigkeiten kann beispielsweise der Nachweis von Zahlungen erbracht werden.

1.2 Das Inventar

Der kaufmännische Auszubildende Mario Töpfer kommt zu Beginn seiner Ausbildung zum Automobilkaufmann in die Abteilung Rechnungswesen. Er fragt die Leiterin des Rechnungswesens, Jennifer Fritz: „Womit beginnt eigentlich die Buchführung in einem Autohaus?" Frau Fritz erklärt Mario, dass die Grundlage einer jeden Autohausbuchhaltung das Inventarverzeichnis ist. Das Inventar ist ein neben der Buchhaltung separat erstelltes Verzeichnis, das alle Vermögensgegenstände und Schulden des Unternehmens enthält.

Erarbeiten Sie einen Vorschlag zur Gliederung und Bewertung der Vermögensteile und der Schulden.

Schaut man sich ein Inventarverzeichnis genauer an, stellt man eine klare Gliederung fest:

A. **Vermögen**
B. **Schulden**
C. **Reinvermögen**

Diese Sachverhalte sind eigentlich leicht zu verstehen, dennoch sollte man sich die Beziehungen genau einprägen, da sie von elementarer Bedeutung für das Verstehen der gesamten Buchführung sind.

- Das **Vermögen** (Aktiva): Dies sind alle materiellen und immateriellen Güter eines Kfz-Unternehmens. Man unterteilt das Vermögen nochmals in Anlagevermögen und Umlaufvermögen.
  - Das **Anlagevermögen**: Unter Anlagevermögen versteht man solche Vermögensteile, die dem Unternehmen längerfristig zur Verfügung stehen und eigentlich nicht zum Verkauf bestimmt sind (Grundstücke, Gebäude, Maschinen). Hierzu gehören auch die Vorführfahrzeuge; obwohl sie letztendlich verkauft werden, werden sie ersetzt und eine gewisse Zeit betrieblich genutzt. Hier wird nicht das einzelne Vorführfahrzeug betrachtet, sondern die Funktion der Vorführfahrzeuge.
  - Das **Umlaufvermögen**: Unter Umlaufvermögen versteht man diejenigen Vermögensteile, die entweder zum Verkauf bestimmt sind (Neufahrzeuge, Gebrauchtfahrzeuge, Ersatzteile usw.) oder ständige Bestandszunahmen oder -abgänge haben (etwa Forderungen, Kasse).

- Das **Kapital** (Passiva): Als Kapital werden die Finanzquellen eines Unternehmens bezeichnet, d. h. die Mittel, mit denen das Vermögen finanziert wurde. Dies können Eigen- oder Fremdmittel sein.

- Die **Schulden** (Fremdkapital): Schulden sind grundsätzlich finanzielle Verpflichtungen gegenüber Gläubigern, z. B. Bankschulden oder Schulden bei Lieferern. Dies ist Kapital von Geldgebern (Fremden), demnach Fremdkapital. Je nach Laufzeit unterscheidet man zwischen langfristigem Fremdkapital und kurzfristigem Fremdkapital.

- Das **Reinvermögen** (Eigenkapital): Dies ist die rechnerische Differenz zwischen Vermögen und Fremdkapital. Es ist das Kapital, welches der Kfz-Unternehmer seinem Autohaus aus eigenen Mitteln zur Verfügung stellt.

Das unbewegliche Anlagevermögen wie Grundstücke und Geschäftsgebäude wird durch eine Buchinventur – d. h., Grundbuchauszüge belegen den Wert der einzelnen Grundstücke oder Gebäude – erfasst.

Das bewegliche Anlagevermögen, wie Betriebsausstattung oder Maschinen, wird durch eine Anlagenbuchhaltung belegt, die für jeden Anlagengegenstand den Wert festhält.

Die Neufahrzeuge, Gebrauchtfahrzeuge, Ersatzteile und Zubehör, das gesamte Vorratsvermögen, ist jährlich einmal körperlich aufzunehmen, d. h., das Vorratsvermögen ist zu zählen, die Anzahl wird mit dem Einkaufspreis multipliziert, um so den Inventurwert zu ermitteln.

Das **finanzielle Umlaufvermögen**, also Forderungen gegenüber Kunden, Kassenbestand oder Bankbestand, ermittelt der Buchhalter auf folgende Weise: Für die Kundenforderungen gibt es ein eigenes Verzeichnis, die „Offene-Posten-Liste Debitoren" (Kunden). In dieser Liste ist jeder Kunde mit seiner Kontonummer und seinen noch offenen Rechnungen vermerkt. Die Summe dieser Liste ergibt den Forderungsbestand zum Bilanzstichtag. Der Bankbestand ergibt sich aus den Kontoauszügen zum Bilanzstichtag. Der Kassenbestand ergibt sich aus der Kassenabrechnung zum Bilanzstichtag.

Die **kurzfristigen Schulden**, das sind offene Rechnungen bei Lieferern, werden genauso wie die Forderungen in einer eigenen Liste erfasst. Diese Liste heißt „Offene-Posten-Liste Kreditoren" (Lieferer). Die langfristigen Schulden, also Darlehen bei Banken oder Hypotheken auf Grundstücke, ergeben sich aus den entsprechenden Verträgen.

Das Reinvermögen, d. h. das Eigenkapital, ergibt sich, wenn von den Vermögenswerten die Schulden abzogen werden.

> **Reinvermögen (Eigenkapital) = Vermögen – Schulden**

Für alle Vermögensteile und Schulden sind im Inventar Werte (in EUR) anzugeben. Damit ein einheitliches Verfahren von allen Unternehmen angewendet wird, hat der Gesetzgeber Vorschriften zur Bewertung erlassen.

Inventurverfahren

In der Praxis des Kfz-Gewerbes finden die Stichtagsinventur oder zeitnahe Inventur und die permanente Inventur Anwendung. In der Vergangenheit forderte der Gesetzgeber die Durchführung der Inventur streng zum Ende des Geschäftsjahres, z. B. zum 31. Dezember.

Eine solche Inventur wird **Stichtagsinventur** genannt. Dieses Verfahren lässt sich bei vielen Kfz-Betrieben nicht durchführen, da der Arbeitsaufwand aufgrund der hohen Lagerbestände im Teilelager zu groß ist. Aus diesem Grund lässt der Gesetzgeber eine zeitnahe Erfassung der Bestände zu, in der Regel bis zu zehn Tagen vor bzw. nach dem Stichtag. Bei dem Verfahren der zeitnahen Inventur muss sichergestellt werden, dass die Bestandsveränderungen zwischen dem Bilanzstichtag und dem früher oder später liegenden Aufnahmetag mit Belegen ordnungsgemäß mengen- und wertmäßig berücksichtigt werden. Nachteilig an diesen beiden Inventurverfahren ist, dass das Betriebsgeschehen erheblich beeinträchtigt wird (Bsp.: Originalersatzteile aus dem Teilelager sollen in der Werkstatt verbaut werden, das Teilelager wird aber gerade körperlich aufgenommen). Außerdem müssen häufig zusätzliche Hilfskräfte eingestellt und angelernt werden oder die Mitarbeiter Überstunden leisten, was gerade zum Jahresende nachteilig ist und zudem erhebliche Mehrkosten verursacht.

Aus den genannten Gründen lässt der Gesetzgeber eine **permanente Inventur** zu. Voraussetzung dafür ist, dass das Kfz-Unternehmen alle Wareneingänge und Warenausgänge per EDV erfasst. Dadurch ist das Kfz-Unternehmen in der Lage, den Warenbestand jederzeit ausdrucken zu lassen. Der am Bilanzstichtag vorliegende buchmäßige Bestand darf als tatsächlicher Bestand angesetzt werden. Alle markengebundenen Kfz-Betriebe verfügen über ein EDV-Lagerprogramm, das täglich alle Zu- und Abgänge mengenmäßig erfasst, sodass ohne eine körperliche Bestandsaufnahme der buchmäßige Bestand zum Bilanzstichtag ermittelt werden kann. Mindestens einmal im Geschäftsjahr muss durch eine **körperliche Inventur** geprüft werden, ob der buchmäßig ermittelte Bestand mit dem tatsächlichen Bestand übereinstimmt. Sollten Bestandsdifferenzen auftreten, ist der Buchbestand zu berichtigen.

Beispiel eines Inventars des Autohauses Fritz zum 31.12.

A. Vermögen (Aktiva)	Einzelwert in EUR	Gesamtwert in EUR
Anlagevermögen		
1. Grundstücke	135 000,00	
2. Gebäude	946 000,00	
3. Maschinen und Anlagen	456 000,00	
4. Werkzeuge und Vorrichtungen	42 000,00	
5. Betriebseinrichtung	146 200,00	
6. Betriebsfahrzeuge	6 000,00	
7. Vorführfahrzeuge	125 600,00	1 856 800,00
Umlaufvermögen		
1. Neufahrzeuge	762 450,00	
2. Gebrauchtfahrzeuge	58 350,00	
3. Ersatzteile Original	642 700,00	
4. Zubehör	135 800,00	
5. Forderungen lt. Saldenliste	47 000,00	
6. Bankguthaben	124 600,00	
7. Kassenbestand	1 450,00	1 772 350,00
Summe des Vermögens		**3 629 150,00**
B. Schulden (Passiva)		
I. Langfristige Schulden		
1. Darlehen	2 700 000,00	2 700 000,00
II. Mittel- u. kurzfristige Schulden		
1. Liefererschulden laut „Offener-Posten-Liste Kreditoren"	49 150,00	
2. Kurzfristige Bankschulden	22 000,00	71 150,00
Summe der Schulden		**2 771 150,00**
C. Reinvermögen		
Summe des Vermögens		3 629 150,00
./. Summe der Schulden		2 771 150,00
= Eigenkapital		**858 000,00**

Durch einen Vergleich der Inventare zweier aufeinanderfolgender Jahre wird die wirtschaftliche Entwicklung eines Unternehmens erkennbar. Eine Veränderung des Eigenkapitals gibt Auskunft darüber, ob im abgelaufenen Wirtschaftsjahr ein Gewinn oder ein Verlust erwirtschaftet wurde. Liegt eine Erhöhung des Eigenkapitals vor, so hat das Unternehmen einen **Gewinn** erwirtschaftet; liegt eine Verminderung des Eigenkapitals vor, hat das Unternehmen einen **Verlust** erwirtschaftet.

Beispiel eines Eigenkapitalvergleichs des Autohauses Fritz zum 31.12.

Eigenkapital dieses Jahr	858 000,00 EUR
./. Eigenkapital letztes Jahr	820 000,00 EUR
positive Differenz	38 000,00 EUR

Das Autohaus Fritz hat in diesem Jahr einen **Gewinn** von 38 000,00 EUR erwirtschaftet.

Aufgaben

1. Ordnen Sie die folgenden durch Inventur ermittelten Vermögensgegenstände dem Anlage- bzw. Umlaufvermögen und die Schulden den langfristigen bzw. kurzfristigen Schulden zu.

1. Schreibtisch in der Buchhaltung
2. Gebrauchtfahrzeugebestand
3. Geschäftsbauten
4. Hebebühne
5. Diagnosecomputer
6. Neufahrzeugebestand
7. Forderungen aus Lieferungen und Leistungen
8. Vorführfahrzeugebestand
9. Kassenbestand
10. Schulden bei unseren Lieferern für Ersatzteile
11. Darlehen bei der Sparkasse, Laufzeit zehn Jahre
12. Kredit bei unserer Hausbank
13. Guthaben auf unserem Geschäftskonto
14. Firmeneigener Abschleppwagen
15. Firmeneigenes Grundstück
16. Schulden bei der Herstellerbank für noch nicht bezahlte Neufahrzeuge

2. Erstellen Sie ein **Blanko-Inventar** nach dem Muster der Autohaus Fritz GmbH.
Versehen Sie das Inventar mit allen notwendigen Formeln.

3. Der Autohändler Karl Müller, Göttingen, hat durch Inventur zum 31.12. folgende Bestände ermittelt:

Guthaben bei Banken	23 900,00 EUR
Schulden (lt. Kreditorenbuchhaltung)	18 500,00 EUR
Bebaute Grundstücke	110 000,00 EUR
Geschäftsbauten	100 000,00 EUR
Ersatzteile	12 000,00 EUR
Werkstattausrüstung	68 000,00 EUR
Neufahrzeuge	80 000,00 EUR
Gebrauchtfahrzeuge	46 000,00 EUR
Kassenbestand	1 200,00 EUR
Vorführfahrzeuge	18 000,00 EUR
Ausstellungshalle Neufahrzeuge	30 000,00 EUR
Ausstellungshalle Gebrauchtfahrzeuge	25 000,00 EUR
Darlehen bei der Commerzbank	150 000,00 EUR

Erstellen Sie das Inventar und ermitteln Sie das Reinvermögen.

4. Der gleiche Autohändler Karl Müller, Göttingen, hat durch Inventur zum 31.12. des darauffolgenden Jahres folgende Bestände ermittelt:

Guthaben bei Banken	25 900,00 EUR
Schulden (lt. Kreditorenbuchhaltung)	19 500,00 EUR
Bebaute Grundstücke	110 000,00 EUR
Geschäftsbauten	120 000,00 EUR
Ersatzteile	18 000,00 EUR
Werkstattausrüstung	68 000,00 EUR
Neufahrzeuge	70 000,00 EUR
Gebrauchtfahrzeuge	158 000,00 EUR
Kassenbestand	1 200,00 EUR
Vorführfahrzeuge	23 000,00 EUR
Ausstellungshalle Neufahrzeuge	30 000,00 EUR

Ausstellungshalle Gebrauchtfahrzeuge	25 000,00 EUR
Darlehen bei der Commerzbank	170 000,00 EUR

a) Erstellen Sie das Inventar und ermitteln Sie das Reinvermögen.

b) Stellen Sie durch Eigenkapitalvergleich den Erfolg des Unternehmens im zweiten Jahr fest.

5. Berechnen Sie den Inventurbestand zum 31.12. im Wege der Rückrechnung für den Artikel „Endschalldämpfer PRIMOS-Limousine".

Anfangsbestand zum 01.01.	12 Stück zu 83,15 EUR/Stück
Einkauf von Endschalldämpfern am 09.03.	10 Stück zu 83,15 EUR/Stück
Einkauf von Endschalldämpfern am 09.06.	10 Stück zu 83,15 EUR/Stück
Einkauf von Endschalldämpfern am 15.08.	15 Stück zu 83,15 EUR/Stück
Einkauf von Endschalldämpfern am 16.10.	11 Stück zu 83,15 EUR/Stück
Einkauf von Endschalldämpfern am 14.12.	12 Stück zu 83,15 EUR/Stück
Verkauf von Endschalldämpfern im Januar	6 Stück
Verkauf von Endschalldämpfern im Februar	4 Stück
Verkauf von Endschalldämpfern im März	0 Stück
Verkauf von Endschalldämpfern im April	6 Stück
Verkauf von Endschalldämpfern im Mai	6 Stück
Verkauf von Endschalldämpfern im Juni	4 Stück
Verkauf von Endschalldämpfern Juli bis Dezember	34 Stück

6. Welche der folgenden Aussagen treffen auf das Inventar zu?
   a) Es ist eine Aufstellung aller Vermögensteile zum Inventurstichtag.
   b) Reinvermögen = Vermögen – Schulden
   c) Das Vorratsvermögen wird mit den Verkaufspreisen bewertet.
   d) Das Vorratsvermögen wird durch Zählen, Messen, Wiegen oder Schätzen ermittelt.

7. Welche der folgenden Begriffe ergänzen die unten stehenden Satzteile zu einer richtigen Aussage?

   (1) Vermögen (2) Anlagevermögen (3) Umlaufvermögen
   (4) Fremdkapital (5) Kapital (6) Reinvermögen/Eigenkapital
   (7) Einkaufspreis (8) Verkaufspreis (9) Stichtagsinventur

   a) Alle materiellen und immateriellen Güter eines Kfz-Unternehmens nennt man das ... des Unternehmens.
   b) Diejenigen Vermögensteile, die zum Verkauf bestimmt sind, werden zum ... gezählt.
   c) Die Finanzquellen des Unternehmens werden als ... bezeichnet.
   d) Grundstücke und Gebäude gehören zum unbeweglichen ... .
   e) Das gesamte Vorratsvermögen gehört zum ... .
   f) Die Forderungen gegenüber Kunden gehören zum ... .
   g) Eine Inventur, die am letzten Tag des Geschäftsjahres (in der Regel dem 31.12.) durchgeführt wird, bezeichnet man als ... .
   h) Vorführfahrzeuge gehören zum ... .
   i) Ein Gewinn wurde erwirtschaftet, wenn das ... eine Bestandszunahme aufweist.
   j) Langfristig zur Verfügung stehende Vermögensteile werden zum ... gezählt.
   k) Die Schulden des Unternehmens werden als ... bezeichnet.
   l) Das Vorratsvermögen ist einmal jährlich körperlich aufzunehmen und mit seinem ... zu multiplizieren, um den Inventarwert festzustellen.
   m) Die rechnerische Differenz zwischen Vermögen und Schulden nennt man ... .
   n) ... bringt der Kfz-Unternehmer selbst in das Unternehmen ein.

1.3 Die Bilanz

Die Bilanz vermittelt eine bessere Übersicht über das Vermögen und die Schulden eines Unternehmens als das Inventar. Die Bilanz ist nach § 242 HGB neben dem Inventar zu erstellen. Der Paragraf schreibt vor, dass der Kaufmann zu Beginn seines Handelsgewerbes und für den Schluss eines jeden Geschäftsjahres eine Bilanz aufstellen muss. In der Bilanz wird auf eine mengenmäßige Darstellung des Vermögens und der Schulden verzichtet. Es werden lediglich die Gesamtwerte gleichartiger Posten dargestellt (z. B. der Gesamtwert aller Neufahrzeuge). Für die Gliederung einer Bilanz hat der Gesetzgeber bei Kapitalgesellschaften klare **Gliederungsvorschriften** erlassen.

Aktiva	Bilanz zum 31.12.		Passiva
I. Anlagevermögen		I. Eigenkapital	687 220,00
Grundstücke	136 000,00	II. Fremdkapital	
Gebäude	820 000,00		
Maschinen	340 000,00		
Betriebsausstattung	160 000,00	Langfristige Schulden	
Fuhrpark	8 000,00	Darlehen	1 100 000,00
Vorführfahrzeuge	130 000,00	Hypotheken	900 000,00
II. Umlaufvermögen		Kurzfristige Schulden	
Neufahrzeuge	750 000,00	Verbindlichkeiten	751 280,00
Gebrauchtfahrzeuge	300 000,00		
Teile/Zubehör	620 000,00		
Forderungen	110 000,00		
Bankguthaben	62 500,00		
Kassenbestand	2 000,00		
	3 438 500,00		3 438 500,00

Worüber geben die beiden Seiten der Bilanz Auskunft?

Die Aktivseite der Bilanz gibt Auskunft über die **Mittelverwendung** (Vermögensform).
Die Passivseite der Bilanz gibt Auskunft über die **Mittelherkunft** (Kapitalquellen).

Da natürlich nur so viel Geld in Vermögen anlegt werden kann, wie an Eigen- und Fremdkapital dem Unternehmen zur Verfügung gestellt wurde, muss zwangsläufig die Aktivseite genauso groß sein wie die Passivseite. Daraus ergibt sich die Gleichung

Summe Aktiva = Summe Passiva

Betrachtet man die Gliederung der Aktivseite der Bilanz, so stellt man fest, dass die am schwierigsten in Geldvermögen umzuwandelnden Positionen zuerst aufgeführt werden (Grundstücke, Gebäude, Maschinen), d. h., die **Gliederung der Aktivseite** erfolgt nach zunehmender Geldflüssigkeit.

Die **Passivseite der Bilanz** hingegen ist nach der Fälligkeit der Kapitalien gegliedert. Das Eigenkapital gehört dem Unternehmen, wird damit nicht fällig und steht an erster Stelle. Im eigentlichen Sinne wird das Eigenkapital des Unternehmens vom Unternehmer geliehen und stellt somit ebenfalls eine Verbindlichkeit dar. Die langfristigen Schulden (Darlehen und Hypotheken) werden vor den kurzfristigen Schulden (Schulden bei Lieferern = Verbindlichkeiten) aufgeführt. Die Bilanz ist mit Ort und Datum zu versehen und vom Geschäftsinhaber zu unterschreiben. Bei Kapitalgesellschaften erfolgt die Unterzeichnung durch die Geschäftsführer.

Zieht man die Bilanzen zweier aufeinanderfolgender Jahre heran, lässt sich der erzielte Gewinn oder Verlust des Autohauses feststellen, indem man die Beträge der Eigenkapitalkonten miteinander vergleicht. Ist das Eigenkapital im zweiten Jahr größer als im ersten Jahr, hat das Autohaus einen Gewinn erwirtschaftet; ist es niedriger, wurde ein Verlust erzielt.

Vergleich zwischen Inventar und Bilanz

Beide Verzeichnisse stellen eine Übersicht über das Vermögen und die Schulden eines Unternehmens dar. Unterschiede finden sich nur in der Darstellungsform. Diese zeigt die folgende Grafik:

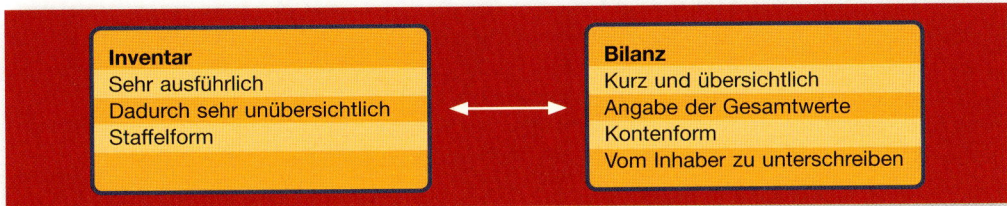

Inventar	Bilanz
Sehr ausführlich	Kurz und übersichtlich
Dadurch sehr unübersichtlich	Angabe der Gesamtwerte
Staffelform	Kontenform
	Vom Inhaber zu unterschreiben

Aufgaben

1. Erstellen Sie aus den folgenden Endbeständen eine Bilanz.

Grundstück Teltower Str. 12	120 000,00 EUR
Grundstück Teltower Str. 10	80 000,00 EUR
Gebäude Teltower Str. 12	220 000,00 EUR
Fahrzeugverkaufshalle Teltower Str. 10	110 000,00 EUR
Maschinen (Werkstatt)	110 000,00 EUR
Betriebs- und Geschäftsausstattung	95 000,00 EUR
Vorführfahrzeuge	50 000,00 EUR
Neufahrzeuge	360 000,00 EUR
Gebrauchtfahrzeuge	320 000,00 EUR
Ersatzteile	110 000,00 EUR
Zubehör	73 000,00 EUR
Sonstige Handelswaren	2 600,00 EUR
Schmierstoffe und Öle	32 000,00 EUR
Forderungen	
Firma Teltower Beton GmbH	7 900,00 EUR
Firma Elektro-Maurer	19 400,00 EUR
Herr Otto Bauer	650,00 EUR
Frau Elly Hauser	972,00 EUR
Frau Doris Deister	912,00 EUR
Bankguthaben	
Potsdamer Bank	98 000,00 EUR
Berliner Sparkasse	56 000,00 EUR
Kassenbestand	12 200,00 EUR
Eigenkapital	...? EUR
Langfristige Schulden	
Hypothek Grundstück Teltower Str. 10	50 000,00 EUR
Hypothek Grundstück Teltower Str. 12	60 000,00 EUR
Darlehen Laufzeit 10 Jahre bei Berliner Sparkasse	500 000,00 EUR
Darlehen Laufzeit 10 Jahre bei Potsdamer Bank	300 000,00 EUR
Kurzfristige Schulden	
Schulden beim Hersteller/Importeur UNICA	600 000,00 EUR
Schulden bei der Firma Oilana AG	8 500,00 EUR
Schulden bei der Firma Cars&Fun AG	16 300,00 EUR

2. Untersuchen Sie folgende Aussagen über die Bilanz und stellen Sie eventuelle Fehler heraus.
a) Die Passivseite der Bilanz gibt Auskunft über die Verwendung des Kapitals.
b) Die Passivseite der Bilanz wird nach der Fälligkeit der Kapitalien gegliedert.
c) Zum Anlagevermögen gehören die Wirtschaftsgüter, die dem Betrieb langfristig zur Verfügung stehen.
d) Das Vorratsvermögen besteht aus den Warenbeständen, dem Bankbestand und den Forderungen.
e) Die Bilanz ist eine Gegenüberstellung von Vermögen und Schulden in Kontenform.
f) Die Bilanz wird zu Beginn des Geschäftsjahres erstellt.

3. Prüfen Sie die folgenden Aussagen über Inventar und Bilanz auf ihre Richtigkeit.
a) Das Inventar enthält Mengen- und Wertangaben, die Bilanz dagegen nur Wertangaben.
b) Inventar und Bilanz können in der Summe voneinander abweichen.
c) Die Aktivseite der Bilanz gibt Auskunft über die Mittelverwendung.
d) Die Passivseite der Bilanz gibt Auskunft über die Mittelherkunft.

4. Aus dem Inventar zum 31.12. des Autohauses Gesundbrunnen, Northeim, gehen folgende Gesamtwerte hervor:

Bankguthaben	320 000,00 EUR
Bebaute Grundstücke	870 000,00 EUR
Darlehensschulden	1 500 000,00 EUR
Forderungen	900 000,00 EUR
Maschinen	150 000,00 EUR
Neufahrzeuge	800 000,00 EUR
Gebrauchtfahrzeuge	200 000,00 EUR
Ersatzteile/Zubehör	600 000,00 EUR
Verbindlichkeiten	1 200 000,00 EUR
Betriebs- und Geschäftsausstattung	620 000,00 EUR
Kasse	12 000,00 EUR
Gebäude	600 000,00 EUR
Hypothekenschulden	950 000,00 EUR
Fuhrpark	23 000,00 EUR

Stellen Sie eine ordnungsgemäße Bilanz zum 31.12. auf.

5. Im Inventar finden sich u. a. folgende Positionen:

Forderungen	
Firma Teltower Beton GmbH	6 900,00 EUR
Firma Elektro-Maurer	8 400,00 EUR
Herr Otto Bauer	1 650,00 EUR
Frau Elly Hauser	878,00 EUR
Frau Doris Deister	932,00 EUR
Kurzfristige Schulden	
Schulden beim Hersteller/Importeur UNICA	950 000,00 EUR
Schulden bei der Firma Oilana AG	13 600,00 EUR
Schulden bei der Firma Cars&Fun AG	19 200,00 EUR

a) Wo werden diese Positionen in der Bilanz ausgewiesen?
b) Wie werden sie bezeichnet?
c) Mit welchem Wert erscheinen die Positionen in der Bilanz?

2 Buchungen auf Bestandskonten

Am ersten Tag nach den Herbstferien zeigt der Buchhalter Karlheinz Thalmann dem Auszubildenden Mario Töpfer folgende verkürzte Bilanz. Anhand der Geschäftsvorfälle will er erläutern, welche prinzipiellen Geschäftsvorfälle zu einer Wertveränderung der Bilanz führen.

Aktiva		Bilanz	Passiva	
I. Anlagevermögen			**I. Eigenkapital**	26 000,00
Geschäftsaustattung	50 000,00			
II. Umlaufvermögen			**II. Fremdkapital**	
Bankguthaben	70 000,00		Darlehen	80 000,00
Kassenbestand	10 000,00		Verbindlichkeiten	24 000,00
	130 000,00			130 000,00

Arbeiten Sie anhand des folgenden Textes die vier prinzipiellen Geschäftsvorfälle heraus, die zu einer Wertveränderung in der Bilanz führen. Erstellen Sie hierzu ein Plakat und hängen Sie dieses gut sichtbar für den Rest des Schuljahres in Ihr Klassenzimmer.

2.1 Wertveränderungen in der Bilanz

Die Bilanz hat nur zu einem bestimmten **Stichtag** Gültigkeit. Schon am nächsten Tag können sich die Bilanzwerte ändern, z. B. durch den Kauf einer Hebebühne, den Verkauf eines Neufahrzeuges oder durch Tilgung eines Darlehens. Diese Veränderungen müssen in der Buchführung erfasst werden.

Beispiel der Wertveränderungen in der Bilanz:
Folgende Geschäftsvorfälle, für die Belege vorliegen, führen zu Wertveränderungen der Bilanz.

1. Geschäftsvorfall: Kassenbeleg/Quittung: Einkauf eines Computers für 1 600,00 EUR

Geschäftsausstattung plus 1 600,00 EUR   Kasse minus 1 600,00 EUR

Die Wertveränderungen beziehen sich lediglich auf die Aktivseite der Bilanz.
Einen solchen Geschäftsvorfall nennt man einen **Aktivtausch**. Die Bilanzsumme bleibt gleich.

Aktiva		Bilanz	Passiva	
I. Anlagevermögen			**I. Eigenkapital**	26 000,00
Geschäftsausstattung	51 600,00			
II. Umlaufvermögen			**II. Fremdkapital**	
Bankguthaben	70 000,00		Darlehen	80 000,00
Kassenbestand	8 400,00		Verbindlichkeiten	24 000,00
	130 000,00			130 000,00

2. Geschäftsvorfall: Vertragskopie: Umwandlung einer kurzfristigen Verbindlichkeit in ein langfristiges Darlehen. Der Gesamtbetrag beläuft sich auf 1 800,00 EUR.

Verbindlichkeiten minus 1 800,00 EUR   Langfristiges Darlehen plus 1 800,00 EUR

Die Wertveränderungen beziehen sich lediglich auf die Passivseite der Bilanz.
Einen solchen Geschäftsvorfall nennt man **Passivtausch**. Die Bilanzsumme bleibt gleich.

Aktiva	**Bilanz**		Passiva
I. Anlagevermögen		I. Eigenkapital	26 000,00
Geschäftsausstattung	51 600,00		
II. Umlaufvermögen		II. Fremdkapital	
Bankguthaben	70 000,00	Darlehen	81 800,00
Kassenbestand	8 400,00	Verbindlichkeiten	22 200,00
	130 000,00		130 000,00

3. Geschäftsvorfall: Eingangsrechnung: Kauf eines Druckers auf Ziel für 450,00 EUR.

Geschäftsausstattung plus 450,00 EUR   Verbindlichkeiten plus 450,00 EUR

Die Wertveränderungen beziehen sich auf die Aktiv- und die Passivseite der Bilanz. In beiden Fällen nehmen die durch den Geschäftsvorfall berührten Kontobestände zu. Einen solchen Geschäftsvorfall nennt man **Aktiv-Passiv-Mehrung**. Die Bilanzsumme nimmt zu.

Aktiva	**Bilanz**		Passiva
I. Anlagevermögen		I. Eigenkapital	26 000,00
Geschäftsausstattung	52 050,00		
II. Umlaufvermögen		II. Fremdkapital	
Bankguthaben	70 000,00	Darlehen	81 800,00
Kassenbestand	8 400,00	Verbindlichkeiten	22 650,00
	130 450,00		130 450,00

4. Geschäftsvorfall: Bankauszug: Überweisung einer fälligen Rechnung über 950,00 EUR.

Bank minus 950,00 EUR   Verbindlichkeiten minus 950,00 EUR

Die Wertveränderungen beziehen sich auf die Aktiv- und die Passivseite der Bilanz. In beiden Fällen nehmen die durch den Geschäftsvorfall berührten Kontobestände ab. Einen solchen Geschäftsvorfall nennt man **Aktiv-Passiv-Minderung**. Die Bilanzsumme nimmt ab.

Aktiva	**Bilanz**		Passiva
I. Anlagevermögen		I. Eigenkapital	26 000,00
Geschäftsausstattung	52 050,00		
II. Umlaufvermögen		II. Fremdkapital	
Bankguthaben	69 050,00	Darlehen	81 800,00
Kassenbestand	8 400,00	Verbindlichkeiten	21 700,00
	129 500,00		129 500,00

Aufgaben

1. Erstellen Sie eine Bilanz. Tragen Sie auf der Aktivseite und auf der Passivseite folgende Anfangsbestände vor:

Ersatzteile	20 000,00 EUR
Forderungen	6 000,00 EUR
Kasse	2 000,00 EUR
Eigenkapital	10 000,00 EUR
Darlehen	8 000,00 EUR
Verbindlichkeiten	10 000,00 EUR

Geschäftsvorfälle:
   1. Kassenbeleg: Autohaus Fritz bezahlt eine Verbindlichkeit in Höhe von 1 000,00 EUR.
   2. Vertragskopie: Autohaus Fritz wandelt ein kurzfristiges Darlehen in ein langfristiges
      Darlehen um: 5 000,00 EUR
   3. Kassenbeleg/Quittung: Kauf von Ersatzteilen gegen Barzahlung 800,00 EUR
   4. Eingangsrechnung: Kauf von Ersatzteilen auf Ziel 300,00 EUR
   a) Stellen Sie bei jedem Geschäftsvorfall die Auswirkung auf die Bilanz fest.
   b) Kennzeichnen Sie die Wertveränderung mit dem zutreffenden Begriff.
   c) Erstellen Sie nach jedem Geschäftsvorfall die veränderte Bilanz.

2. Bestimmen Sie, ob es sich bei den folgenden Geschäftsvorfällen um einen Aktivtausch, einen
Passivtausch, eine Aktiv-Passiv-Mehrung oder eine Aktiv-Passiv-Minderung handelt.
   1. Kassenbeleg/Quittung: Ein Kunde bezahlt einen fälligen Rechnungsbetrag per Barzahlung.
   2. Eingangsrechnung: Autohaus Fritz kauft beim Hersteller/Importeur Ersatzteile auf Ziel.
   3. Vertragskopie: Kauf eines anliegenden Grundstücks per Banküberweisung zur Erweiterung
      des Betriebes.
   4. Bankauszug: Überweisung einer fälligen Liefererrechnung.
   5. Bankauszug/Kassenbeleg: Barabhebung vom Bankkonto. Das Geld wird in die Kasse
      eingelegt.
   6. Eingangsrechnung: Autohaus Fritz kauft ein Vorführfahrzeug. Der Hersteller/Importeur bucht
      den Rechnungsbetrag vom Bankkonto ab.
   7. Vertragskopie: Umwandlung eines kurzfristigen Kredits bei der Hausbank in ein langfristiges
      Darlehen.
   8. Kontoauszug: Ein Kunde begleicht einen fälligen Rechnungsbetrag per Banküberweisung.
   9. Eingangsrechnung: Kauf einer Hebebühne für die Werkstatt auf Rechnung (Ziel).
   10. Kontoauszug: Begleichung einer Verbindlichkeit per Banküberweisung.

3. Erläutern Sie, welche Bilanzveränderungen folgende Geschäftsvorfälle hervorrufen.

a) Barabhebung vom Bankkonto für die Geschäftskasse	2 000,00 EUR
b) Aufnahme eines Darlehens, das dem Bankkonto gutgeschrieben wird	25 000,00 EUR
c) Barkauf eines Büroschrankes	1 200,00 EUR
d) Ein Kunde begleicht eine fällige Rechnung per Banküberweisung	650,00 EUR
e) Barverkauf einer gebrauchten Auswuchtmaschine	2 500,00 EUR
f) Überweisung einer Liefererrechnung durch Banküberweisung	2 600,00 EUR

4. Untersuchen Sie, welche der unten stehenden Auswirkungen durch die Geschäftsvorfälle 1 bis
4 hervorgerufen werden.

1. Eingangsrechnung/Bankauszug: Kauf eines Diagnosecomputers gegen Bankscheck	18 500,00 EUR
2. Bankauszug: Tilgungsrate einer Darlehensschuld	15 000,00 EUR
3. Bankauszug: Ein Kunde bezahlt eine offene Rechnung	1 345,00 EUR
4. Eingangsrechnung: Zielkauf eines Abschleppwagens	34 500,00 EUR

Auswirkungen:
a) Dem Unternehmen wird Fremdkapital zugeführt.
b) Dieser Geschäftsvorfall ruft einen Aktivtausch hervor.
c) Dieser Geschäftsvorfall ruft eine Aktiv-Passiv-Minderung hervor.
d) Die Bilanzsumme wird vergrößert.
e) Es handelt sich um eine Aktiv-Passiv-Mehrung.
f) Die Bilanzsumme bleibt gleich.
g) Es findet ein Tausch innerhalb des Umlaufvermögens statt.
h) Schulden des Unternehmens werden getilgt.

5. Beantworten Sie zu den Geschäftsvorfällen folgende Fragen:
a) Welche Posten der Bilanz werden berührt?
b) Handelt es sich um einen Posten der Aktiv- oder der Passivseite der Bilanz?
c) Wie wirkt sich der Geschäftsvorfall auf die Posten aus?
d) Um welche der vier prinzipiellen Wertveränderungen der Bilanz handelt es sich?
Geschäftsvorfälle:

Eingangsrechnung: Einkauf eines Regals für das Lager	12 200,00 EUR
Bankauszug: Bareinzahlung auf das Bankkonto	5 200,00 EUR
Bankauszug: Tilgungsrate eines Darlehens	8 500,00 EUR
Ausgangsrechnung: Verkauf eines gebrauchten PCs	650,00 EUR
Kassenbeleg: Kunde bezahlt Rechnung in bar	870,00 EUR
Eingangsrechnung: Kauf von Spezialwerkzeugen auf Ziel	4 300,00 EUR

6. Welche der folgenden Begriffe ergänzen die unten stehenden Satzteile zu einer richtigen Aussage?
(1) Bilanz   (2) Aktivtausch   (3) Passivtausch
(4) Aktiv-Passiv-Mehrung   (5) Aktiv-Passiv-Minderung   (6) Bilanzsumme
(7) Wertveränderung
a) Die … hat nur zu einem bestimmten Stichtag Gültigkeit.
b) Es gibt vier prinzipielle Geschäftsvorfälle, die zu einer … in der … führen.
c) Das Autohaus Fritz begleicht eine offene Liefererrechnung per Banküberweisung.
  Dieser Geschäftsvorfall bewirkt eine(n) … .
d) Das Autohaus Fritz wandelt eine kurzfristige Verbindlichkeit in ein Bankdarlehen um.
  Dieser Geschäftsvorfall bewirkt eine(n) … .
e) Bei einem(r) … erhöht sich die/der … .
f) Kauft das Autohaus Fritz ein Gebrauchtfahrzeug per Scheck, so bewirkt dieser Geschäftsvorfall eine(n) … .
g) Bei einem(r) … vermindert sich die … .
h) Kauft das Autohaus Fritz ein Neufahrzeug auf Ziel, bewirkt dieser Geschäftsvorfall eine(n) … .

2.2 Auflösung der Bilanz in Konten

Herr Thalmann hat Mario Töpfer die Wertveränderungen in der Bilanz ausführlich erklärt. Herr Thalmann stellt zufrieden fest: „Das ist die eigentliche Aufgabe der Buchführung. Es zeigt der Unternehmensleitung zu jeder Zeit den Stand und die Veränderungen von Vermögen und Kapital." Mario fragt nach: „Heißt das, dass Frau Fritz und Sie nach jedem Geschäftsvorfall eine Bilanz erstellen müssen?" „Nein, das wäre sehr zeitraubend, unübersichtlich und damit wenig aussagekräftig, zumal Herr und Frau Fritz jederzeit über die Höhe der Forderungen und der Verbindlichkeiten informiert sein wollen. Schau mir doch einfach mal beim Buchen zu." Das hält Mario auch bis zum Mittag aus. Er sieht, wie Herr Thalmann Zahlen eingibt und sich Protokolle ausdrucken lässt. In der Mittagspause gesteht er: „Ehrlich gesagt, habe ich nichts verstanden." Herr Thalmann antwortet darauf: „Rechnungswesen ist keine Magie, aber einige Grundlagen muss man schon beherrschen und diese werden in der Berufsschule an einfachen Beispielen erklärt. Wichtig ist es jetzt für dich, die Zusammenhänge zu verstehen, da die Themen der Buchführung aufeinander aufbauen. Wenn man die Grundlagen nicht versteht, kann man den Rest auch nicht verstehen."

Machen Sie einen Vorschlag, wie man die Veränderungen der Bilanzpositionen Forderungen und Verbindlichkeiten übersichtlich erfassen kann.

Die Bilanz wird in Konten aufgelöst, um eine genaue Übersicht über Art, Ursache und Höhe der Veränderung der Bilanzposten zu erhalten. Ein Konto hat ebenfalls die Form einer Bilanz. Aber die linke Seite heißt **Soll** und die rechte Seite heißt **Haben**. Die Konten übernehmen aus der Eröffnungsbilanz die Anfangsbestände (AB). Aus diesem Grund werden die Aktiv- und Passivkonten als **Bestandskonten** bezeichnet.

Schema der Auflösung einer Bilanz in Konten:

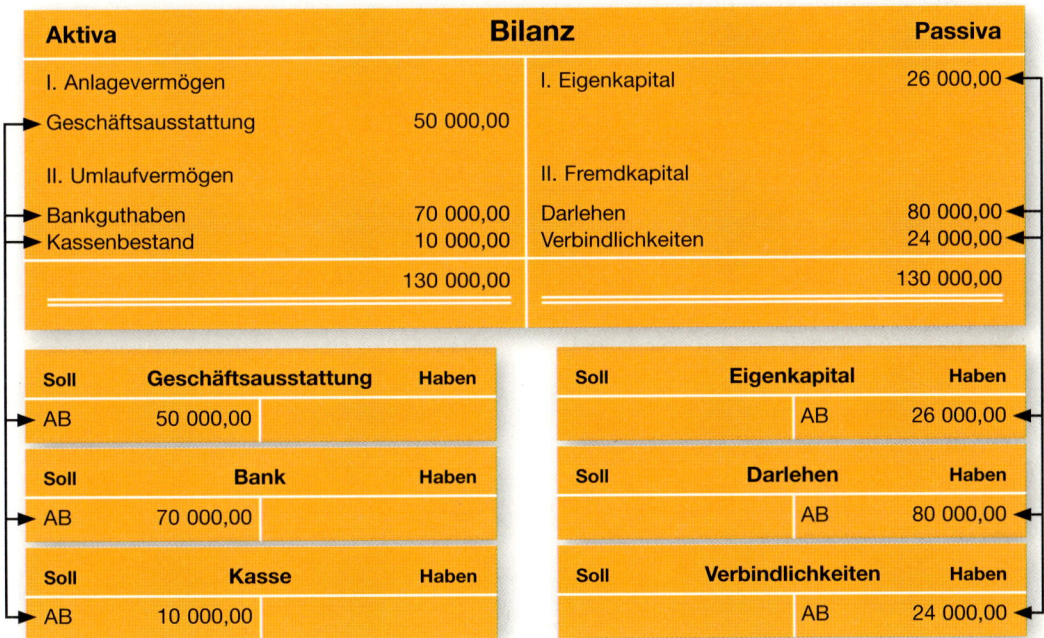

2.3 Aktive und passive Bestandskonten

Man unterscheidet zwei Arten von Bestandskonten: aktive Bestandskonten und passive Bestandskonten. Die **aktiven** Bestandskonten werden durch die Auflösung der Aktiv- oder Vermögensseite der Bilanz gebildet. Bei ihnen wird der Anfangsbestand auf der Sollseite gebucht, weil er auch in der Bilanz auf der linken Seite steht. Die **passiven** Bestandskonten werden durch die Auflösung der Passiv- oder Kapitalseite der Bilanz gebildet. Bei ihnen wird der Anfangsbestand auf der Habenseite gebucht, weil er auch in der Bilanz auf der rechten Seite steht.

Soll	Aktiv- oder Vermögenskonto	Haben
Anfangsbestand		Minderungen
Mehrungen		

Soll	Passiv- oder Kapitalkonto	Haben
Minderungen		Anfangsbestand
		Mehrungen

Buchungen auf Bestandskonten

Jeder Geschäftsvorfall berührt mindestens zwei Konten, darum spricht man auch von einer **doppelten Buchführung**. Wenn nun ein Buchungssatz gebildet werden soll, müssen folgende Überlegungen angestellt werden:

- Welche Konten werden überhaupt berührt?
- Handelt es sich hierbei um aktive und/oder passive Bestandskonten?
- Wie wirkt sich der Geschäftsvorfall auf den jeweiligen Bestand der Konten aus?
- Auf welcher Kontenseite muss gebucht werden?

Ein Buchungssatz ist nichts anderes als ein Code, der benutzt wird, um einen Geschäftsvorfall in Kurzform niederzuschreiben. Hierbei gibt es eindeutige Regeln.

Bei einem Geschäftsvorfall wird immer auf mindestens zwei Konten gebucht. Ein Konto im Soll und ein Konto im Haben. Der Buchungssatz nennt das Konto zuerst, auf dem im Soll gebucht wird, und erst dann das Konto, auf dem im Haben gebucht wird. Zwischen den beiden Konten wird das Verbindungswort „an" gesetzt. Einer **Sollbuchung** steht eine **Habenbuchung** gegenüber.

Beispiele

1. Geschäftsvorfall: Kassenbeleg/Quittung: Einkauf eines Computers für 1 600,00 EUR.

Auswirkung	Geschäftsausstattung plus 1 600,00 EUR (Mehrung)	Kasse minus 1 600,00 EUR (Minderung)
Buchung	Geschäftsausstattung (Aktivkonto) Soll 1 600,00 EUR	an Kasse (Aktivkonto) Haben 1 600,00 EUR

2. Geschäftsvorfall: Vertragskopie: Umwandlung einer kurzfristigen Verbindlichkeit in ein langfristiges Darlehen. Der Gesamtbetrag beläuft sich auf 1 800,00 EUR.

Auswirkung	Verbindlichkeiten minus 1 800,00 EUR (Minderung)	Langfristiges Darlehen plus 1 800,00 EUR (Mehrung)
Buchung	Verbindlichkeiten (Passivkonto) Soll 1 800,00 EUR	an Darlehen (Passivkonto) Haben 1 800,00 EUR

3. Geschäftsvorfall: Eingangsrechnung: Kauf eines Druckers auf Ziel für 450,00 EUR.

Auswirkung	Geschäftsausstattung plus 450,00 EUR (Mehrung)	Verbindlichkeiten plus 450,00 EUR (Mehrung)
Buchung	Geschäftsausstattung (Aktivkonto) Soll 450,00 EUR	an Verbindlichkeiten (Passivkonto) Haben 450,00 EUR

4. Geschäftsvorfall: Bankauszug: Überweisung einer fälligen Rechnung über 950,00 EUR.

Auswirkung	Verbindlichkeiten minus 950,00 EUR (Minderung)	Bank minus 950,00 EUR (Minderung)
Buchung	Verbindlichkeiten (Passivkonto) Soll 950,00 EUR	an Bank (Aktivkonto) Haben 950,00 EUR

Für jede Buchung muss im Autohaus ein Beleg vorhanden sein, der als Grundlage für die vorzunehmende Buchung dient. Belege sind z. B. Rechnungen an Kunden, Rechnungen von Lieferern, Kassenabrechnungen, Kontoauszüge usw. Damit der Unternehmer die Ursachen für die Veränderungen auf den Bestandskonten nachvollziehen kann, werden vor die Beträge die **Gegenkonten** geschrieben.

Beispiel Aus dem Konto Geschäftsausstattung geht durch die Angabe des Gegenkontos „Kasse" hervor, dass der Computer bar bezahlt wurde. Umgekehrt finden wir auf dem Konto Kasse vor dem Betrag das Gegenkonto "Geschäftsausstattung"; damit wird erkennbar, wofür die Ausgabe benötigt wurde.

Aktiva		Bilanz		Passiva
I. Anlagevermögen			I. Eigenkapital	26 000,00
Geschäftsausstattung	50 000,00			
II. Umlaufvermögen			II. Fremdkapital	
Bankguthaben	70 000,00		Darlehen	80 000,00
Kassenbestand	10 000,00		Verbindlichkeiten	24 000,00
	130 000,00			130 000,00

Soll	Geschäftsausstattung		Haben
AB	50 000,00		
1 Kasse	1 600,00		
3 Verb.	450,00		

Soll	Eigenkapital		Haben
		AB	26 000,00

Soll	Bank		Haben
AB	70 000,00	Verb.	950,00

Soll	Darlehen		Haben
		AB	80 000,00
		Verb.	1 800,00 2

Soll	Kasse		Haben
AB	10 000,00	1 GA	1 600,00

Soll	Verbindlichkeiten		Haben
2 Darl.	1 800,00	AB	24 000,00
4 Bank	950,00	GA	450,00 3

2.4 Abschluss der Bestandskonten

Zum Bilanzstichtag müssen die durch Auflösung der Bilanz in Aktiv- und Passivkonten entstandenen Bestandskonten wieder in eine Bilanz zusammengeführt werden. Diese nennt man **Schlussbilanz**. Die aktiven und die passiven Bestandskonten müssen abgeschlossen (**saldiert**) werden. Dieses geschieht in drei Schritten:

- Die summenmäßig größere Seite wird addiert.
- Die Summe dieser Seite überträgt man auf die andere Seite.

Aktiva	Eröffnungsbilanz		Passiva
I. Anlagevermögen		I. Eigenkapital	26 000,00
Geschäftsausstattung	50 000,00		
II. Umlaufvermögen		II. Fremdkapital	
Bankguthaben	70 000,00	Darlehen	80 000,00
Kassenbestand	10 000,00	Verbindlichkeiten	24 000,00
	130 000,00		130 000,00

Soll	Geschäftsausstattung	Haben	
AB	50 000,00	SB	52 050,00
Kasse	1 600,00		
Verb.	450,00		

Soll	Eigenkapital	Haben	
SB	26 000,00	AB	26 000,00

Soll	Bank	Haben	
AB	70 000,00	Verb.	950,00 4
		SB	69 050,00

Soll	Darlehen	Haben	
SB	81 800,00	AB	80 000,00
		Verb.	1 800,00

Soll	Kasse	Haben	
AB	10 000,00	GA	1 600,00 1
		SB	8 400,00

Soll	Verbindlichkeiten	Haben	
2 Darl.	1 800,00	AB	24 000,00
4 Bank	950,00	GA	450,00 3
SB	21,700,00		

Aktiva	Schlussbilanz		Passiva
I. Anlagevermögen		I. Eigenkapital	26 000,00
Geschäftsausstattung	52 050,00		
II. Umlaufvermögen		II. Fremdkapital	
Bankguthaben	69 050,00	Darlehen	81 800,00
Kassenbestand	8 400,00	Verbindlichkeiten	21 700,00
	129 500,00		129 500,00

Abschlussbuchungen der aktiven Bestandskosten

SBK an Geschäftsausstattung	52 050,00 EUR
SBK an Bank	69 050,00 EUR
SBK an Kasse	8 400,00 EUR

Abschlussbuchungen der passiven Bestandskosten

Eigenkapital an SBK	26 000,00 EUR
Darlehen an SBK	81 800,00 EUR
Verbindlichkeiten an SBK	21 700,00 EUR

● Die **Differenz** auf der summenmäßig kleineren Seite wird gebildet. Diese Differenz ist der **Saldo**. Er gibt den Schlussbestand des Kontos am Abschlussstichtag wieder. Alle Salden der Bestandskonten werden auf dem **Schlussbilanzkonto (SBK)** gegengebucht. Die Endbestände der aktiven Bestandskonten werden ins SBK auf die Sollseite gebucht, die Endbestände der passiven Bestandskonten werden ins SBK auf die Habenseite gebucht. Das SBK geht anschließend in die Schlussbilanz über.

Aufgaben

1. Bilden Sie zu den folgenden Geschäftsvorfällen die Buchungssätze:
   1. Eingangsrechnung: Kauf von Ersatzteilen auf Ziel
   2. Bankauszug: Bezahlung einer Liefererrechnung für Ersatzteile per Banküberweisung
   3. Kassenbeleg/Quittung: Einzahlung der Tageseinnahme auf das Bankkonto
   4. Kontoauszug: Tilgung eines Bankdarlehens für die Ausstattung der Werkstatt durch Banküberweisung
   5. Vertragskopie: Umwandlung einer Verbindlichkeit in ein Bankdarlehen
   6. Kontoauszug: Ein Kunde bezahlt seine Reparaturrechnung per Banküberweisung.
   7. Eingangsrechnung: Kauf eines Vorführfahrzeugs auf Ziel
   8. Kaufvertrag: Kauf eines gebrauchten Abschleppwagens bar
   9. Vertragskopie: Aufnahme eines Darlehens für den Ausbau einer Ausstellungshalle. Der Betrag wird dem Bankkonto gutgeschrieben.
   10. Kassenbeleg/Quittung: Ein Kunde begleicht eine Forderung in bar.
   11. Eingangsrechnung: Ein Lieferer liefert Zubehörteile an. Barzahlung aus der Kasse
   12. Kontoauszug/Kassenbeleg: Barabhebung von der Hausbank, Einlage in die Geschäftskasse
   13. Eingangsrechnung: Zur Vervollständigung der Betriebsausstattung Kauf von 2 PCs auf Ziel
   14. Kontoauszug: Begleichung einer Liefererrechnung für Ersatzteile durch Banküberweisung
   15. Kontoauszug: Zur Erweiterung eines Betriebsgrundstückes Kauf eines angrenzenden unbebauten Grundstücks. Die Zahlung erfolgt über die Hausbank.

2. Welche Geschäftsvorfälle liegen den folgenden Buchungssätzen zugrunde?
   1. Neufahrzeuge an Bank
   2. Neufahrzeuge an Verbindlichkeiten
   3. Werkstattausstattung an Bank
   4. Verbindlichkeiten an Forderungen
   5. Grund und Boden (unbebaut) an Bank
   6. Bank an Kasse
   7. Kasse an Bank
   8. Postgiro an Bank
   9. Ersatzteile an Kasse
   10. Kraft- und Schmierstoffe an Verbindlichkeiten
   11. Verbindlichkeiten an Darlehen
   12. Betriebsausstattung an Bank
   13. Geschäftsausstattung an Verbindlichkeiten
   14. Verbindlichkeiten an Bank
   15. Kasse an Forderungen

3. Führen Sie ein Kassenkonto. Tragen Sie den Anfangsbestand vor und buchen Sie die folgenden Geschäftsvorfälle ohne Gegenbuchung auf dem Kassenkonto.

Anfangsbestand	1 800,00 EUR
1. Ein Kunde bezahlt seine Reparaturrechnung bar	634,00 EUR
2. Ein Kunde kauft Ersatzteile bar	127,00 EUR
3. Barzahlung der Telefongebühren	378,00 EUR
4. Barzahlung von Aushilfslöhnen	240,00 EUR
5. Barzahlung an einen Ersatzteillieferer	1 231,00 EUR
6. Barabhebung von der Bank	500,00 EUR

Schließen Sie das Konto ab und ermitteln Sie den Endbestand.

4. Führen Sie das Konto Verbindlichkeiten. Tragen Sie den Anfangsbestand vor. Buchen Sie die folgenden Geschäftsvorfälle ohne Gegenbuchung auf dem Verbindlichkeitenkonto.

Anfangsbestand	8 900,00 EUR
1. Einkauf von Zubehörteilen auf Ziel	3 400,00 EUR
2. Einkauf von Ersatzteilen auf Rechnung	6 879,00 EUR
3. Begleichung einer Verbindlichkeit per Banküberweisung	4 567,00 EUR
4. Begleichung einer Verbindlichkeit per Barzahlung	2 900,00 EUR

Schließen Sie das Konto ab und ermitteln Sie den Endbestand.

5. Die Autohändlerin Resi Scherhag, Kiel, hat durch Inventur folgende Bestände festgestellt:

bebaute Grundstücke	50 000,00 EUR
Bürogebäude	120 000,00 EUR
Werkstatt	80 000,00 EUR
Dienstfahrzeuge	45 000,00 EUR
sonstige Geschäftsausstattung	210 000,00 EUR
Neufahrzeuge	188 000,00 EUR
Gebrauchtfahrzeuge	53 000,00 EUR
Ersatzteile	120 000,00 EUR
Zubehör	18 000,00 EUR
Forderungen	21 000,00 EUR
Bank	32 000,00 EUR
Kasse	22 400,00 EUR
Eigenkapital	... ? EUR
Verbindlichkeiten	134 000,00 EUR
Darlehen	340 000,00 EUR

Geschäftsvorfälle:

1. Kontoauszug: Ein Kunde überweist zum Ausgleich einer Rechnung	18 000,00 EUR
2. Eingangsrechnung: Kauf einer EDV-Anlage auf Ziel	22 000,00 EUR
3. Kassenbeleg: Bareinzahlung auf das Bankkonto	1 000,00 EUR
4. Eingangsrechnung Kauf eines Neuwagens auf Ziel	45 000,00 EUR
5. Kontoauszug: Kauf von Ersatzteilen gegen Bankscheck	4 800,00 EUR
6. Kontoauszug: Ausgleich einer Verbindlichkeit durch Banküberweisung	9 000,00 EUR
7. Kassenbeleg/Quittung: Kauf von Zubehörteilen in bar	800,00 EUR

Aufgaben:
a) Tragen Sie die Anfangsbestände auf T-Konten vor.
b) Bilden Sie die Buchungssätze.
c) Buchen Sie die Geschäftsvorfälle.
d) Schließen Sie die Konten ab.

6. Welche der Aussagen treffen
a) auf alle Bestandskonten,
b) nur auf aktive Bestandskonten,
c) nur auf passive Bestandskonten zu?

Begründen Sie Ihre Aussage.
1. Der Anfangsbestand steht im Haben.
2. Sie erteilen Auskunft über die Veränderungen innerhalb des Vermögens.
3. Der Saldo wird im Schlussbilanzkonto gegengebucht.
4. Ihr Endbestand steht auf der Sollseite.
5. Bestandsmehrungen stehen auf der Sollseite.
6. Ihr Saldo wird auf der wertmäßig kleineren Seite gebildet.
7. Bestandsminderungen stehen auf der Sollseite.
8. Ihr Anfangsbestand entspricht dem Endbestand laut Inventur des Vorjahres.

3 Organisation der Buchführung

Mario Töpfer sieht dem Buchhalter Herrn Thalmann beim Buchen zu und stellt fest, dass Herr Thalmann nur Zahlen in das EDV-Programm eingibt. Er fragt Herrn Thalmann: „Sind das alles Rechnungsbeträge? Dann haben wir ja viel Geld von unseren Kunden zu bekommen!" Herr Thalmann verneint und erklärt: „Diese vierstelligen Nummern gehören zu den Konten, auf denen gebucht wird. Es wäre zu umständlich, jedes Mal den Namen des Kontos einzugeben und dann den Buchungsbetrag. Aus diesem Grund hat jedes Konto eine Nummer."

Herr Fritz will die Zahlen seines Autohauses mit denen anderer Autohäuser vergleichen. Deshalb fordert er von seinem Landesverband des Deutschen Kraftfahrzeuggewerbes Vergleichszahlen an. Diese Vergleichszahlen finden durch eine landesweite Erhebung Eingang in den „Betriebsvergleich". Der Betriebsvergleich gibt Auskunft über den durchschnittlichen Eigenkapitalanteil, den Anteil einzelner Kostenarten am Gesamtaufwand, den Ertrag einzelner Ertragsarten am Gesamtertrag, den Anteil einzelner Vermögenspositionen am Gesamtvermögen. Vergleiche dieser Art setzen aber voraus, dass die Buchhaltung der Autohaus Fritz GmbH die Konteninhalte so festlegt wie die Vergleichsautohäuser.

> Stellen Sie die Anforderungen an die Buchführung der Autohaus Fritz GmbH für einen Vergleich mit anderen Autohäusern zusammen.

3.1 Der Kontenrahmen

Ein wichtiges Ordnungsmittel ist der Kontenrahmen. Er gibt dem Unternehmen eine Übersicht über alle Konten, die in der Finanzbuchhaltung notwendig sein könnten.

Er gliedert sich nach dem Dezimalsystem, das bedeutet, die Konten werden in zehn **Kontenklassen** nach ihrer Zugehörigkeit eingeteilt.

Aufbau des Kontenrahmens:

Kontonummer	Stellenwert	Bedeutung	Konteninhalt
1	einstellig	Kontenklasse	Finanzkonto
12	zweistellig	Kontengruppe	Bankkonto
120	dreistellig	Kontenart	Girokonto
1201	vierstellig	Kontenunterart	bspw. bei der Commerzbank

Der Kontenrahmen des Zentralverbands Deutsches Kraftfahrzeuggewerbe e. V. (ZDK)

Der Kontenrahmen des ZDK ist nach dem **Prozessgliederungsprinzip** aufgebaut. Danach spiegeln die Kontenklassen 0–9 den betrieblichen Leistungsprozess wider.

Kontenklasse 0: Anlage- und Kapitalkonten

Hier werden solche Konten erfasst, auf denen im Laufe eines Geschäftsjahres nur selten gebucht wird. Das sind z. B. Grundstücke, Gebäude, Maschinen, Eigenkapital und langfristige Darlehen. Der Abschluss der Kontenklasse 0 erfolgt über das Schlussbilanzkonto.

Kontenklasse 1: Finanz- und Privatkonten

Hier werden die Konten erfasst, auf denen der gesamte Zahlungs- und Kreditverkehr gebucht wird. Das sind z. B. Bank, Kasse und Forderungen. Der Abschluss der Kontenklasse 1 erfolgt über das Schlussbilanzkonto.

(Ausnahme ist das Privatkonto, das direkt über das Eigenkapitalkonto abgeschlossen wird. Privatkonten gibt es nur bei **Einzelunternehmen** oder **Personengesellschaften**.)

Kontenklasse 2: Neutrale Aufwendungen/Erträge und Abgrenzungskonten

Hier werden die Konten erfasst, auf denen die betriebsfremden und außerordentlichen betrieblichen Aufwendungen und Erträge gebucht werden. Das sind z. B. Forderungsverluste, Mieteinnahmen und Kassendifferenzen. Der Abschluss der neutralen Aufwendungen/Erträge und Abgrenzungskonten erfolgt über das Gewinn- und Verlustkonto.

Kontenklasse 3: Wareneingangs- und Bestandskonten

Hier werden die Konten erfasst, auf denen die Warenbestände gebucht werden, d. h. der Anfangsbestand, die Zugänge und die Abgänge von Neufahrzeugen, Gebrauchtfahrzeugen, Ersatzteilen und Zubehör. Außerdem werden hier die bei der Warenbeschaffung entstandenen Bezugskosten gebucht. Der Abschluss der Wareneingangs- und Bestandskonten erfolgt über das Schlussbilanzkonto.

Kontenklasse 4: Betriebliche Aufwendungen

Hier werden die für die Betriebsabrechnung wichtigen Konten erfasst, auf denen die betrieblichen Aufwendungen gebucht werden. Betriebliche Aufwendungen sind solche, die durch einen geordneten betrieblichen Ablauf entstehen. Das sind z. B. Löhne, Gehälter und Büromaterial. Der Abschluss der betrieblichen Aufwandskonten erfolgt über das Gewinn- und Verlustkonto.

Kontenklassen 5 und 6:

Diese beiden Kontenklassen sind frei. Sie können für Aufwendungen und Erträge aus anderen Betriebszweigen genutzt werden.

Kontenklasse 7: Verrechnete Anschaffungskosten (VAK)

Hier werden die Einstandspreise der Waren beim Warenverkauf gebucht. Diese Kontenklasse ist eng mit der Kontenklasse 3 verbunden. Wenn z. B. ein Zubehörteil verkauft wird, dann muss es aus dem Lager entnommen werden. Diese Entnahme zu Einstandspreisen wird buchhalterisch in der Kontenklasse 7 berücksichtigt. Die Gegenbuchung erfolgt in der Kontenklasse 3. Der Abschluss der VAK-Konten erfolgt über das Gewinn- und Verlustkonto.

Kontenklasse 8: Erlöskonten

Hier werden die bei den Verkäufen erzielten Verkaufserlöse gebucht. Von Verkaufserlösen spricht man, wenn diese durch den ordentlichen betrieblichen Ablauf entstehen. Das sind Neufahrzeuge-, Gebrauchtfahrzeuge-, Ersatzteil- und Zubehörverkäufe, aber auch die Dienstleistungen der Werkstatt. Werden Erlöse im Nachhinein geschmälert, werden diese Erlösschmälerungen ebenfalls in dieser Kontenklasse gebucht. Die Erlöskonten werden über das Gewinn- und Verlustkonto abgeschlossen.

Kontenklasse 9: Vortrags-, Kapital- und Statistische Konten

Hier werden die Konten geführt, die aus buchungstechnischen Gründen notwendig sind. Das sind z. B. das Eröffnungsbilanzkonto; aber auch die Abschlusskonten wie das Gewinn- und Verlustkonto und das Schlussbilanzkonto finden sich in dieser Kontenklasse.

Die Kontenrahmen der unterschiedlichen Hersteller/Importeure basieren weitgehend auf dem Kontenrahmen des ZDK, sodass dieser als Grundlage für das Rechnungswesen im Kfz-Betrieb dienen kann.

Abschluss von Bestands- sowie Aufwands- und Ertragskonten (= Erfolgskonten):

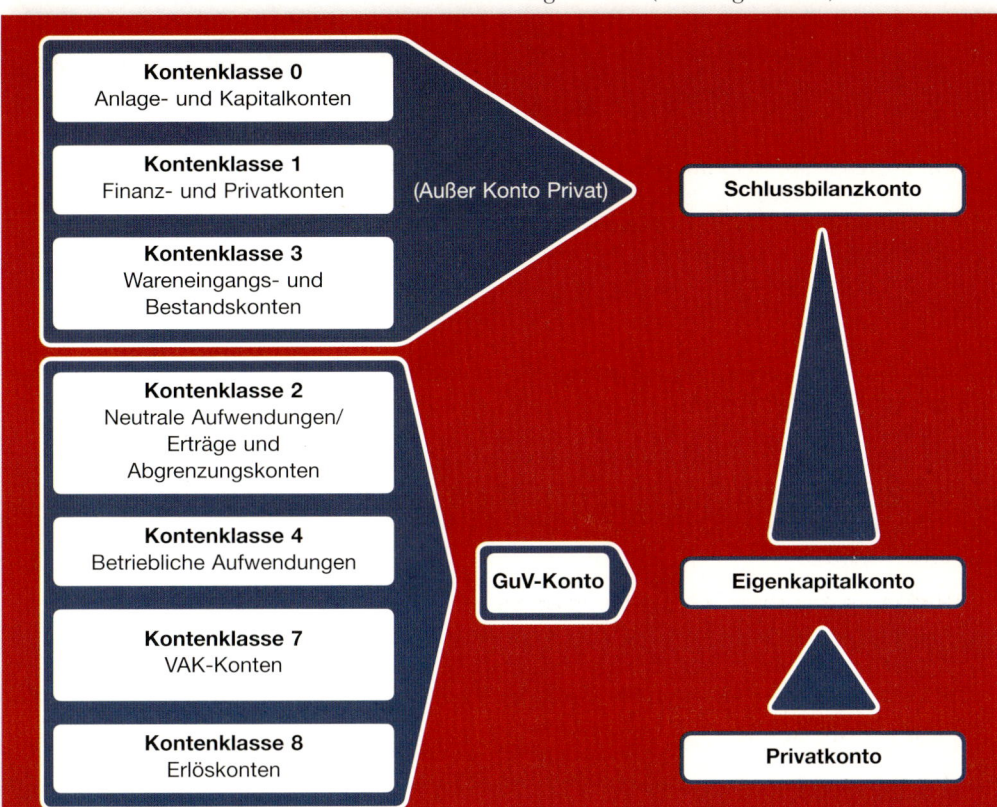

Aufgaben

1. Erstellen Sie folgendes Einteilungsschema und ordnen Sie die nachfolgenden Kontenbezeichnungen den entsprechenden Kontenklassen zu:

Konten-klasse 0	Konten-klasse 1	Konten-klasse 2	Konten-klasse 3	Konten-klasse 4	Konten-klasse 7	Konten-klasse 8	Konten-klasse 9
Anlage- und Kapi-talkonten	Finanz- und Privat-konten	Neutrale Aufwen-dungen/ Erträge und Abgren-zungs-konten	Waren-eingangs- und Bestands-konten	Betrieb-liche Aufwen-dungen	VAK-Konten	Erlös-konten	Vortrags-, Kapital- und Sta-tistische Konten

Eigenkapital, Maschinen, Gebäude, Mieteinnahmen, Ersatzteile, Zubehör, Gehälter, Verkaufs-erlöse, Schlussbilanzkonto, Darlehen, Geschäftsausstattung, Neufahrzeuge, Forderungen, Bank, Verbindlichkeiten bei Lieferern, Büromaterial, Porto, Kassendifferenzen.

2. Geben Sie mithilfe des Kontenrahmens die Kontenbezeichnung zu folgenden Buchungssätzen an:

1. 3000 an 1600   2. 1200 an 1400   3. 1200 an 1550
4. 3300 an 1200   5. 1000 an 1400   6. 1200 an 1000

3. Geben Sie an, welche Geschäftsvorfälle den obigen Buchungssätzen zugrunde liegen.

4. Beurteilen Sie die Richtigkeit der folgenden Aussagen:
   a) Das Konto Eigenkapital gehört in die Kontenklasse 1.
   b) Das Konto Verbindlichkeiten aus Lieferungen und Leistungen gehört in die Kontenklasse 4.
   c) In der Kontenklasse 0 werden im Laufe eines Geschäftsjahres sehr viele Buchungen getätigt.
   d) In der Kontenklasse 1 wird der Zahlungsverkehr gebucht.
   e) Der Kontenrahmen im Kfz-Gewerbe besteht aus 8 Kontenklassen.
   f) Der Warenbestand wird in der Kontenklasse 3 gebucht.
   g) Die Kontenklassen 0, 1 und 3 werden über das Schlussbilanzkonto abgeschlossen.

5. Bilden Sie unter Verwendung der entsprechenden Kontennummern die Buchungssätze zu den folgenden Geschäftsvorfällen:
   1. Eingangsrechnung: Kauf von Zubehör auf Ziel
   2. Bankauszug: Zahlung einer Liefererrechnung für Zubehör per Banküberweisung
   3. Kassenbeleg/Quittung: Einzahlung der Tageseinnahme auf das Bankkonto
   4. Kontoauszug: Tilgung eines Bankdarlehens für die Ausstattung der Verwaltungsräume durch Banküberweisung
   5. Vertragskopie: Umwandlung einer Verbindlichkeit in ein Bankdarlehen
   6. Kontoauszug: Ein Kunde bezahlt seine Reparaturrechnung per Banküberweisung.
   7. Eingangsrechnung: Kauf eines Vorführfahrzeugs auf Ziel
   8. Kaufvertrag: Kauf eines gebrauchten Diagnosecomputers in bar
   9. Vertragskopie: Aufnahme eines Darlehens für den Ausbau eines Showrooms. Der Betrag wird dem Bankkonto gutgeschrieben.
   10. Kassenbeleg/Quittung: Ein Kunde begleicht eine Forderung in bar.
   11. Eingangsrechnung: Ein Lieferer liefert Zubehörteile an. Bezahlung der Rechnung aus der Kasse.
   12. Kontoauszug/Kassenbeleg: Bargeldabhebung bei der Bank; das Geld wird in die Kasse gelegt.
   13. Eingangsrechnung: Für die Betriebsausstattung Einkauf von zwei PCs auf Ziel
   14. Kontoauszug: Begleichung einer Liefererrechnung für Zubehör durch Banküberweisung
   15. Kontoauszug: Kauf eines angrenzenden unbebauten Grundstücks zur Erweiterung des Betriebsgrundstückes. Die Zahlung erfolgt über die Hausbank.

6. Welche der folgenden Begriffe ergänzen die unten stehenden Satzteile zu einer richtigen Aussage?
   1. Kontenklasse 0: Anlage- und Kapitalkonten
   2. Kontenklasse 1: Finanz- und Privatkonten
   3. Kontenklasse 2: Neutrale Aufwendungen/Erträge und Abgrenzungskonten
   4. Kontenklasse 3: Wareneingangs- und Bestandskonten
   5. Kontenklasse 4: Betriebliche Aufwendungen
   6. Kontenklasse 7: Verrechnete Anschaffungskosten
   7. Kontenklasse 8: Erlöskonten
   8. Schlussbilanzkonto
   9. Gewinn- und Verlustkonto
   a) Grundstücke und Gebäude werden in der Kontenklasse … erfasst.
   b) Die Bestandsänderungen des Vorratsvermögens werden in der Kontenklasse … gebucht.
   c) Betriebsfremde Erträge werden in der Kontenklasse … gebucht.
   d) Betriebliche Aufwendungen werden in der Kontenklasse … gebucht.
   e) Die Einstandspreise beim Warenverkauf werden in der Kontenklasse … gebucht.
   f) Der Zahlungsverkehr wird in der Kontenklasse … gebucht.

g) Verkaufserlöse werden in der Kontenklasse … gebucht.

h) Minderungen der Verkaufserlöse werden in der Kontenklasse … gebucht.

i) Das Kassenkonto wird in der Kontenklasse … gebucht.

j) Die Personalkosten werden in der Kontenklasse … gebucht.

k) Die Kontenklassen 0, 1 und 3 werden über das … abgeschlossen.

l) Die Kontenklassen 2, 4, 7 und 8 werden über das … abgeschlossen.

3.2 Bearbeitung von Belegen

Herr Thalmann ist in Urlaub gegangen, sodass Frau Fritz neben ihren anderen Aufgaben im Autohaus Fritz auch noch das Buchen für diese Zeit übernimmt. Sie bittet Mario Töpfer, die täglich anfallenden Belege zu ordnen und für die Buchführung vorzubereiten. Mario sieht den Berg von unterschiedlichen Belegen und stellt sich die Frage, wie er diese Arbeit am besten erledigen kann.

Erarbeiten Sie einen Vorschlag, wie Mario Töpfer die Belege bearbeiten soll. Lösen Sie die Aufgabe in **Gruppenarbeit** und **präsentieren** Sie Ihr Ergebnis mithilfe eines Flipcharts Ihren Mitschülern.

Ein Beleg beweist die sachliche Richtigkeit einer Buchung. Er verbindet den Geschäftsvorfall mit der Buchung.

Grundlage für jede Buchung im Autohaus ist ein **Beleg**. Allein aus der Tatsache heraus, dass bei Betriebsprüfungen die Prüfung der Belege durch die Betriebsprüfer die wesentliche Aufgabe ist, zeigt sich die Bedeutung der Belege.

Für jede Buchung muss nach dem Handelsgesetzbuch §§ 238 II, 257 ein Beleg vorhanden sein. Sollte dieses nicht der Fall sein, liegt ein Verstoß gegen das **Belegprinzip** vor, der wiederum zur Verwerfung der formellen Ordnungsmäßigkeit der Buchführung führt, was zu einer Schätzung der Steuerschuld führen kann. Außerdem können fehlende Belege in einem Konkursfall zu strafrechtlichen Folgen führen. Deshalb gilt:

> **Keine Buchung ohne Beleg**

Arten von Belegen

In der täglichen Autohauspraxis gibt es eine Vielzahl von Belegen. Sie werden wie folgt unterschieden:

Fremdbelege: Diese Belege kommen von außerhalb des Unternehmens (von Fremden) in das Autohaus.

> **Beispiele** Kontoauszüge, Rechnungen von Lieferern (Eingangsrechnungen), Gutschriften, Steuerbescheide, Gebührenbescheide, Frachtbriefe usw.

Eigenbelege: Diese Belege werden vom Autohaus selbst erstellt.

> **Beispiele** Kopien von Ausgangsrechnungen, Lohn- und Gehaltsabrechnungen, Kassenabrechnungen usw.

Künstliche Belege: Diese Belege sind Eigenbelege. Ihnen liegt jedoch kein üblicher Geschäftsvorfall zugrunde.

> **Beispiele** Umbuchungslisten, Ausbuchungslisten, Stornolisten usw.

Anforderungen an einen Beleg

Damit ein Beleg als Buchungsgrundlage von der Finanzverwaltung anerkannt wird, muss er eine Reihe von Anforderungen erfüllen:

- Der Beleg muss sachlich und rechnerisch richtig sein.

- Der Beleg muss mit einem Datum versehen sein. Bei Eigenbelegen ist das der Ausstellungstag, bei Fremdbelegen das Eingangsdatum.

- Der Belegtext muss den Geschäftsvorfall eindeutig nach Ort, Zeit und Gegenstand wiedergeben.

- Eigenbelege müssen vom Verantwortlichen abgezeichnet sein.

- Die Belege sind in einer fortlaufenden, lückenlosen Nummerierung abzulegen.

- Der Beleg muss einen Buchungsvermerk erhalten (Kontierungsstempel), der Auskunft darüber gibt, wer den Beleg auf welchen Konten gebucht hat.

- Der Beleg muss den Anforderungen des Umsatzsteuergesetzes genügen.

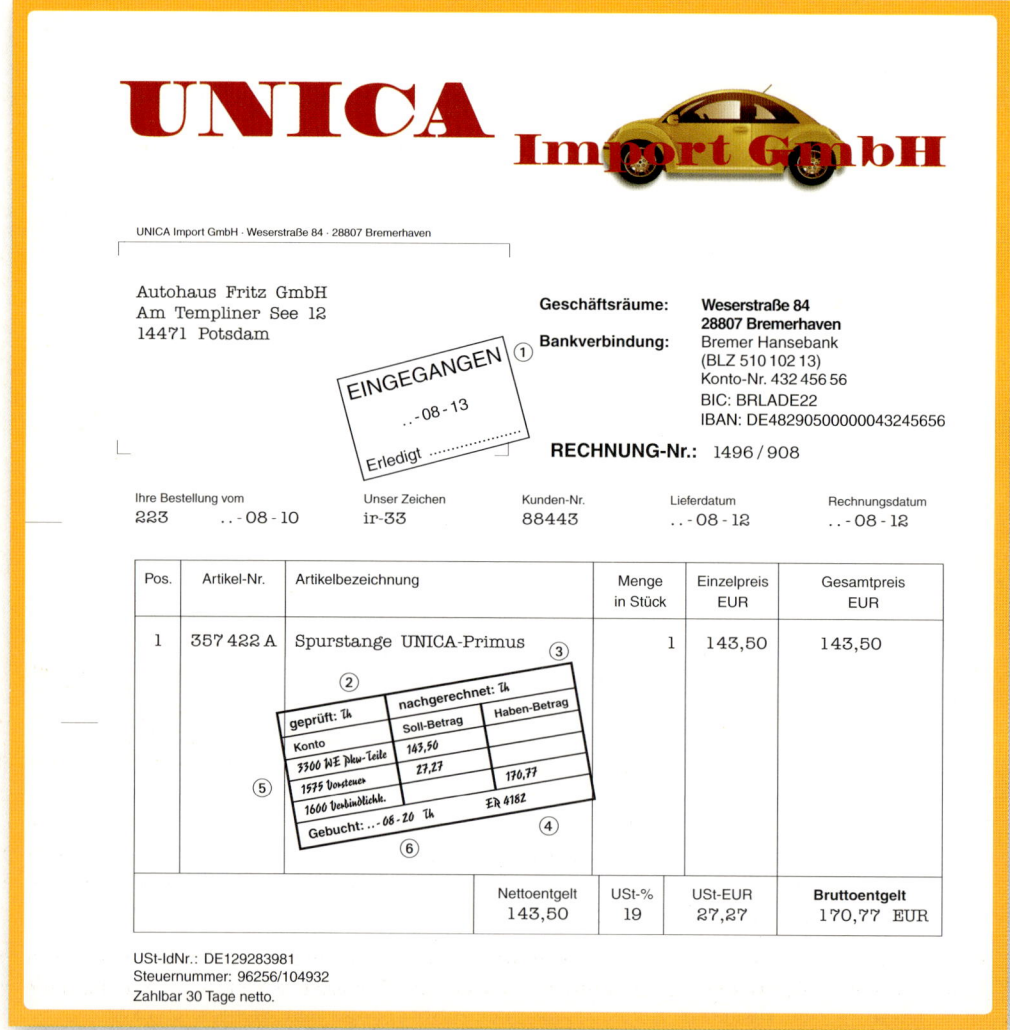

Ablauf der Belegbearbeitung

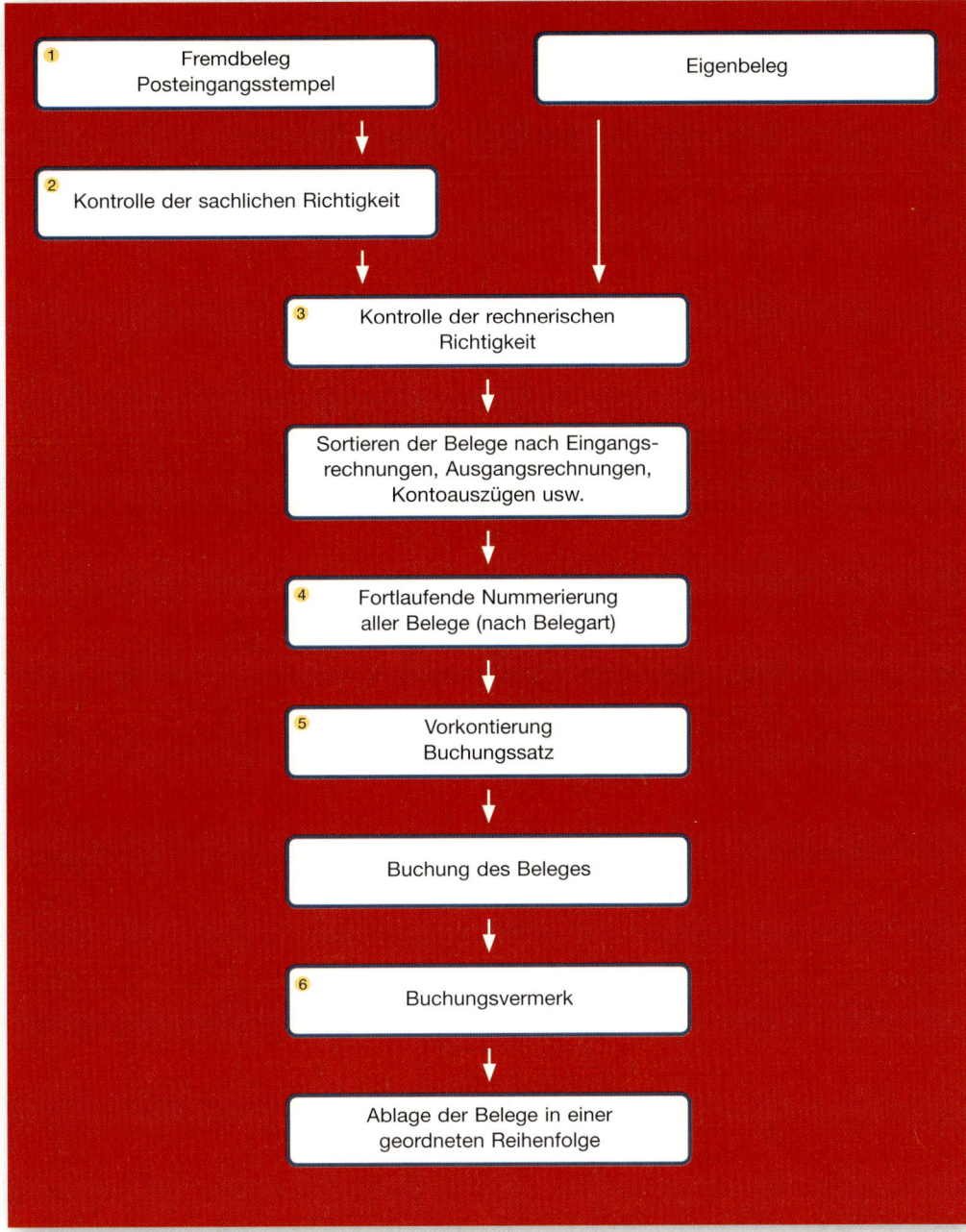

Eine effiziente Belegbe- und -verarbeitung innerhalb eines Autohauses ist von großer Bedeutung. Durch die Vielzahl und Unterschiedlichkeit der täglich anfallenden Belege ermöglicht nur ein einheitliches Vorgehen nach dem obigen Schema einen reibungslosen und fehlerfreien buchhalterischen Ablauf aller Geschäftsvorfälle.

Damit Geschäftsvorfälle auch noch nach einiger Zeit nachvollzogen werden können, ist eine geordnete **Ablage der Belege** unverzichtbar; insbesondere bei Rechtsstreitigkeiten haben Belege Beweisfunktion.

3.3 Grundsätze ordnungsmäßiger Buchführung

Nach dem Handelsgesetzbuch ist der Kaufmann verpflichtet, Bücher zu führen, die eine Übersicht über seine Handelsgeschäfte, die Lage seines Vermögens und seiner Schulden geben. Die Bücher sind nach den Grundsätzen ordnungsmäßiger Buchführung zu führen.

Grundsätze ordnungsmäßiger Buchführung (GoB)

- Die Eintragungen müssen vollständig, sachlich richtig und zeitgerecht geordnet sein.
- Es dürfen keine Geschäftsvorfälle hinzugefügt, weggelassen oder verändert werden.
- Es muss eine lebende Sprache verwendet werden.
- Radieren und Unkenntlichmachen ist nicht erlaubt.
- Alle Aufzeichnungen sind in einer geordneten Ablage fortlaufend numerisch zu führen. Das Speichern auf elektronischen Medien ist erlaubt.
- Am Ende eines jeden Geschäftsjahres sind ein Inventar, eine Bilanz und eine Gewinn- und Verlustrechnung zu erstellen.
- Für Nachprüfungen sind die Unterlagen aufzubewahren (vgl. Aufbewahrungsfristen).

Aufbewahrungsfristen von Belegen

Für Belege gelten nach dem Handelsgesetzbuch folgende Aufbewahrungsfristen:

Zehn Jahre	
– Eingangsrechnungen	– Bilanzen
– Kopien von Ausgangsrechnungen	– Inventare
– Buchungsbelege	– Arbeitsanweisungen
– Belege für die Besteuerung	– Organisationsunterlagen

Bei einer EDV-Buchführung sind, wie bei jeder anderen Buchführung, die GoB zu beachten. Danach gilt insbesondere Folgendes:

- Die buchungspflichtigen Geschäftsvorfälle müssen richtig, vollständig und zeitgerecht erfasst sein sowie sich in ihrer Entstehung und Bearbeitung verfolgen lassen (**Belegfunktion sowie Journalfunktion**).
- Die Geschäftsvorfälle sind elektronisch so zu verarbeiten, dass sie geordnet darstellbar sind und ein Überblick über die Vermögens- und Ertragslage gewährleistet ist (**Kontenfunktion**).
- Die Buchungen müssen einzeln und geordnet nach Konten und diese fortgeschrieben nach Salden sowie nach Abschlussposition dargestellt und jederzeit lesbar gemacht werden können.
- Ein sachverständiger Dritter muss sich in dem benutzten Verfahren der Buchführung in angemessener Zeit zurechtfinden und sich einen Überblick über die Geschäftsvorfälle und die Lage des Unternehmens verschaffen können.
- Das Verfahren der EDV-Buchführung muss durch eine Verfahrensdokumentation, die sowohl die aktuelle Version als auch die historischen Verfahrensinhalte nachweist, verständlich und nachvollziehbar gemacht werden.
- Es muss gewährleistet sein, dass das in der Dokumentation beschriebene Verfahren dem in der täglichen Praxis eingesetzten Programm (Version) voll entspricht (**Programmidentität**).

Aufgaben

1. Die Belege werden in Eigen- und Fremdbelege unterschieden. Nennen Sie zu jeder Belegart drei Beispiele.

2. Erläutern Sie die Belegbearbeitung in der Buchhaltung an folgenden Beispielen:
- a) Bankauszug
- b) Eingangsrechnung
- c) Ausgangsrechnung
- d) Müllbescheid
- e) Telefonrechnung

3. Nennen Sie die Gründe, warum Belege fortlaufend nummeriert sein müssen.

4. Ermitteln Sie in Ihrem Ausbildungsunternehmen den Weg einer Eingangsrechnung vom Posteingang bis zur Ablage. Stellen Sie Ihr Ergebnis in einem **Ablaufschema** Ihren Mitschülern vor.

5. Erläutern Sie, welche Informationen Betriebsprüfer aus bearbeiteten und abgelegten Belegen gewinnen können.

3.4 Grundbuch, Hauptbuch, Nebenbücher

Im **Grundbuch** werden alle Geschäftsvorfälle von den Eröffnungsbuchungen über die laufenden Tagesbuchungen zu den vorbereitenden Abschlussbuchungen bis zu den Abschlussbuchungen aufgrund von Belegen in zeitlicher Reihenfolge gebucht. Das Grundbuch wird auch **Journal** genannt. Die markengebundenen Autohäuser führen sämtliche Aufzeichnungen der Buchhaltung mit elektronischen Datenverarbeitungssystemen (EDV) durch.

Aus dem Grundbuch ist der Stand des Vermögens und der Schulden eines Kfz-Betriebes nicht ersichtlich. Aus diesem Grund müssen alle Buchungen sachlich geordnet werden. Die Ordnung erfolgt auf den **Sachkonten**. Die Sachkonten nehmen systematisch alle Geschäftsvorfälle auf, d. h., jedes Sachkonto nimmt einen bestimmten Vermögenswert, eine bestimmte Schuld oder einen bestimmten Aufwand oder Ertrag auf. Es werden so viele Konten eingerichtet wie der Kontenplan vorsieht. Die Konten sind in der modernen EDV-Buchhaltung einzelne EDV-Karteiblätter oder Datenverarbeitungslisten. Alle Sachkonten gemeinsam bilden das Hauptbuch.

Im **Grund- und Hauptbuch** werden alle Geschäftsvorfälle kurz und eindeutig wiedergegeben. Aus betrieblichen oder steuerlichen Gründen kann es aber manchmal sinnvoll sein, weitere ausführlichere Informationen zu einem Geschäftsvorfall nochmals niederzuschreiben.

Im Kfz-Gewerbe ist das wichtigste **Nebenbuch** das **Kontokorrentbuch**. Im Kontokorrentbuch, auch **„Buch der Geschäftsfreunde"** genannt, wird für jeden Kunden (Debitor) und für jeden Lieferer (Kreditor) ein eigenes Konto (Personenkonto) geführt. Auf diesen Konten werden weitere Informationen wie Anschrift, Telefonnummer, Kunden- bzw. Lieferernummer, Kreditlimit, Tag des letzten Einkaufs usw. gespeichert. Die Geschäftsvorfälle werden vom Grundbuch in die Hauptbuchsachkonten Forderungen und Verbindlichkeiten und auf die Personenkonten Debitoren und Kreditoren übertragen. Der Saldo aller Debitoren- bzw. Kreditorenkonten muss genauso groß sein wie der Saldo des Kontos Forderungen bzw. Verbindlichkeiten. Hier liegt eine gute Kontrollmöglichkeit der Buchhaltung vor. Auch das Kontokorrentbuch wird als EDV-Kartei oder Datenverarbeitungsliste geführt.

Im Bedarfsfall können weitere Nebenbücher geführt werden, z. B. ein Kassenbuch, ein Lohnbuch, ein Wechselbuch usw.

Ein **Lohnbuch** beispielsweise kann neben den Auszahlungsbeträgen an die einzelnen Mitarbeiter weitere wichtige Informationen beinhalten. Insbesondere im Werkstattbereich kann ein Lohnbuch die unterschiedlichen Arbeiten der einzelnen Monteure an Kundenfahrzeugen, an eigenen Fahrzeugen und Gewährleistungsarbeiten erfassen und geldlich bewerten. Außerdem können dadurch auch die entstehenden Kosten der Monteure durch unproduktive Zeiten ermittelt werden. Dieses setzt allerdings eine funktionierende Zeiterfassung aller Aufträge in der Werkstatt voraus.

Ein **Wechselbuch** kann neben dem Wechselbetrag Informationen über Laufzeit, Weitergabemöglichkeiten und den Kunden beinhalten. Die Zahlung eines Kunden mit Wechsel bedeutet, dass die Forderung aus der Warenlieferung bis zum Verfalltag des Wechsels gestundet wird. Die Geldforderung erlischt erst durch die Einlösung des Wechsels durch den Kunden. Damit keine unnötigen offenen Rechnungen entstehen, ist eine terminliche Überwachung des Wechselverkehrs mit einem Wechselbuch sinnvoll.

Zusammenhang zwischen Grundbuch, Hauptbuch und den Nebenbüchern:

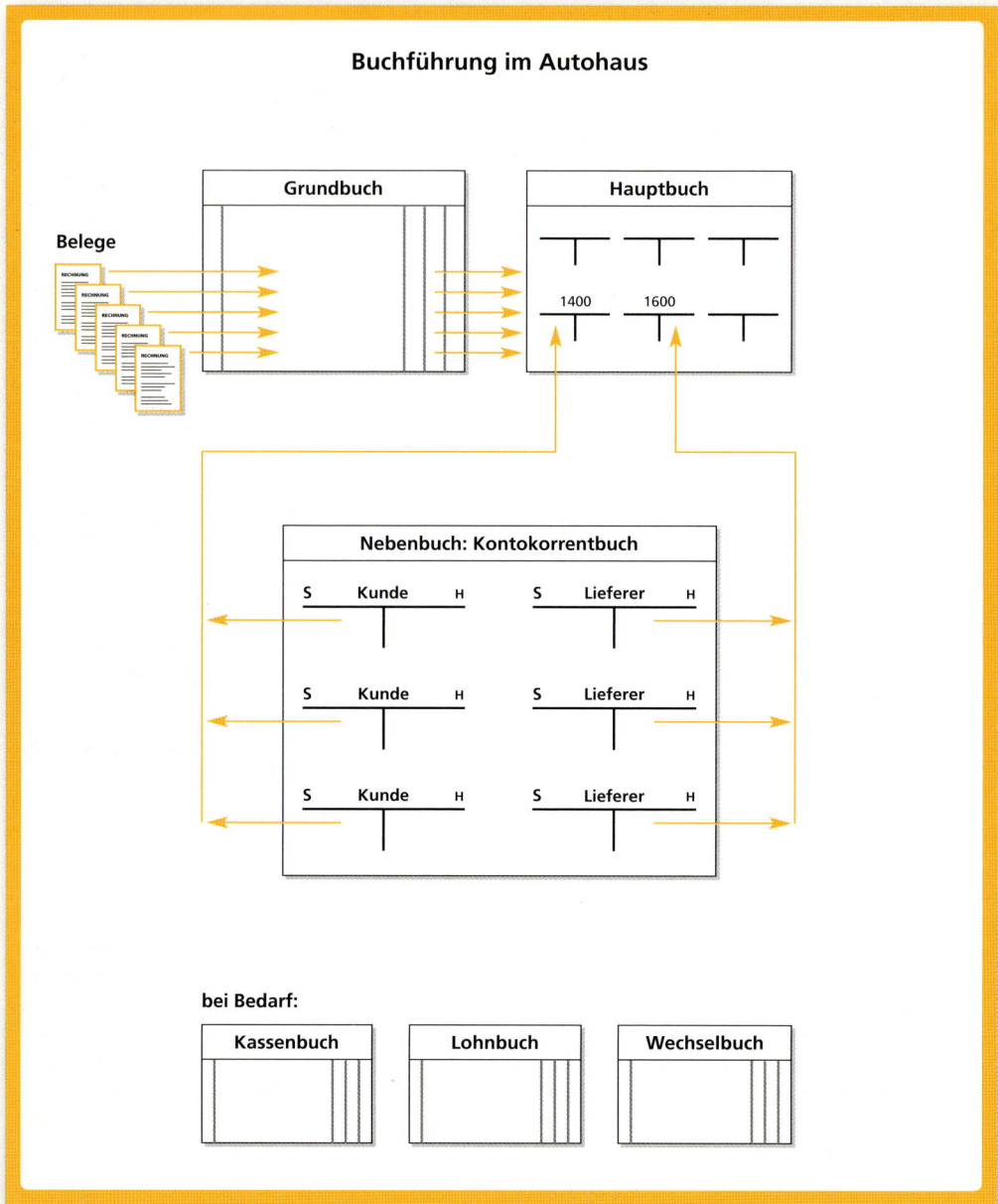

4 Die Erfolgskonten

Mario Töpfer und Herr Thalmann, Finanzbuchhalter der Autohaus Fritz GmbH, führen folgendes Gespräch: „Ich sehe jeden Tag, dass uns Ersatzteile, Neufahrzeuge und Zubehör usw. geliefert werden; das verschwindet dann alles im Teilelager oder die Neufahrzeuge kommen in die Ausstellungshalle. Wir verkaufen täglich Neufahrzeuge, Ersatzteile und Zubehör und solche Geschäftsvorfälle habe ich bisher noch gar nicht gebucht. Woher weiß ich, ob sich die Verkäufe überhaupt lohnen?", fragt Mario. Herr Thalmann: „Das ist richtig, Mario, dazu muss man diese Geschäftsvorfälle auf den Erfolgskonten buchen. Voraussetzung dafür sind Kenntnisse über das Buchen auf Bestandskonten."

1. Erläutern Sie die Auswirkungen der Lohn- und Gehaltszahlungen einerseits und die des Warenverkaufs andererseits auf die Bilanz.
2. Zeigen Sie die Buchungsmöglichkeiten dieser Vorgänge.
3. Wie kann Ihrer Meinung nach der Erfolg des Autohauses ermittelt werden?
   Lösen Sie die Fragen in **Gruppenarbeit**.

Die unternehmerische Tätigkeit eines Kfz-Unternehmers ist auf **Gewinnerzielung** ausgerichtet. Die Ursachen und die Höhe des Erfolgs (Gewinn oder Verlust) werden in der Buchführung im System der Erfolgskonten ermittelt.

Ein **Erfolg** liegt vor, wenn aufgrund des betrieblichen Leistungsprozesses das Eigenkapital erhöht wird.

4.1 Aufwendungen

Zum Betriebszweck eines Autohauses gehört der Handel mit Fahrzeugen, Ersatzteilen und Zubehör. Damit diese Waren überhaupt erst verkauft werden können, müssen sie vorher eingekauft werden. Für den Verkauf müssen Mitarbeiter eingesetzt werden, die natürlich am Monatsende ihr Gehalt bekommen, und es müssen Betriebsmittel eingesetzt werden, für die z. B. Miete zu zahlen ist. Die eingekaufte Ware, die menschliche Arbeitsleistung und die Betriebsmittel werden als **Produktionsfaktoren** bezeichnet. Werden diese für die betriebliche Leistungserstellung eingesetzt und verzehrt, spricht man von Aufwendungen. Im Kraftfahrzeuggewerbe ist mit der betrieblichen Leistung der Umsatz gemeint.

Aufwendungen mindern das Eigenkapital. Theoretisch könnten Aufwendungen direkt über das Konto Eigenkapital gebucht werden; dadurch würde es aber sehr viele Eintragungen enthalten und der Unternehmer hätte keine Übersicht über die einzelnen Aufwandsarten und deren Höhe. Aus diesem Grund werden die Aufwendungen stellvertretend auf den Aufwandskonten gebucht. Diese Konten werden letztlich zum Jahresende über das Eigenkapitalkonto abgeschlossen. Das Eigenkapitalkonto ist ein passives Bestandskonto. Auf passiven Bestandskonten werden Minderungen auf der Sollseite gebucht. Daraus folgt, dass **Aufwendungen** im **Soll** des betreffenden Aufwandskontos zu buchen sind.

Beispiel 1

Mietvertrag/Kassenquittung: Barzahlung der Miete für die Werkstatträume   1 200,00 EUR
Buchung:
4400 Miete, Pacht, Immobilien   1 200,00 EUR

       an 1000 Kasse   1 200,00 EUR

Soll 4400 Miete, Pacht, Immobilien	Haben		Soll	1000 Kasse	Haben
[1] Kasse 1 200,00				Miete	1 200,00 [1]

Beispiel 2

Eingangsrechnung: Zieleinkauf von Bürobedarf   650,00 EUR
Buchung:
4803 Büromaterial   650,00 EUR

       an 1600 Verbindlichkeiten   650,00 EUR

Soll	4803 Büromaterial	Haben		Soll	1600 Verbindlichkeiten	Haben
[2] Verb. 650,00					Bürom.	650,00 [2]

Beispiel 3

Kontoauszug: Gehaltszahlung per Banküberweisung   1 550,00 EUR
Buchung:
4200 Gehalt, Fixa, Aushilfslohn   1 550,00 EUR
    Gesamtbetrieb

       an 1200 Bank   1 550,00 EUR

Soll 4200 Gehalt, Fixa, Aushilfslohn Haben Gesamtbetrieb			Soll	1200 Bank	Haben
[3] Bank 1 550,00				Gehälter	1 550,00 [3]

Die bisher gebuchten Geschäftsvorfälle (Werteveränderungen in der Bilanz) veränderten lediglich Bestände in der Bilanz. Allerdings wurde eine Bilanzposition, das Eigenkapital, bisher nicht berührt. Der Erfolg der betrieblichen Tätigkeit lässt sich aber nur in der Veränderung des Eigenkapitals ablesen.

Die Aufwendungen für Miete, für das Büromaterial und für die Gehälter tätigt der Unternehmer nur aus dem Grund, sein Eigenkapital zu vermehren, also Gewinn zu erzielen. Die Produktionsfaktoren werden genutzt. Diese Nutzung beinhaltet aber auch das Risiko, Verluste zu erwirtschaften, also das Eigenkapital zu mindern.

4.2 Erträge

Jedes Autohaus versucht, die Aufwendungen, die durch den Verkauf von Fahrzeugen, Ersatzteilen und Zubehör verbunden sind, auf die Kunden abzuwälzen und somit über die Verkaufspreise eine Erstattung des Aufwands zu erreichen. Die Tätigkeit eines Unternehmens ist aber auf Gewinnerzielung ausgerichtet, d. h., das Autohaus möchte über die Erstattung des Aufwands hinaus einen Gewinn erzielen. Damit dieses erreicht wird, müssen die Erträge höher als die Aufwendungen sein.

Erträge mehren das Eigenkapital. Theoretisch könnten auch die Erträge über das Konto Eigenkapital gebucht werden; hier gilt ebenfalls die Aussage, dass dadurch das Eigenkapitalkonto sehr unübersichtlich wäre. Aus diesem Grund werden die Erträge stellvertretend auf den **Ertragskonten** gebucht. Diese Konten werden letztlich zum Jahresende über das Eigenkapitalkonto abgeschlossen. Das Eigenkapitalkonto ist ein passives Bestandskonto. Auf passiven Bestandskonten werden Mehrungen auf der Habenseite gebucht. Daraus folgt, dass **Erträge** im **Haben** des betreffenden Ertragskontos zu buchen sind.

Beispiel 4

Kontoauszug: Zinsgutschrift der Bank   600,00 EUR
Buchung:
1200 Bank   600,00 EUR

     an 2650 Sonstige Zinsen und
         ähnliche Erträge   600,00 EUR

Soll	1200 Bank		Haben
4 Zinzertr.	600,00		

Soll	2650 Sonstige Zinsen und ähnliche Erträge		Haben
		Bank	600,00 4

Beispiel 5

Kassenbeleg/Quittung: Bareinnahme für die Vermittlung eines Gebrauchtfahrzeugs   500,00 EUR
Buchung:
1000 Kasse   500,00 EUR

     an 8900 Sonstige Erlöse   500,00 EUR

Soll	1000 Kasse		Haben
5 Prov.	500,00		

Soll	8900 Sonstige Erlöse		Haben
		Kasse	500,00 5

Beispiel 6

Kassenbeleg/Quittung: Werkstatterlös für Reparaturleistung in bar   2 500,00 EUR
Buchung:
1000 Kasse   2 500,00 EUR

     an 8600 Lohnerlöse
         Instandsetzung   2 500,00 EUR

Soll	1000 Kasse		Haben
6 Lohnerl.	2 500,00		

Soll	8600 Lohnerlöse Instandsetzung		Haben
		Kasse	2 500,00 6

4.3 Abschluss der Erfolgskonten

Der Abschluss der Erfolgskonten erfolgt nicht direkt über das Eigenkapitalkonto, sondern über ein zwischengeschaltetes **Gewinn- und Verlustkonto (GuV-Konto)**. Auf diesem GuV-Konto wird der Erfolg des Unternehmens ermittelt. Die Aufwendungen werden im Soll des GuV-Kontos gesammelt und den Erträgen auf der Habenseite des GuV-Kontos gegenübergestellt.

- **Gewinnsituation:** Aufwendungen < Erträge
- **Verlustsituation:** Aufwendungen > Erträge

Der **Saldo** aus Aufwendungen und Erträgen wird auf das Eigenkapitalkonto gebucht.

Gewinne und Verluste werden dann folgendermaßen gebucht:

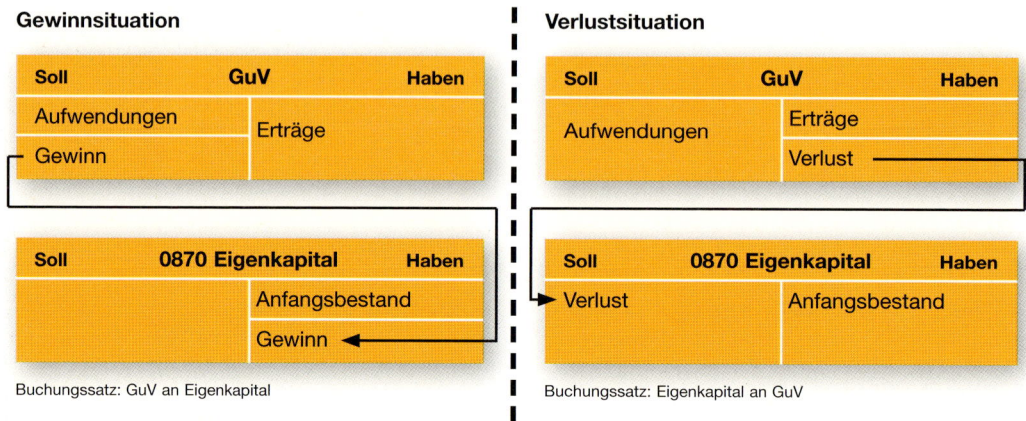

Gewinnsituation

Soll	GuV		Haben
Aufwendungen		Erträge	
Gewinn			

Soll	0870 Eigenkapital		Haben
		Anfangsbestand	
		Gewinn	

Buchungssatz: GuV an Eigenkapital

Verlustsituation

Soll	GuV		Haben
Aufwendungen		Erträge	
		Verlust	

Soll	0870 Eigenkapital		Haben
Verlust		Anfangsbestand	

Buchungssatz: Eigenkapital an GuV

Die Buchung von Aufwendungen und Erträgen auf Erfolgskonten hat für den Kfz-Unternehmer folgende Vorteile:

- Aufwendungen und Erträge werden getrennt nach Aufwands- und Ertragsarten erfasst.

- Das ermöglicht eine Analyse, welche Aufwandsarten und welche Erträge den Erfolg des Unternehmens besonders beeinflussen.

- Der Unternehmer kann durch einen Zeitvergleich mehrerer aufeinanderfolgender Jahre die Entwicklung von Aufwendungen und Erträgen in seinem Unternehmen erkennen.

- Durch einen Betriebsvergleich (die Teilnahme an Betriebsvergleichen wird den markengebundenen Kfz-Händlern oftmals durch den Hersteller/Importeur vorgeschrieben) mit anderen Autohäusern der gleichen Marke und vergleichbarer Größe kann der Kfz-Unternehmer oftmals Ursachen für zu hohe Aufwendungen aufdecken.

- Durch einen Branchenvergleich (Branchenvergleichswerte werden von den Landesverbänden des Deutschen Kraftfahrzeuggewerbes regelmäßig herausgegeben) kann der Kfz-Unternehmer seine Aufwendungen und Erträge im Rahmen der gesamten Kfz-Branche analysieren.

- Aufgrund der gewonnenen Kenntnisse können Maßnahmen zur Kostensenkung oder Ertragssteigerung ergriffen werden.

Abschluss der Erfolgskonten über das GuV-Konto:

Soll	4400 Miete, Pacht, Immobilien	Haben	
1 Kasse	1 200,00	GuV	1 200,00

Soll	4803 Büromaterial	Haben	
2 Verb.	650,00	GuV	650,00

Soll	4200 Gehalt, Fixa, Aushilfs-lohn, Gesamtbetrieb	Haben	
3 Bank	1 550,00	GuV	1 550,00

Soll	2650 Sonstige Zinsen und ähnliche Erträge	Haben	
GuV	600,00	Bank	600,00 4

Soll	8900 Sonstige Erlöse	Haben	
Guv	500,00	Kasse	500,00 5

Soll	8600 Lohnerlöse Instandsetzung	Haben	
GuV	2 500,00	Kasse	2 500,00 6

Soll	GuV		Haben
Miete, Pacht, Immobilien	1 200,00	Sonstige Zinsen u. ähnliche Erträge	600,00
Büromaterial	650,00	Sonstige Erlöse	500,00
Gehalt, Fixa, Aushilfslohn,		Lohnerlöse Instandsetzung	2 500,00
Gesamtbetrieb	1 550,00		
Gewinn	200,00		
	3 600,00		3 600,00

Soll	0870 Eigenkapital		Haben
	Anfangsbestand		35 000,00
	GuV (Gewinn)		200,00

Abschlussbuchungen der Aufwandskonten

GuV an Miete	1 200,00 EUR
GuV an Büromaterial	650,00 EUR
GuV an Sonstige Erlöse	1 550,00 EUR

Abschlussbuchung des GuV-Kontos

GuV an Eigenkapital	200,00 EUR

Abschlussbuchungen der Ertragskonten

Sonstige Zins. u. ähnliche Erträge an GuV	600,00EUR
Gehalt, Fixa, Aushilfslohn	
Gesamtbetrieb an GuV	500,00 EUR
Lohnerlöse Instandsetzung an GuV	2 500,00 EUR

Das obige Beispiel zeigt, dass ein Gewinn erwirtschaftet wurde. Den Aufwendungen von insgesamt 3 400,00 EUR stehen insgesamt 3 600,00 EUR Erträge gegenüber. Die Nutzung der Produktionsfaktoren erbrachte somit Erträge, die die Aufwendungen um 200,00 EUR übersteigen. Das Eigenkapital wurde erhöht. In der Schlussbilanz wird das Eigenkapital nun mit einem Bestand von 35 200,00 EUR ausgewiesen.

Von der Eröffnungsbilanz zur Schlussbilanz:

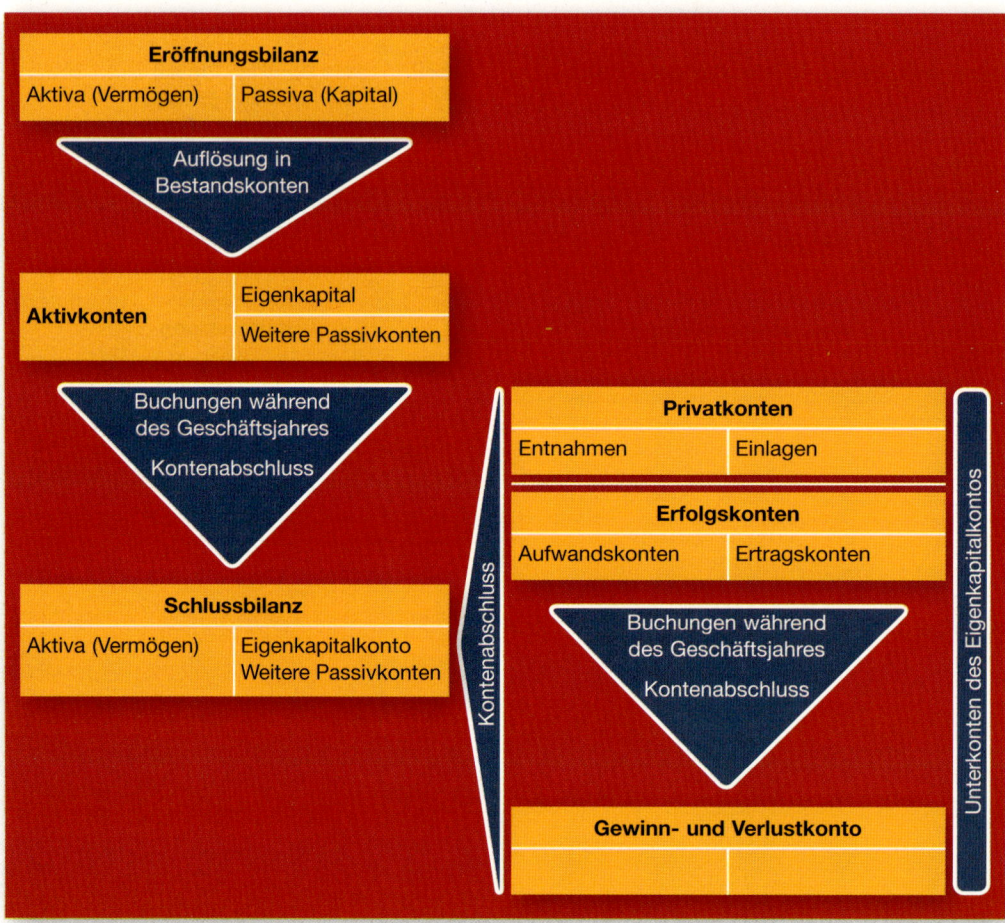

Die obige Grafik zeigt die grundlegenden Zusammenhänge der Buchführung im Autohaus. Die **Bestandskonten** werden aus der Eröffnungsbilanz abgeleitet, im Laufe des Geschäftsjahres bebucht und am Ende des Geschäftsjahres in der Schlussbilanz wieder zusammengeführt. Auf den **Erfolgskonten** werden Aufwendungen und Erträge gebucht. Der Abschluss erfolgt über das **GuV-Konto**, dessen Saldo gibt das Ergebnis der unternehmerischen Tätigkeit während der Abrechnungsperiode wieder und wird auf das Konto **Eigenkapital** gebucht.

Auf die Systematik des Privatkontos wird in einem späteren Kapitel eingegangen.

Aufgaben

1. Bilden Sie zu den folgenden Geschäftsvorfällen die Buchungssätze:
1. Kontoauszug: Zahlung der Heizkostenpauschale für die Geschäftsräume
   durch Banküberweisung   650,00 EUR
2. Kassenbeleg/Quittung: Barzahlung der Miete für den Abstellplatz
   der Gebrauchtfahrzeuge   900,00 EUR
3. Kontoauszug: Zinslastschrift für einen kurzfr. Kredit   130,00 EUR
4. Kassenbeleg/Quittung: Barzahlung von Aushilfslöhnen   470,00 EUR
5. Kassenbeleg/Quittung: Barzahlung für die Reparatur des Fotokopiergeräts   145,00 EUR

6. Kontoauszug: Gutschrift der Bank für Zinsen	140,00 EUR
7. Kassenbeleg/Quittung: Barkauf von Büromaterial	85,00 EUR
8. Kontoauszug: Provisionserträge werden auf die Bank überwiesen	760,00 EUR
9. Kontoauszug: Abbuchung der Gebäudehaftpflichtversicherungsprämie	620,00 EUR
10. Kassenbeleg/Quittung: Barzahlung für Porto	200,00 EUR

2. Beantworten Sie folgende Fragen:
   a) Was sind Erfolgskonten und was bewirkt die Buchung auf ihnen?
   b) Erläutern Sie den Abschluss der Erfolgskonten.
   c) Auf welcher Kontoseite werden Aufwendungen gebucht?
   d) Auf welcher Kontoseite werden Erträge gebucht?

3. Als Auszubildender im Autohaus arbeiten Sie öfter mit dem Handelsvertreter Jürgen Emsig zusammen. Leider beherrscht dieser die Buchführung überhaupt nicht und fragt Sie, wie er denn vorzugehen habe, um sein Eigenkapital am Ende der Buchungsperiode zu bestimmen.
Bei der Inventur stellte er folgende Bestände fest:

Betriebs- und Geschäftsausstattung	6 300,00 EUR
Pkw	5 600,00 EUR
Kassenbestand	8 000,00 EUR
Guthaben bei der Bank	25 000,00 EUR
Darlehensschuld	10 000,00 EUR
Eigenkapital	... ? EUR

Bis zum Abschlussstichtag ereigneten sich folgende Geschäftsvorfälle:

1. Einzahlung aus der Kasse auf das Bankkonto	1 900,00 EUR
2. Barkauf eines Schreibtisches	1 200,00 EUR
3. In bar erhaltene Provisionszahlung	600,00 EUR
4. Zinsen für das Darlehen werden überwiesen	80,00 EUR
5. Tanken gegen Barzahlung	43,00 EUR
6. Die Telefongebühren werden abgebucht	365,00 EUR
7. Provision geht auf dem Bankkonto ein	1 300,00 EUR
8. Barkauf von Büromaterial	490,00 EUR
9. Barzahlung der Kfz-Versicherunsprämie	243,00 EUR
10. Zahlung von Lohn für die Raumpflegerin in bar	180,00 EUR
11. Die Bank schreibt Zinsen gut	430,00 EUR
12. Überweisung der Stromkosten	192,00 EUR
13. Provisionszahlung geht bar ein	2 600,00 EUR

   a) Eröffnen Sie die Konten.
   b) Bilden Sie die Buchungssätze.
   c) Buchen Sie diese auf den Konten.
   d) Schließen Sie die Konten ab.
   e) Teilen Sie Jürgen Emsig mit, wie hoch sein Eigenkapital am Ende der Buchungsperiode ist.

4. Folgende Anfangsbestände liegen im Autohaus vor:

Grundstücke	220 000,00 EUR
Gebäude	150 000,00 EUR
Betriebs- und Geschäftsausstattung	110 000,00 EUR
Vorführfahrzeuge	28 000,00 EUR
Forderungen	75 000,00 EUR
Bank	56 000,00 EUR
Kasse	11 000,00 EUR
Darlehen	250 000,00 EUR
Verbindlichkeiten	280 000,00 EUR
Eigenkapital	... ? EUR

Geschäftsvorfälle:

1.	Kontoauszug: Zahlung der Miete für den Gebrauchtfahrzeugeplatz	1 200,00 EUR
2.	Kontoauszug: Ein Kunde überweist eine fällige Rechnung	6 800,00 EUR
3.	Kontoauszug: Überweisung einer fälligen Liefererrechnung	4 200,00 EUR
4.	Kontoauszug: Überweisung von Gehältern	2 200,00 EUR
5.	Kontoauszug: Zinsgutschrift der Bank	10 200,00 EUR
6.	Kontoauszug: Zahlungseingang von Provisionserträgen	9 800,00 EUR
7.	Kontoauszug: Tilgungsrate eines Darlehens wird abgebucht	2 500,00 EUR
8.	Kontoauszug: Darlehenszinsen werden abgebucht	500,00 EUR
9.	Eingangsrechnung: Kauf einer Büroausstattung auf Ziel	4 500,00 EUR
10.	Kassenbeleg: Barzahlung für die Wartung der Klimaanlage	130,00 EUR
11.	Kassenbeleg: Ein Kunde zahlt eine offene Rechnung	2 600,00 EUR
12.	Kassenbeleg: Ersatzteile werden bar gekauft	1 500,00 EUR
13.	Kassenbeleg: Ein Mieter zahlt seine Miete in bar	750,00 EUR
14.	Kassenbeleg: Barkauf von Büromaterial	120,00 EUR
15.	Kassenbeleg: Barkauf eines Büroschreibtisches	620,00 EUR
16.	Kassenbeleg: Barzahlung für Benzin	35,00 EUR
17.	Darlehensvertrag: Aufnahme eines Darlehens Der Betrag wird dem Bankkonto gutgeschrieben	20 000,00 EUR
18.	Kontoauszug: Zahlung einer Liefererverbindlichkeit	18 000,00 EUR
19.	Kontoauszug: Zinslastschrift der Bank	250,00 EUR
20.	Eingangsrechnung: Kauf eines Diagnosecomputers auf Ziel	7 300,00 EUR

a) Eröffnen Sie die Konten.
b) Ermitteln Sie das Eigenkapital zu Beginn der Buchungsperiode.
c) Bilden Sie alle Buchungssätze.
d) Buchen Sie diese auf den Konten.
e) Schließen Sie die Konten ab.

5 Die Umsatzsteuer mit Prozentrechnen

5.1 Prozentrechnen

Das Autohaus Fritz bezieht Alu-Sport-Felgen von zwei unterschiedlichen Lieferern. Lieferer A liefert die Felgen für 200,00 EUR den Satz plus 50,00 EUR Versandkosten. Lieferer B liefert den Satz Felgen für 250,00 EUR plus 50,00 EUR Versandkosten. Wie hoch ist jeweils der Versandkostenanteil in Prozent am Einkaufspreis?

Dem Betrag nach ist der Versandkostenanteil gleich hoch. Im Verhältnis zum Einkaufspreis ist der Versandkostenanteil beim Lieferer A höher als beim Lieferer B.

Vergleichbar werden die Versandkosten, indem festgestellt wird, wie viel EUR Versandkosten auf 100,00 EUR Einkaufspreis entfallen.

Rechnerische Lösung:

Lieferer A
Auf 200,00 EUR Einkaufspreis kommen 50,00 EUR Versandkosten.
Auf 100,00 EUR Einkaufspreis kommen x EUR Versandkosten.

$$\frac{X}{100} = \frac{50,00}{200,00} \leftrightarrow X = \frac{50,00 \cdot 100,00}{200,00} = 25\ \%$$

25,00 EUR Versandkosten auf 100,00 EUR Einkaufspreis

oder $\dfrac{25{,}00 \text{ EUR}}{100{,}00 \text{ EUR}} = \dfrac{25}{100} = 25\,\%$

Rechnerische Lösung mithilfe des Dreisatzes

Bei der Dreisatzrechnung wird aus mindestens drei bekannten Größen durch logische Schlussfolgerungen die gesuchte vierte Größe ermittelt.

Der Dreisatz besteht aus drei Teilen:

Bedingungssatz	●	Er gibt das Gegebene an.
Fragesatz	●	Er gibt das Gefragte an.
Bruchsatz	●	Er gibt die Lösung an.

Bedingungssatz	●	200,00 EUR	entsprechen 100 %
Fragesatz	●	50,00 EUR	entsprechen X %
Bruchsatz	●	$X = \dfrac{100 \cdot 50}{200} = 25\,\%$	

Rechenweg: Im Bedingungssatz und Fragesatz stehen gleiche Bezeichnungen untereinander. Die gesuchte Größe steht immer rechts. Die Lösung wird in drei Schritten vollzogen.

1. Wiederholung der Bedingung: 200,00 EUR entsprechen der Vergleichsgröße 100 %

2. Von der gegebenen Vielheit wird auf eine Einheit geschlossen $\dfrac{100}{200}$

3. Von der Einheit wird auf die gesuchte Vielheit geschlossen $X = \dfrac{100 \cdot 50}{200} = 25\,\%$

Lieferer B
Auf 250,00 EUR Einkaufspreis kommen 50,00 EUR Versandkosten.
Auf 100,00 EUR Einkaufspreis kommen x EUR Versandkosten.

$\dfrac{X}{100} = \dfrac{50{,}00}{250{,}00} \leftrightarrow X = \dfrac{50{,}00 \cdot 100{,}00}{250{,}00} = 20\,\%$

20,00 EUR Versandkosten auf 100,00 EUR Einkaufspreis

oder $\dfrac{20{,}00 \text{ EUR}}{100{,}00 \text{ EUR}} = \dfrac{20}{100} = 20\,\%$

Rechnerische Lösung mithilfe der Prozentrechnung

Bedingungssatz	●	250,00 EUR	entsprechen 100 %
Fragesatz	●	50,00 EUR	entsprechen X %
Bruchsatz	●	$X = \dfrac{100 \cdot 50}{250} = 20\,\%$	

Die Prozentrechnung ist eine Vergleichsrechnung mit der Zahl 100 als Vergleichszahl.
Die Prozentrechnung beinhaltet drei Größen:

25 %	von 200,00 EUR	= 50,00 EUR
⬇	⬇	⬇
Prozentsatz	**Grundwert**	**Prozentwert**
Ist die Prozentzahl	Der Grundwert entspricht immer 100 %	Der Prozentsatz wird aus der Multiplikation des Grundwertes mit dem Prozentwert ermittelt

Zwei dieser drei Größen müssen immer gegeben sein, um die dritte Größe zu berechnen.

Vermehrter Grundwert

Beispiel   Eine Quittung lautet 16,24 EUR inklusive Umsatzsteuer.
Wie viel EUR beträgt die Umsatzsteuer?
Der Umsatzsteuersatz beträgt zurzeit 19 % der Bemessungsgrundlage.
In diesem Fall entspricht der Rechnungsbetrag einem Grundwert von 119 %.

Rechnerische Lösung:

Bedingungssatz   ● 119 % entsprechen 16,24 EUR

Fragesatz   ● 19 % entsprechen   X EUR

Bruchsatz   ● $\dfrac{16,24 \cdot 19}{119} = 2,59$ EUR

Verminderter Grundwert

Beispiel   Ein Autohaus kauft ein Gebrauchtfahrzeug für 7 200,00 EUR an.
Das sind 60 % des Neupreises. Wie hoch war der Neupreis?
In diesem Fall entspricht der Ankaufspreis einem Grundwert von 60 %.

Rechnerische Lösung:

Bedingungssatz   ● 60 % entsprechen   7 200,00 EUR

Fragesatz   ● 100 % entsprechen   X EUR

Bruchsatz   ● $\dfrac{7\,200,00 \cdot 100}{60} = 12\,000,00$ EUR

Aufgaben

1. Das Autohaus Fritz erhält folgendes Angebot über Lederlenkräder:
Verkaufspreis 135,00 EUR plus 27,00 EUR Versandkosten.
Wie viel Prozent betragen die Versandkosten gemessen am Verkaufspreis?

2. Ein Verkaufskatalog beinhaltet folgendes Angebot:
Bei Abnahme von 10 Stück erhalten Sie einen Mengenrabatt von 5 %, Stückpreis 65,00 EUR.
Wie hoch ist der Einkaufspreis bei einer Abnahme von 10 Stück?

3. Das Autohaus Fritz erhielt einen Mengenrabatt von 15,00 EUR.
Der Einkaufspreis betrug vor Abzug des Mengenrabatts 300,00 EUR.
Wie viel Prozent Preisnachlass wurde dem Autohaus Fritz eingeräumt?

4. Nach Abzug eines Mengenrabatts von 25 % zahlt das Autohaus Fritz einem Zubehörlieferer
2 550,00 EUR.
a) Wie hoch war der ursprüngliche Rechnungsbetrag?
b) Wie hoch ist der Mengenrabatt in EUR?

5. Das Autohaus Fritz kauft ein Gebrauchtfahrzeug für 6 400,00 EUR von einem Privatmann an.
Das entspricht 25 % des Neupreises.
a) Wie hoch war der ursprüngliche Neupreis des Gebrauchtfahrzeuges?
b) Wieviel EUR Wertverlust erlitt dieses Gebrauchtfahrzeug?

6. In der Schwacke-Liste wird ein Fahrzeug mit einem Neupreis von 18 900,00 EUR nach einem
Jahr mit 13 608,00 EUR, nach zwei Jahren mit 10 395,00 EUR bewertet.
a) Wie hoch ist der Wertverlust in Prozent des Neupreises nach einem Jahr?
b) Wie hoch ist der Wertverlust in Prozent des Neupreises nach zwei Jahren?

7. Eine Quittung lautet 29,00 EUR inklusive Umsatzsteuer.
Wie viel EUR beträgt die Umsatzsteuer?

5.2 Umsatzsteuer

Mario Töpfer wundert sich über die Umsatzsteuer auf den Rechnungen. Sowohl Eingangs- als auch Ausgangsrechnungen beinhalten 19 % Umsatzsteuer. Er überlegt sich, dass dann das Autohaus Fritz wohl nicht sehr viel verdienen kann, wenn das Finanzamt immer Geld bekommt.

Überprüfen Sie die Aussage von Mario Töpfer auf ihre Richtigkeit.

Umsatzsteuer beim Einkauf

Um einen Umsatz erbringen zu können, muss das Autohaus als Handelsunternehmen Lieferungen und Leistungen anderer Unternehmen in Anspruch nehmen, die für den Lieferer Umsatz sind. Die **Eingangsrechnungen** weisen daher neben dem vereinbarten Entgelt für die Waren oder Dienstleistungen die Umsatzsteuer aus. Aus der Sicht des beschaffenden Autohauses wird die Umsatzsteuer auf Eingangsbelegen als **Vorsteuer** bezeichnet. Die beim Einkauf von Waren (Neufahrzeuge, Ersatzteile, Zubehör) zu zahlende Umsatzsteuer stellt eine Forderung gegenüber dem Finanzamt dar und wird auf dem aktiven Bestandskonto 1576 Vorsteuer gebucht.

Beispiel 1

Eingangsrechnung: Kauf eines Autoradios auf Ziel

Buchung:

3300 Pkw Teile/Zubehör	300,00 EUR	
1576 Vorsteuer	57,00 EUR	

an 1600 Verbindlichkeiten   357,00 EUR

Soll	3300 Teile und Zubehör	Haben
¹ Verb.	300,00	

Soll	1600 Verbindlichkeiten	Haben
		Pkw T/Z; VSt. 357,00 ¹

Soll	1576 Vorsteuer	Haben
¹ Verb.	57,00	

Umsatzsteuer beim Verkauf

Die Höhe der Umsatzsteuer bemisst sich nach dem vereinbarten Entgelt = **Bemessungsgrundlage**. Zur Bemessungsgrundlage gehört alles, was der Unternehmer als Gegenleistung für seine Lieferungen und sonstigen Leistungen mit dem Vertragspartner vereinbart hat. Der Umsatzsteuersatz beträgt zurzeit 19 % der **Bemessungsgrundlage**. Die beim Verkauf ermittelte Umsatzsteuer wird dem Kunden in Rechnung gestellt. Sie stellt eine Verbindlichkeit gegenüber dem Finanzamt dar und wird auf dem passiven Bestandskonto 1776 Umsatzsteuer gebucht. Das Autohaus, wie jedes andere Unternehmen auch, wälzt die abzuführende Umsatzsteuer auf den Kunden ab. Der Kunde trägt somit die Umsatzsteuer, daher spricht man auch von der **Umsatzsteuertraglast**. Im Gesetz ist vorgesehen, dass die Umsatzsteuer offen in den Ausgangsrechnungen ausgewiesen sein muss.

Beispiel 2

Ausgangsrechnung: Verkauf eines Autoradios auf Ziel.

Autohaus Fritz GmbH
Am Templiner See 12
14471 Potsdam

FRITZ Potsdam
Vertragshändler

Autohaus Fritz GmbH, Am Templiner See 12, 14471 Potsdam

Herrn
Herbert Blank
Bahnhofstraße 23
14471 Potsdam

Telefon:	0331 903232
Telefax:	0331 903230
E-Mail:	autohaus_fritz@t-online.de
Bank:	Mittelbrandenburgische
	Sparkasse Potsdam
	BLZ: 160 500 00
	Konto-Nr.: 542 464
	BIC: WELADED1PMB
	IBAN: DE34160500000000542464

KOPIE

Rechnung

Ihr Auftrag vom . . - 08 - 23

Kunden-Nr.	Rechnungs-Nr.	Rechnungstag
8671	18221	. . - 08 - 23
Bei Zahlung bitte angeben		

Pos.	Artikel-Nr.	Artikelbezeichnung	Menge	Einzelpreis EUR	Gesamtpreis EUR
1	8105	Autoradio CDX-100	1	400,00	400,00
			Nettoentgelt 400,00	USt-% 19	USt-EUR 76,00	**Gesamtbetrag** 476,00 EUR

USt-IdNr.: DE193656622
Steuernummer: 76144/21966

Zahlbar binnen 30 Tagen netto.

Buchung:

1400 Forderungen   476,00 EUR

8300 Pkw Erl. Teile/Zubehör allg.   400,00 EUR
1776 Umsatzsteuer   76,00 EUR

Soll	1400 Forderungen	Haben
2 Pkw Erl. T/Z allg. USt. 476,00		

Soll	8300 Teile und Zubehör	Haben
	Ford.	400,00 2

Soll	1776 Umsatzsteuer	Haben
	Ford.	76,00 2

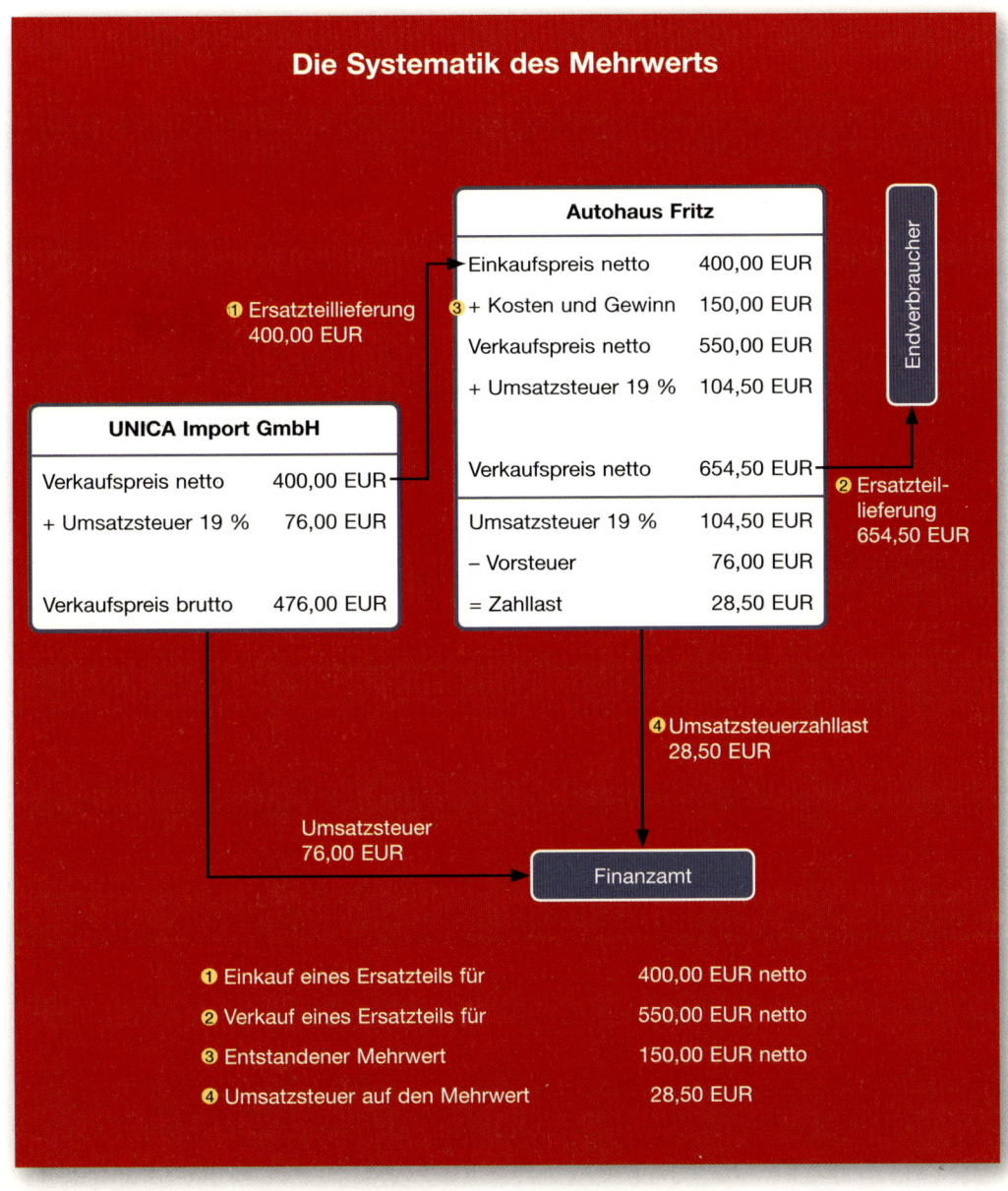

Die Systematik des Mehrwerts

Autohaus Fritz

Einkaufspreis netto	400,00 EUR
❸ + Kosten und Gewinn	150,00 EUR
Verkaufspreis netto	550,00 EUR
+ Umsatzsteuer 19 %	104,50 EUR
Verkaufspreis netto	654,50 EUR
Umsatzsteuer 19 %	104,50 EUR
– Vorsteuer	76,00 EUR
= Zahllast	28,50 EUR

❶ Ersatzteillieferung 400,00 EUR

UNICA Import GmbH

Verkaufspreis netto	400,00 EUR
+ Umsatzsteuer 19 %	76,00 EUR
Verkaufspreis brutto	476,00 EUR

Endverbraucher

❷ Ersatzteillieferung 654,50 EUR

❹ Umsatzsteuerzahllast 28,50 EUR

Umsatzsteuer 76,00 EUR

Finanzamt

❶ Einkauf eines Ersatzteils für   400,00 EUR netto

❷ Verkauf eines Ersatzteils für   550,00 EUR netto

❸ Entstandener Mehrwert   150,00 EUR netto

❹ Umsatzsteuer auf den Mehrwert   28,50 EUR

5.3 Abschluss der Umsatzsteuerkonten

Damit die Umsatzsteuerzahllast ermittelt werden kann, muss der Saldo des Kontos Vorsteuer mit dem Saldo des Umsatzsteuerkontos verrechnet werden. Buchhalterisch erfolgt das durch die Umbuchung des Saldos des Vorsteuerkontos auf das Konto Umsatzsteuer. Die für den abgelaufenen Monat ermittelte **Umsatzsteuerzahllast** ist bis zum 10. des Folgemonats an das zuständige Finanzamt zu entrichten. Sollte die Umsatzsteuer zum Bilanzstichtag am Geschäftsjahresende nicht an das Finanzamt überwiesen sein, so ist das Umsatzsteuerkonto als Verbindlichkeit in das Schlussbilanzkonto aufzunehmen.

Rechnerisch lässt sich die Umsatzsteuerzahllast wie folgt ermitteln:

> **Umsatzsteuerzahllast = Umsatzsteuertraglast minus Vorsteuer**

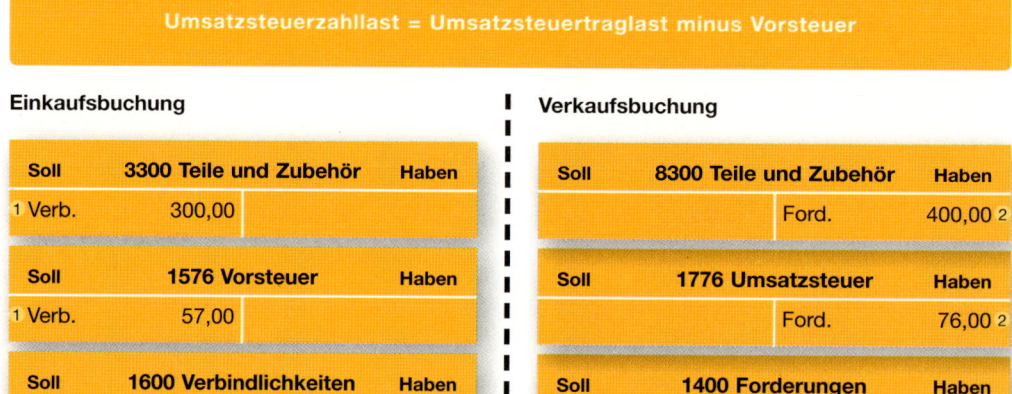

Einkaufsbuchung

Soll	3300 Teile und Zubehör		Haben
[1] Verb.	300,00		

Soll	1576 Vorsteuer		Haben
[1] Verb.	57,00		

Soll	1600 Verbindlichkeiten		Haben
[1]		Pkw T/Z; VSt.	357,00

Verkaufsbuchung

Soll	8300 Teile und Zubehör		Haben
		Ford.	400,00 [2]

Soll	1776 Umsatzsteuer		Haben
		Ford.	76,00 [2]

Soll	1400 Forderungen		Haben
Pkw Erl. T/Z; USt. 476,00			[2]

[3] **Abschluss des Vorsteuerkontos**

Buchungssatz: 1776 Umsatzsteuer an 1576 Vorsteuer 57,00 EUR

Soll	1576 Vorsteuer		Haben
[1] Verb.	57,00	USt.	57,00 [3]

Soll	1776 Umsatzsteuer		Haben
[3] VSt.	57,00	Ford.	76,00 [2]

[4] **Ermittlung und Zahlung der Umsatzsteuerzahllast an das Finanzamt per Banküberweisung**

Buchungssatz: 1776 Umsatzsteuer an 1200 Bank 19,00 EUR

Soll	1776 Umsatzsteuer		Haben
VSt.	57,00	Ford.	76,00
[4] Bank	19,00		

Soll	1200 Bank		Haben
AB	1 000,00	USt.	19,00 [4]

Aufgaben

1.
1. Einkauf von Zubehör · · · · · · 800,00 EUR
2. Einkauf von Ersatzteilen · · · · · · 480,00 EUR
3. Einkauf Neufahrzeuge · · · · · · 126 800,00 EUR
4. Verkauf von Zubehör · · · · · · 900,00 EUR

   5. Verkauf von Ersatzteilen   560,00 EUR

   6. Verkauf Neufahrzeuge   29 800,00 EUR

   a) Bilden Sie die Buchungssätze zu den Geschäftsvorfällen.

      Alle Einkäufe sind Zieleinkäufe; alle Verkäufe sind Zielverkäufe. Alle Beträge sind netto.

   b) Buchen Sie auf den entsprechenden Konten.

   c) Schließen Sie die Umsatzsteuerkonten ab.

   d) Wie hoch ist der Vorsteuerüberhang gegenüber dem Finanzamt?

2. Beantworten Sie folgende Fragen in **Gruppenarbeit**.

   a) Was versteht man unter dem Mehrwert?

   b) Wie wird die Umsatzsteuerzahllast rechnerisch ermittelt?

   c) Welche USt. wird auf dem Konto Vorsteuer gebucht?

   d) Welche USt. wird auf dem Konto Umsatzsteuer gebucht?

   e) Wie erfolgt der Abschluss der Umsatzsteuerkonten? Stellen Sie Ihr Ergebnis **grafisch** dar.

3. Ermitteln Sie bei den folgenden Geschäftsvorfällen, ob auf das Konto Vorsteuer, das Konto Umsatzsteuer oder auf kein Steuerkonto gebucht wird. Geben Sie zusätzlich die Höhe der eventuell anfallenden Umsatzsteuer an.

   1. Einkauf von Zubehör   1 800,00 EUR netto

   2. Verkauf von Zubehör   600,00 EUR netto

   3. Einkauf von E-Teilen   630,00 EUR netto

   4. Einkauf Neufahrzeuge   156 800,00 EUR netto

   5. Verkauf von E-Teilen   1 560,00 EUR netto

   6. Verkauf Neufahrzeuge   31 800,00 EUR netto

   7. Ein Kunde bezahlt eine Rechnung bar   1 190,00 EUR

4. Folgende Geschäftsvorfälle liegen vor:

   1. Einkauf von Neufahrzeugen   34 000,00 EUR netto

   2. Verkauf von Neufahrzeugen   36 000,00 EUR netto

   3. Einkauf von Zubehör   1 200,00 EUR netto

   4. Verkauf von Zubehör   1 800,00 EUR netto

   5. Einkauf von Büromaterial   620,00 EUR netto

   6. Kauf eines Diagnosecomputers für die Werkstatt   26 300,00 EUR netto

   7. Verkauf von drei Neufahrzeugen insgesamt   93 000,00 EUR netto

   a) Führen Sie ein Vorsteuerkonto und ein Umsatzsteuerkonto und buchen Sie die Geschäftsvorfälle auf ihnen ohne Gegenbuchung.

   b) Schließen Sie die Umsatzsteuerkonten ab.

   c) Ermitteln Sie den Saldo des Vorsteuerkontos.

   d) Ermitteln Sie die Umsatzsteuertraglast.

   e) Ermitteln Sie die Umsatzsteuerzahllast.

5. Überprüfen Sie die Richtigkeit folgender Aussagen.

   1. Die Vorsteuer geht aus den Eingangsrechnungen hervor.

   2. Die den Kunden berechnete Umsatzsteuer ist eine Verbindlichkeit gegenüber dem Finanzamt.

   3. Die Umsatzsteuerzahllast für die Monate Januar bis März muss in einer Summe am 10. April an das Finanzamt überwiesen werden.

   4. Das Konto Umsatzsteuer muss am Jahresende über das GuV-Konto abgeschlossen werden.

   5. Das Konto Vorsteuer ist ein aktives Bestandskonto.

   6. Die Überweisung der Umsatzsteuerzahllast an das Finanzamt führt zu einer Verminderung des Gewinns.

   7. Das Konto Vorsteuer weist folgenden Wert aus: Soll 56 000,00 EUR

      Das Konto Umsatzsteuer weist folgenden Wert aus: Haben 65 000,00 EUR

      Die Umsatzsteuertraglast beträgt   65 000,00 EUR

Lernfeldaufgabe:
Inventur, Bilanz und Buchung von Geschäftsvorfällen im Autohaus Fritz

Im Autohaus Fritz geht es momentan sehr hektisch zu, da die jährliche Inventur durchgeführt werden muss. Das Teilelager umfasst mehrere tausend Teilepositionen, die alle mengenmäßig erfasst und bewertet werden müssen. Die Teile sind in Teilegruppen eingeteilt. Ihre Aufgabe ist es, an der Erstellung des Inventars mitzuwirken. Dabei wird Ihnen die Teilegruppe für das Modell UNICA-PRIMOS-Limousine (ULP- XXX) übertragen. Die Teilegruppe umfasst folgende Positionen.

Teilenummer	Bezeichnung
UPL- 200	Kotflügel vorne links
UPL- 201	Kotflügel vorne rechts
UPL- 202	Fahrertür
UPL- 203	Beifahrertür
UPL- 204	Hintere Tür rechts
UPL- 205	Hintere Tür links
UPL- 206	Kofferraumklappe
UPL- 207	Motorhaube
UPL- 208	Stoßfänger vorne
UPL- 209	Stoßfänger hinten
UPL- 210	Windschutzscheibe
UPL- 211	Seitenscheibe vorne
UPL- 212	Heizbare Heckscheibe
UPL- 213	Halogenfrontscheinwerfer rechts komplett
UPL- 214	Halogenfrontscheinwerfer links komplett
UPL- 215	Blinker komplett vorne rechts
UPL- 216	Blinker komplett vorne links
UPL- 217	Blinker komplett hinten rechts
UPL- 218	Blinker komplett hinten links
UPL- 219	Halogen-Nebelscheinwerfer vorne
UPL- 220	Auspuffkrümmer
UPL- 221	Auspuffrohr
UPL- 222	Vorschalldämpfer
UPL- 223	Endschalldämpfer
UPL- 224	Katalysator
UPL- 225	Auspuffblende
UPL- 226	Asbestfreie Scheibenbremsbeläge vorne
UPL- 227	Asbestfreie Scheibenbremsbeläge hinten
UPL- 228	Bremsscheiben vorne
UPL- 229	Bremsscheiben hinten
UPL- 230	Bremssattel vorne
UPL- 231	Bremssattel hinten
UPL- 232	Lichtmaschine
UPL- 233	Wasserpumpe

UPL- 234	Batterie
UPL- 235	Zündkerzenset (4 Stück)
UPL- 236	Luftfilter
UPL- 237	Kupplungsscheibe
UPL- 238	Zündkabel
UPL- 239	Marderschreck
UPL- 240	Winterkomplettrad
UPL- 241	Motor-Antenne
UPL- 242	Dachantenne
UPL- 243	Anhängerkupplung
UPL- 244	Fahrerspiegel
UPL- 245	Beifahrerspiegel
UPL- 246	Rammschutz
UPL- 247	Frontspoiler
UPL- 248	Heckspoiler
UPL- 249	Türgriffset verchromt
UPL- 250	Klimaanlage

Die Teile haben folgende Einstandspreise (netto):

Teilenummer	Einstandspreis in EUR
UPL- 200	78,20
UPL- 201	78,20
UPL- 202	164,00
UPL- 203	164,00
UPL- 204	122,50
UPL- 205	122,50
UPL- 206	79,10
UPL- 207	233,40
UPL- 208	412,00
UPL- 209	67,00
UPL- 210	278,00
UPL- 211	65,00
UPL- 212	312,00
UPL- 213	200,00
UPL- 214	200,00
UPL- 215	130,50
UPL- 216	130,50
UPL- 217	122,00
UPL- 218	122,00
UPL- 219	48,00
UPL- 220	145,00
UPL- 221	27,00
UPL- 222	83,00
UPL- 223	267,00
UPL- 224	812,00

UPL- 225	5,50
UPL- 226	31,50
UPL- 227	28,50
UPL- 228	120,00
UPL- 229	115,00
UPL- 230	230,00
UPL- 231	230,00
UPL- 232	612,00
UPL- 233	48,00
UPL- 234	25,00
UPL- 235	8,20
UPL- 236	15,40
UPL- 237	612,00
UPL- 238	35,00
UPL- 239	112,00
UPL- 240	123,00
UPL- 241	78,00
UPL- 242	12,00
UPL- 243	233,00
UPL- 244	69,00
UPL- 245	69,00
UPL- 246	102,50
UPL- 247	185,00
UPL- 248	205,00
UPL- 249	141,00
UPL- 250	1 200,00

Bei der Inventur wurden folgende Bestände ermittelt:

Teilenummer	Anzahl
UPL- 200	4
UPL- 201	2
UPL- 202	1
UPL- 203	1
UPL- 204	1
UPL- 205	0
UPL- 206	0
UPL- 207	2
UPL- 208	4
UPL- 209	3
UPL- 210	2
UPL- 211	0
UPL- 212	3
UPL- 213	7
UPL- 214	7
UPL- 215	8
UPL- 216	8

UPL- 217	8
UPL- 218	8
UPL- 219	2
UPL- 220	12
UPL- 221	12
UPL- 222	5
UPL- 223	12
UPL- 224	2
UPL- 225	2
UPL- 226	23
UPL- 227	25
UPL- 228	18
UPL- 229	18
UPL- 230	18
UPL- 231	18
UPL- 232	4
UPL- 233	6
UPL- 234	18
UPL- 235	25
UPL- 236	24
UPL- 237	13
UPL- 238	4
UPL- 239	2
UPL- 240	24
UPL- 241	6
UPL- 242	18
UPL- 243	12
UPL- 244	4
UPL- 245	6
UPL- 246	12
UPL- 247	2
UPL- 248	8
UPL- 249	12
UPL- 250	1

a) Erstellen Sie mithilfe von Standardsoftware einen Erfassungsbogen für die Teilegruppe UNI-CA-PRIMOS-Limousine. Überlegen Sie in **Gruppenarbeit**, welche Informationen der Erfassungsbogen beinhalten soll, **bevor** Sie mit der Arbeit beginnen.

b) Wenn Sie den Wert der Teilegruppe UNICA-PRIMOS-Limousine erfasst haben, erstellen Sie mithilfe der EDV aus den folgenden Angaben ein Inventarverzeichnis für das Autohaus Fritz und ermitteln Sie anschließend das Reinvermögen:

Position	EUR
Grundstücke und Gebäude am Templiner See	12 652 000,00
Technische Anlagen und Maschinen	47 500,00
Vorführfahrzeuge	78 450,00
Betriebs- und Geschäftsausstattung	78 500,00
Sonstiges Anlagevermögen	4 600,00
Neufahrzeuge	982 000,00
Gebrauchtfahrzeuge	344 000,00
Ersatzteile/Zubehör ohne Teilegruppe UNICA-PRIMOS-Limousine	233 680,00
Teilegruppe UNICA-PRIMOS-Limousine	... ?
Forderungen	388 787,00
Kasse	12 650,00
Bank	212 500,00
Hypotheken	1 200 000,00
Darlehen	660 000,00
Verbindlichkeiten	540 000,00
Kurzfristiger Kredit Sparkasse Potsdam	350 000,00

c) Erstellen Sie aus dem Inventar eine Bilanz.

d) Lösen Sie die Bilanz in Konten auf.

e) Bilden Sie zu den folgenden Geschäftsvorfällen die Buchungssätze mit Angabe der Kontennummern.

1. Eingangsrechnung: Kauf eines Diagnosecomputers auf Ziel — 26 300,00 EUR inkl. USt.
2. Bankauszug: Ein Kunde zahlt eine Rechnung per Banküberweisung — 650,00 EUR
3. Bankauszug: Zinslastschrift der Bank — 1 200,00 EUR
4. Bankauszug: Überweisung einer fälligen Verbindlichkeit — 6 800,00 EUR
5. Eingangsrechnung: Einkauf von Ersatzteilen auf Ziel — 7 140,00 EUR inkl. USt.
6. Darlehensvertrag: Der Betrag wird dem Bankkonto gutgeschrieben — 6 500,00 EUR
7. Kontoauszug: Gutschrift der Bank für Zinsen — 140,00 EUR
8. Kassenbeleg/Quittung: Barkauf von Büromaterial — 119,00 EUR inkl. USt.
9. Kontoauszug: Provisionserträge werden auf die Bank überwiesen — 8 760,00 EUR
10. Kontoauszug: Abbuchung der Gebäudehaftpflichtversicherungsprämie — 620,00 EUR
11. Kassenbeleg/Quittung: Barzahlung für Porto — 200,00 EUR

f) Buchen Sie die Geschäftsvorfälle auf T-Konten.

g) Schließen Sie alle Konten ab.

h) Ermitteln Sie den Gewinn/Verlust der Wirtschaftsperiode.

Lernfeld 4
Teile- und Zubehöraufträge bearbeiten

1 Wareneinkauf und Warenverkauf

Mario Töpfer ist jetzt schon eine längere Zeit in der Abteilung Rechnungswesen im Autohaus Fritz tätig. Zum Buchhalter Karlheinz Thalmann hat er ein sehr gutes Verhältnis. Nun wundert sich Mario darüber, dass jeden Tag so viele Eingangsrechnungen zu buchen sind, die alle von verschiedenen Unternehmen stammen. Er fragt Herrn Thalmann, ob denn nicht alle Waren vom Hersteller UNICA, United Cars Ltd. bezogen würden. Herr Thalmann gibt Mario dazu folgende Antwort und verdeutlicht die Zusammenhänge auch mit einer Grafik: „Natürlich ist das Autohaus Fritz in erster Linie ein Handelsunternehmen, das den größten Umsatz mit dem Verkauf von Neufahrzeugen erzielt. Aber auch Gebrauchtfahrzeuge, Originalersatzteile, Zubehör, Reifen und sonstige Handelswaren sind wichtige Bereiche im Autohaus Fritz. Ohne dieses Angebot wäre das Autohaus Fritz nicht konkurrenzfähig."

Neufahrzeuge Original- Ersatzteile	Schmierstoffe Öle	Reifen Räder	Autoradios Tuning	Auto-Elektrik Batterien
UNICA Import- gesellschaft mbH Bremerhaven	Oilana AG Duisburg	Pneus AG Hamburg	Cars & Fun AG Berlin	Merrit & Co. Stuttgart

Autohaus Fritz

Ermitteln Sie in Ihrem Ausbildungsbetrieb die Bezugsquellen für Reifen, Zubehör und Ersatzteile. Stellen Sie das prozentuale Verhältnis des Fahrzeugumsatzes zum Gesamtumsatz fest. **Präsentieren** Sie Ihr Ergebnis in ansprechender Form Ihren Mitschülern.

1.1 Der Wareneinkauf

Die **Warenbestandskonten** sind Aktivkonten und werden in der Kontenklasse 3 gebucht. Der Abschluss dieser Konten erfolgt über das Schlussbilanzkonto.

Bezogene Waren werden beim Einkauf mit ihren Anschaffungskosten (Bezugs- oder Einstandspreis) erfasst. Folgendes ist dabei zu beachten:

- **Sofortrabatte**, die auf der Eingangsrechnung ausgewiesen sind, mindern die Anschaffungskosten von vornherein und werden nicht gesondert gebucht.
- **Bezugskosten**, wie Fracht und Versicherungen, erhöhen als Anschaffungsnebenkosten die Anschaffungskosten.
- **Vorsteuer** laut Eingangsrechnung gehört nicht zu den Anschaffungskosten, weil sie durch die Verrechnung mit der Umsatzsteuer vom Finanzamt zurückerstattet wird.

Buchung bei der Beschaffung von Waren

Listenpreis	–	Anschaffungspreis-minderungen	+	Anschaffungs-nebenkosten	keine Anschaffungskosten
Preis laut Angebotsliste		Sofortrabatte		Bezugskosten bei der Waren-beschaffung wie Frachten und Ver-sicherungen	absetzbare Vorsteuer
Buchung:		Vermindert Buchwert:		Erhöht Buchwert:	Buchung:
Kontenklasse 3 Warenbestands-konto		Kontenklasse 3 Warenbestands-konto		Kontenklasse 3 Warenbestands-konto	Kontenklasse 1 Finanzkonto 1576 Vorsteuer

Beispiel   Einkauf von Winterrädern

Die Winterzeit naht und das Autohaus Fritz plant eine Sonderaktion „Fit in den Winter". Dafür bestellt der Lagerleiter Boris Koslowski 200 Winterräder vom Typ 175/70 R 13 beim Reifenlieferer, der Pneus AG. Die Winterräder haben einen Einstandspreis von 65,20 EUR netto.

Die Winterräder werden geliefert und die Pneus AG schickt folgende Rechnung:

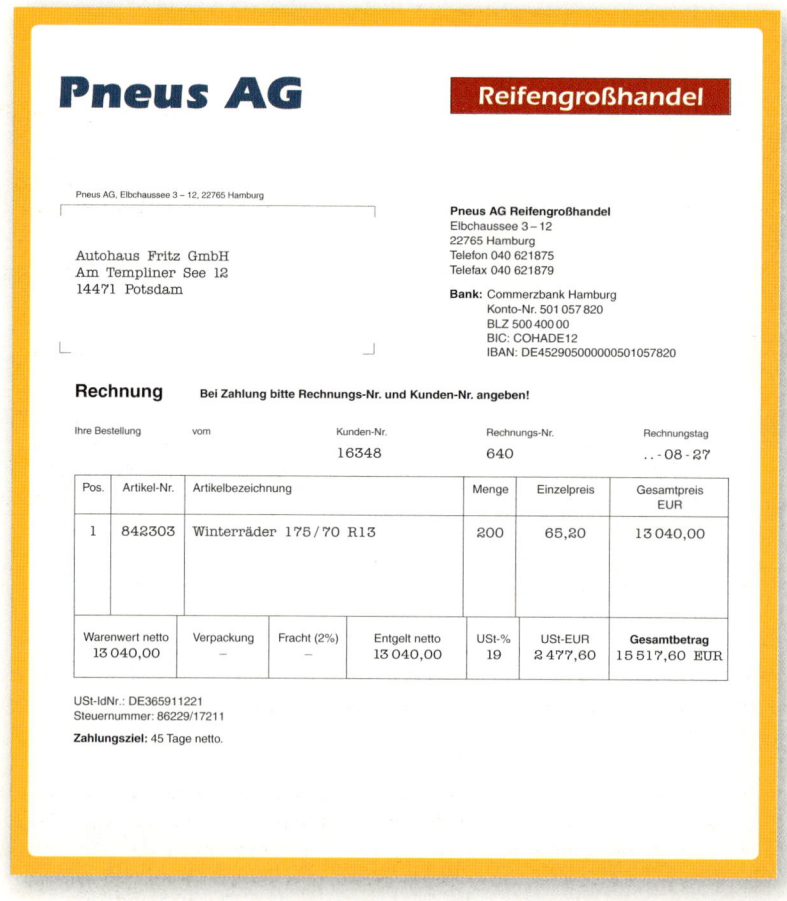

Buchung:

3350 Reifen	13 040,00 EUR
1576 Vorsteuer	2 477,60 EUR

an 1600 Verbindlichkeiten   15 517,60 EUR

① Einkaufsbuchung der Reifen

Soll	3350 Reifen	Haben
¹ Verb.	13 040,00	

Soll	1600 Verbindlichkeiten	Haben
		Reifen; VSt. 15 517,60 ¹

Soll	1576 Vorsteuer	Haben
¹ Verb.	2 477,60	

Beispiel   Einkauf von Originalersatzteilen

Der Privatkunde Michael Schulz benötigt für seinen älteren Kompaktwagen Modell PRIMOS einen End-schalldämpfer. Diesen hat das Autohaus Fritz nicht am Lager.

Der Lagerleiter Boris Koslowski bestellt beim Hersteller/Importeur UNICA den benötigten Endschall-dämpfer laut Teileliste.

Teileliste (Auszug)

Teilenummer	Bezeichnung	UPE (netto)	Händlerrabatt	Einkaufspreis
20048712	Endschalldämpfer	197,12 EUR	30 %	137,98 EUR

Originalersatzteile bezieht das Autohaus Fritz von seinem Hersteller/Importeur. Dabei ist folgende Besonderheit zu beachten. Bei Originalersatzteilen gibt der Hersteller/Importeur die Verkaufspreise durch die **„Unverbindliche Preisempfehlung" (UPE)** vor. Von dieser UPE wird der Händlerrabatt abge-zogen, und so gelangt man zum Einstandspreis für die Originalersatzteile. Der Einkaufspreis und die UPE gelten für alle Händler dieser Marke.

Der **Händlerrabatt** ist abhängig von der Rabattgruppe, in die ein Original-Ersatzteil eingruppiert ist (Verschleißteile, z. B. Bremsbeläge; Elektrikteile, z. B. Scheinwerfer oder Karosserieteile, z. B. Kotflügel) und davon, ob es sich um eine Lager- oder Eilbestellung handelt. Der Händlerrabatt bei der Eilbestellung ist niedriger als bei einer Lagerbestellung.

Der Händlerrabatt ist also abhängig von der Art des bestellten Originalteiles sowie von der Schnelligkeit der Belieferung.

Nachdem der Bestellvorgang für den Endschalldämpfer ausgelöst wurde, wird der Hersteller/Importeur aktiv und liefert mit der nächsten Teilelieferung den Endschalldämpfer. Gleichzeitig wird dem Autohaus Fritz die Rechnung zugeschickt.

Im Regelfall fordern Hersteller bzw. Importeure von ihren Händlern eine Bankeinzugsermächtigung für offene Rechnungen aufgrund von Ersatzteillieferungen. Für die Autohäuser bedeutet diese Vorgehens-weise eine Vereinfachung des Zahlungsverkehrs mit ihrem Hersteller/Importeur, die ihrerseits keine Ver-zögerungen beim Zahlungseingang von offenen Rechnungsbeträgen befürchten müssen.

UNICA Import GmbH · Weserstraße 84 · 28807 Bremerhaven

Autohaus Fritz GmbH
Am Templiner See 12
14471 Potsdam

Geschäftsräume:	**Weserstraße 84**
	28807 Bremerhaven
Bankverbindung:	Bremer Hansebank
	BLZ 510 102 13
	Konto-Nr.: 432 456 56
	BIC: BRLADE22
	IBAN: DE4829050000043245656

RECHNUNG-Nr.: 1496 / 998

Ihre Bestellung vom	Unser Zeichen	Kunden-Nr.	Lieferdatum	Rechnungsdatum
223 . . - 08 - 27	ir-33	88443	. . - 08 - 28	. . - 08 - 28

Pos.	Artikel-Nr.	Artikelbezeichnung	Menge in Stück	Einzelpreis EUR	Gesamtpreis EUR
1	20048712	Endschalldämpfer	1	137,98	137,98

Warenwert 137,98	Verpackung –	Fracht –	Nettoentgelt 137,98	USt-% 19	USt-EUR 26,22	**Bruttoentgelt** 164,20 EUR

USt-IdNr.: DE129283981
Steuernummer: 96256/04932

Zahlbar 30 Tage netto.

Buchung:

3300 Pkw Teile/Zubehör	137,98 EUR	
1576 Vorsteuer	26,22 EUR	
	an 1600 Verbindlichkeiten	164,20 EUR

2 Einkaufsbuchung Teile/Zubehör

Soll	**3300 Teile und Zubehör**	Haben
2 Verb.	137,98	

Soll	**1600 Verbindlichkeiten**	Haben
		Pkw T/Z; VSt. 164,20 2

Soll	**1576 Vorsteuer**	Haben
2 Verb.	26,22	

1.2 Der Warenverkauf

Die **Erlöskonten** sind Erfolgskonten. Sie werden in der Kontenklasse 8 gebucht und über das GuV-Konto abgeschlossen.

Buchung beim Verkauf von Waren

Erlöse	–	Erlösminderungen		keine Erlöse
Preis laut Angebotsliste oder Unverbindliche Preisempfehlung Hersteller/Importeur		Nachlässe		In Rechnung gestellte Umsatzsteuer
Buchung:		**Vermindert Erlöse:**		**Buchung:**
Kontenklasse 8 Erlöskonten		Kontenklasse 8 Erlöskonten		Kontenklasse 1 Finanzkonto 1776

Beispiel   Winterräder im Thekenverkauf

Das Autohaus Fritz startet die Sonderaktion „Fit in den Winter". Der Lagerleiter Boris Koslowski verkauft dem Kunden Klaus Schöller einen Satz Winterräder im Thekenverkauf. Herr Schöller bezahlt per **EC-Karte** an der Kasse.

Herr Schöller erhält folgende Rechnung:

Buchung des Thekenverkaufs

1200 Bank	486,76 EUR		
		an 8350 Reifen	409,04 EUR
		an 1776 Umsatzsteuer	77,72 EUR

Gleichzeitig mit der Erlösbuchung nimmt das EDV-System eine zweite Buchung vor.

7350 Reifen	260,80 EUR		
		an 3350 Reifen	260,80 EUR

Die **VAK-Konten** sind Erfolgskonten und werden in der Kontenklasse 7 gebucht und über das GuV-Konto abgeschlossen. Mit dieser Buchung wird der Einstandspreis der Räder (4 x 65,20 EUR = 260,80 EUR) in die Betriebsabrechnung gebucht und gleichzeitig wird der Warenbestand der Kontenklasse 3 korrigiert, d. h., die Lagerentnahme wird gebucht. Diese VAK-Buchung wird immer automatisch vom EDV-System gebucht. Es greift dabei auf die im EDV-System hinterlegten Einkaufswerte zurück.

Erläuterung zu den VAK-Konten in der Kontenklasse 7

Wenn ein Zubehörteil eingekauft wird (z. B. Winterräder), dann erfolgt die Buchung des Warenbestands in der Kontenklasse 3 auf dem Konto 3350 Pkw Reifen. Wenn die Winterräder verkauft werden, dann entnimmt der Lagerleiter die Räder dem Lager, stellt dem Kunden eine Rechnung über den Verkaufspreis zzgl. der zu zahlenden Umsatzsteuer aus und händigt dann dem Kunden, nach Bezahlung, die Winterräder aus. Verkaufserlöse werden in der Kontenklasse 8 gebucht. Der Verkauf der Winterräder wird auf dem Konto 8350 Erlöse Pkw Reifen allg. gebucht. Der vereinnahmte Rechnungsbetrag wird unserem Bankkonto (Zahlung per EC-Karte) Konto 1200 Bank gutgeschrieben, also in der Kontenklasse 1. Beim Einkauf wurde auf das Konto 3350 Pkw Reifen gebucht, beim Verkauf bisher nicht. D. h., die Winterräder wurden zwar dem Teilelager entnommen, aber in der Buchhaltung sind sie nach wie vor vorhanden. Um auch buchhalterisch eine Bestandskorrektur vorzunehmen, müssen die Winterräder auf dem Konto 3350 Pkw Reifen auf der Habenseite ausgebucht werden. Die Sollbuchung erfolgt auf dem VAK-Konto 7350 VAK Pkw Reifen allg. Mit dieser Buchung wird der Einstandspreis der Winterräder als Aufwand den Verkaufserlösen der Winterräder im GuV-Konto gegenübergestellt.

Ein Verkaufsvorgang stellt:

- eine Bestandsminderung in der Kontenklasse 3 dar: Die Winterräder wurden dem Lager entnommen.
- einen Erlös in der Kontenklasse 8 dar: Die Netto-Verkaufserlöse werden in der Kontenklasse 8 gebucht.
- einen Aufwand in der Kontenklasse 7 dar: Die Kosten der Warenbeschaffung werden als VAK in die Betriebsabrechnung übernommen.

Mit dieser Art der Erlösbuchungen ist es überhaupt erst möglich, die **„Kurzfristige Erfolgsrechnung" (KER)** zu erstellen. Die KER ermittelt monatlich das Ergebnis der einzelnen Abteilungen, indem sie von den Erlösen eines Monats den dafür tatsächlich aufgewendeten Wareneinstandswert des Monats abzieht und so zum **Bruttoertrag** kommt. Von diesem Bruttoertrag werden dann alle weiteren Kosten abgezogen, sodass am Ende das Abteilungsergebnis ermittelt werden kann. Auf dieses elementare Instrument der Unternehmenssteuerung im Kfz-Betrieb wird in der Kostenrechnung ausführlich eingegangen.

[1] **Verkaufsbuchung der Winterräder**

Soll	1200 Bank	Haben
[1] Reifen; USt. 486,76		

Soll	8350 Reifen	Haben
	Bank	409,04 [1]

Soll	1776 Umsatzsteuer	Haben
	Bank	77,72 [1]

2 **Buchung der Lagerentnahme Winterräder**

Soll	3350 Reifen		Haben
AB	13 040,00	Reifen	260,80 2

Soll	7350 Reifen		Haben
2 Reifen	260,80		

Beispiel   Verkauf von Originalersatzteilen

Herr Schulz wird vom Lagerleiter Herrn Koslowski telefonisch darüber informiert, dass der bestellte Endschalldämpfer für seinen PRIMOS eingetroffen ist und er ihn abholen kann.

Herr Schulz kommt noch am selben Tag und holt die bestellte Ware ab. Er bezahlt bar.

Herr Schulz erhält folgende Rechnung:

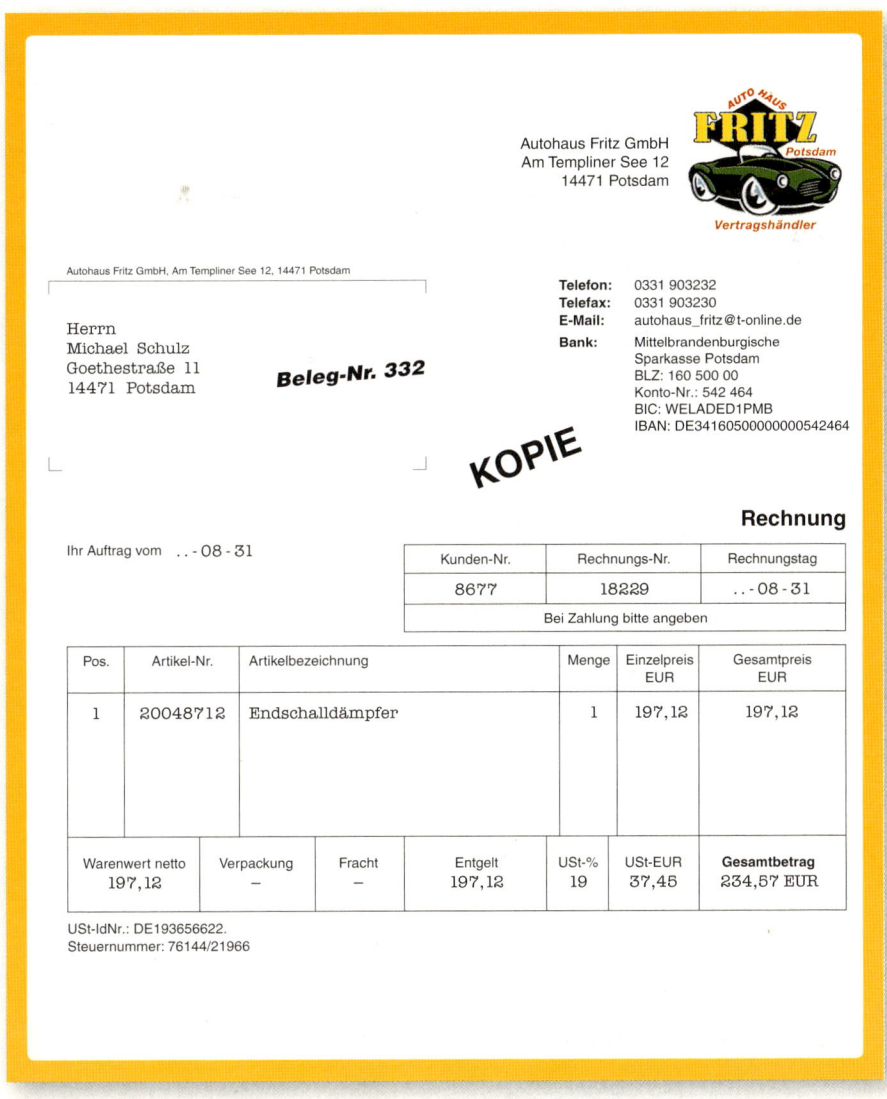

Die Kasse quittiert den Zahlungseingang.

Buchung des Ersatzteilverkaufs:

1000 Kasse	234,57 EUR		
	an 8300 Teile und Zubehör	197,12 EUR	
	an 1776 Umsatzsteuer	37,45 EUR	

Buchung der Lagerentnahme:
7300 Teile und Zubehör   137,98 EUR

an 3300 Teile und Zubehör   137,98 EUR

③ Verkaufsbuchung Original Ersatzteile

Soll	1000 Kasse	Haben
³ T/Z; USt. 234,57		

Soll	8300 Teile und Zubehör	Haben
	Kasse	197,12 ³

Soll	1776 Umsatzsteuer	Haben
	Kasse	37,45 ³

④ Buchung der Lagerentnahme Originalersatzteile

Soll	3300 Teile und Zubehör	Haben
⁴ AB 137,98	T/Z 137,98	

Soll	7300 Teile und Zubehör	Haben
⁴ T/Z 137,98		

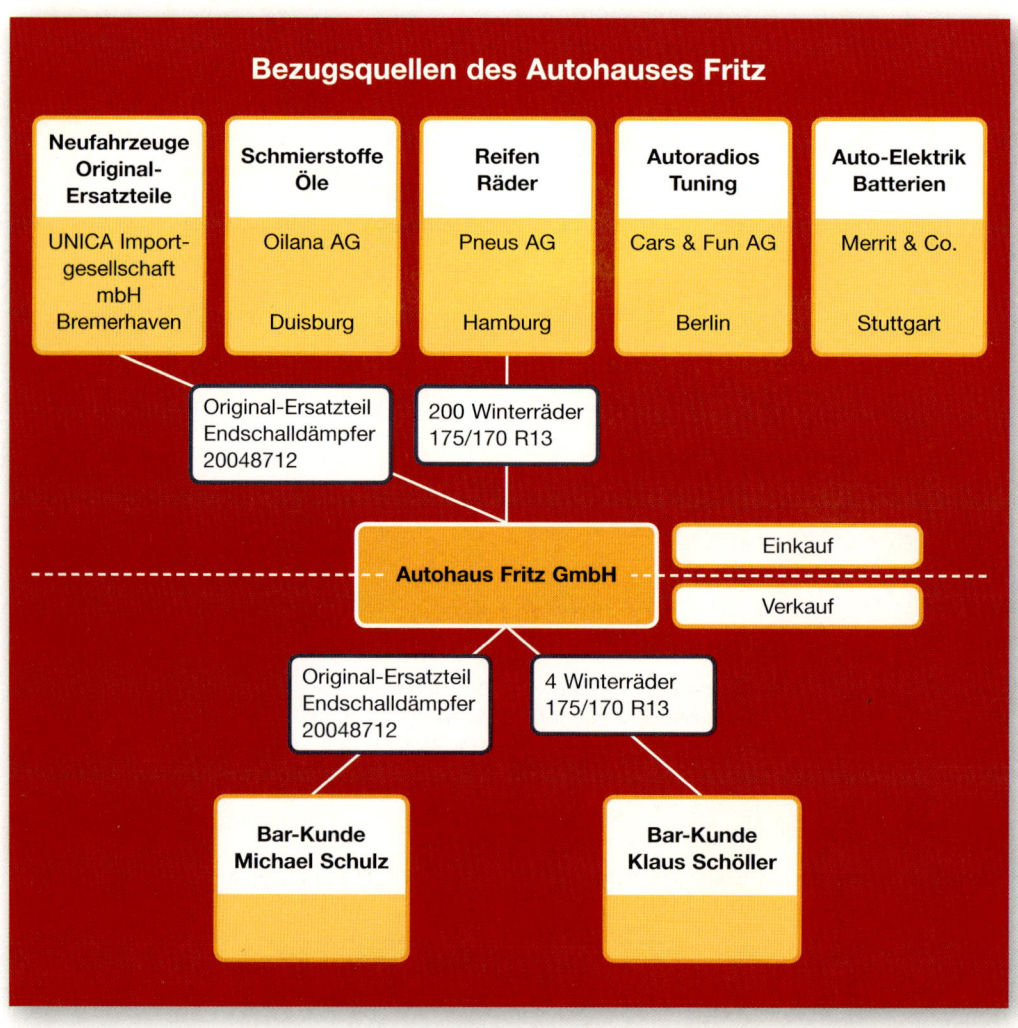

1.3 Abschluss der Wareneinkaufs- und Warenverkaufskonten

Das **GuV-Konto** ist ein Sammelkonto, das die Aufwendungen und Erträge eines Geschäftsjahres aufnimmt. Das GuV-Konto wird am Jahresende über das Eigenkapitalkonto abgeschlossen. Im GuV-Konto stehen die Aufwendungen für den Warenbezug (VAK) auf der Sollseite den Erträgen aus den Warenverkäufen auf der Habenseite gegenüber. Die Differenz nennt man allgemein **Rohgewinn**. Im Kfz-Gewerbe heißt der Rohgewinn **Bruttoertrag**. Dieser Bruttoertrag ist eine wichtige wirtschaftliche Kennzahl, auf die später noch ausführlich eingegangen wird. Um letztlich den Gewinn eines Kfz-Unternehmens zu ermitteln, werden vom Rohgewinn alle weiteren Kosten abgezogen, das sind z. B. Personalkosten, Heizkosten, Bürobedarf usw.

Ermittlung des Rohgewinns (Bruttoertrag)

1 Abschlussbuchung der VAK Teile/Zubehör über GuV
2 Abschlussbuchung der VAK Reifen über GuV
3 Abschlussbuchung des Erlöskontos Teile/Zubehör über GuV
4 Abschlussbuchung des Erlöskontos Reifen über GuV

Soll	7300 Teile und Zubehör		Haben
T/Z	137,98	GuV	137,98 1

Soll	8300 Teile und Zubehör		Haben
3 GuV	197,12	Kasse	197,12

Soll	7350 Reifen		Haben
Reifen	260,80	GuV	260,80 2

Soll	8350 Reifen		Haben
4 GuV	409,04	Bank	409,04

Soll	GuV		Haben
1 Teile und Zubehör	137,98	Teile und Zubehör	197,12 3
2 Reifen	260,80	Reifen	409,04 4
Rohgewinn (Bruttoertrag)	207,38		

Aufgaben

1. Im Autohaus Fritz werden folgende Geschäftsvorfälle registriert:
   1. Eingangsrechnung: Kauf von 20 Sommerreifen 185/65 R14 auf Ziel — 2 100,00 EUR netto
   2. Eingangsrechnung: Kauf einer Spurstange für das Modell MAGNA-Kombi — 156,12 EUR netto
   3. Eingangsrechnung: Kauf von 120 Liter Motoröl 15W40 — 3,42 EUR/Liter netto
   4. Ausgangsrechnung: Barverkauf von 4 Sommerreifen 185/65 R14 — 520,00 EUR netto
   5. Ausgangsrechnung: Barverkauf der Spurstange für das Modell MAGNA-Kombi — 223,03 EUR netto
   6. Ausgangsrechnung: Barverkauf von 5 Liter Motoröl 15W40 — 5,20 EUR/Liter netto

   a) Bilden Sie zu den Geschäftsvorfällen alle notwendigen Buchungssätze.
   b) Buchen Sie die Geschäftsvorfälle.
   c) Schließen Sie die Ertrags- und die VAK-Konten ab.
   d) Ermitteln Sie den Rohgewinn.
   e) Ermitteln Sie die Umsatzsteuerzahllast.

2. Bestellung von Originalersatzteilen beim Hersteller/Importeur.

Artikel	UPE brutto in EUR	Bestellvorgang	Händlerrabatt in %
2000221	608,12	L*	36 %
2000329	19,28	L	36 %
2000666	63,14	L	36 %
2000701	95,78	L	36 %
2000444	534,89	E*	24 %
2000978	79,23	E	24 %

* L = Lagerbestellung; E = Eilbestellung

Buchen Sie die obige Ersatzteillieferung des Herstellers/Importeurs.
Der Gesamtbetrag wird vom Bankkonto abgebucht.

3. Verkauf von Originalersatzteilen.
Das Autohaus Fritz verkauft an einen Kunden die Ersatzteile 2000444 und 2000978 im Theken-verkauf in bar.
Bilden Sie die notwendigen Buchungssätze.

4. Bestellung von Originalersatzteilen beim Hersteller/Importeur.

Artikel	UPE brutto in EUR	Bestellvorgang	Händlerrabatt in %
2000567	412,78	L	36 %
2000631	21,12	L	36 %
2000651	98,17	L	36 %
2000789	97,89	L	36 %
2000841	523,11	E	24 %
2000942	68,44	E	24 %

Buchen Sie die obige Ersatzteillieferung des Herstellers/Importeurs.
Der Gesamtbetrag wird vom Bankkonto abgebucht.

5. Herr Müller vom Teile- und Zubehörshop verkauft an einen Kunden die Ersatzteile 2000631 und 2000942 im Thekenverkauf bar.

a) Bilden Sie die notwendigen Buchungssätze.
b) Wie viel EUR Rohgewinn wurde erwirtschaftet?
c) Wie hoch ist die Umsatzsteuertraglast?

6. Beurteilen Sie die folgenden Aussagen auf ihre Richtigkeit und begründen Sie Ihre Antwort.
a) Warenbestandskonten sind aktive Bestandskonten.
b) Bezogene Waren werden beim Einkauf mit ihrem Bruttopreis in die Kontenklasse 3 gebucht.
c) Originalersatzteile haben eine UPE. Die Einkaufskalkulation entfällt somit.
d) Der Rohgewinn der Originalersatzteile ist die Differenz zwischen UPE netto und dem Händler-einkaufspreis netto.
e) Ertragskonten sind Erfolgskonten.
f) Erfolgskonten werden über das SBK abgeschlossen.
g) VAK-Buchungen stellen einen betrieblichen Aufwand dar.

2 Währungsrechnen

2.1 Währungsrechnen beim Wareneinkauf

Autohäuser beziehen Zubehörteile von unterschiedlichen Lieferern. Die Entscheidung darüber, bei welchem Lieferer Zubehörteile bezogen werden, hängt in erster Linie vom Einkaufspreis ab.

Beispiel Das Zubehörsortiment des Autohaus Fritz soll um Dachgepäckträger erweitert werden. Der Lagerleiter Boris Koslowski fordert dafür von unterschiedlichen Lieferern Angebote über Dachgepäckträger an. Nach kurzer Zeit erhält er folgende Angebote, die Mario Töpfer vergleichen soll. Darüber ist Mario sehr erschrocken, da er bisher noch nie mit ausländischen Währungen zu tun hatte.

	Spare-Parts Ltd./Ohio USA	Firma Schweizer Auto-Teile Bern/Schweiz	Trägersysteme Sachsen GmbH/Dresden
Bezugspreis in Landeswährung (netto)	89,00 USD	135,00 CHF	92,00 EUR

Um die Angebote zu vergleichen, werden sie in EUR umgerechnet. Dazu wird der aktuelle Kurs benötigt. Der **Kurs** ist eine Mengennotierung und gibt den Preis der ausländischen Währungseinheit bezogen auf einen EUR an.
Den Kurs für ausländische Währungen erfährt man bei Banken und Sparkassen.

Währung	Kurs
Amerikanischer Dollar	1,10
Schweizer Franken	1,60

Für den Zahlungsverkehr mit Nicht-EUR-Staaten benutzen die Kreditinstitute vier verschiedene Kurse:

- Kurs für die Hereinnahme von **Sorten** (= ausländische Banknoten) zur Umrechnung in EUR,
- Kurs für die Abgabe von Sorten,
- Kurs für die Entgegennahme von **Devisen** aus dem Ausland (ausländische Schecks oder Überweisungen) und der
- Kurs für die Ausführung von Zahlungen in Form von Devisen in das Ausland.

Der Unterschied zwischen den beiden Sorten- und Devisenkursen ist die Verdienstspanne der Kreditinstitute. Damit lassen sich die Kreditinstitute ihre Dienstleistungen im Devisen- und Sortengeschäft entlohnen.

Umrechnung von Nicht-EUR-Staaten-Währung in EUR

$$\frac{\text{Auslandswährung}}{\text{Kurs}} = \text{EUR}$$

Amerikanisches Angebot:

$$\frac{89,00}{1,10} = 80,91 \text{ EUR}$$

Rechnerische Lösung mithilfe des Dreisatzes

Bedingungssatz: • 1,10 USD entsprechen 1,00 EUR

Fragesatz: • 89,00 USD entsprechen X EUR

Bruchsatz: • $X = \dfrac{1 \cdot 89,00}{1,10} = 80,91$ EUR

Schweizer Angebot:

$$\frac{135,00}{1,60} = 84,38 \text{ EUR}$$

Rechnerische Lösung mithilfe des Dreisatzes

Bedingungssatz: • 1,60 CHF entsprechen 1,00 EUR

Fragesatz: • 135,00 CHF entsprechen X EUR

Bruchsatz: • $X = \dfrac{1 \cdot 135,00}{1,60} = 84,38$ EUR

Vergleich der drei Angebote:

	Spare-Parts Ltd./Ohio USA	Firma Schweizer Auto-Teile Bern/Schweiz	Trägersysteme Sachsen GmbH/Dresden
Bezugspreis in Landeswährung (netto)	89,00 USD	135,00 CHF	92,00 EUR
Bezugspreis in EUR (netto)	80,91 EUR	84,38 EUR	92,00 EUR

Nachdem Mario die Angebote in EUR umgerechnet hat, kann er durch den Vergleich feststellen, dass das amerikanische Angebot der Firma Spare-Parts Ltd. das preisgünstigste ist.

Einfuhrzölle/Einfuhrumsatzsteuer

Sollten beim Warenbezug Einfuhrzölle anfallen, so sind sie auf die Warenbezugskosten aufzuschlagen und in der Kontenklasse 3 zu buchen. Die Einfuhrumsatzsteuer beträgt 19 %. Sie wird auf dem Konto 1588 Einfuhrumsatzsteuer gebucht.

Beispiel Das Autohaus Fritz bestellt bei der Firma Spare-Parts Ltd. /Ohio USA 20 Dachgepäckträger für 89,00 USD/Stück.

Mit folgendem Betrag wird das Autohaus Fritz belastet:

20 Dachgepäckträger für 89,00 USD/Stück	1 780,00 USD	↔	1 618,18 EUR
+ 19 % Einfuhrumsatzsteuer		↔	307,45 EUR
= Rechnungsbetrag		↔	1 925,63 EUR

Buchungssatz:
3300 Pkw Teile/Zubehör	1 618,18 EUR		
1588 Einfuhrumsatzsteuer	307,45 EUR		
	an 1600 Verbindlichkeiten		1 925,63 EUR

Die **Einfuhrumsatzsteuer** wird wie die Vorsteuer mit der Umsatzsteuer verrechnet.

2.2 Währungsrechnen beim Warenverkauf

Möchten Kunden mit ausländischer Währung zahlen, muss der Rechnungsbetrag in die ausländische Währungseinheit umgerechnet werden.

Beispiel Ein Mitarbeiter der amerikanischen Botschaft, Herr Joseph B. Smith, lässt regelmäßig sein Fahrzeug, Modell MAGNA-Van, in der Werkstatt des Autohauses Fritz warten und reparieren. Für Werkstattleistungen ist der Rechnungsbetrag sofort bei Abholung des Fahrzeuges zu zahlen. Für Herrn Smith beträgt die aktuelle Reparaturrechnung 212,50 EUR. Leider hat er nur amerikanische Dollar dabei und möchte damit die Reparaturrechnung bezahlen. „Das ist kein Problem", sagt Frau Bender an der Kasse, „wir müssen nur eben den aktuellen Kurs bei der Bank erfragen." Sie lässt Mario bei der Potsdamer Sparkasse den Kurs des US-Dollars beim Ankauf von ausländischen Sorten erfragen. Dieser beträgt zurzeit 1,20 USD.

Umrechnung von EUR in Nicht-EUR-Staaten-Währung
EUR x Kurs = Auslandswährung

212,50 · 1,2 = 255,00 USD
Herr Smith zahlt seine Rechnung mit 255,00 Dollar und kann sein Fahrzeug mit nach Hause nehmen.

Rechnerische Lösung mithilfe des Dreisatzes

Bedingungssatz:	● 1,00 EUR entspricht	1,20 USD
Fragesatz:	● 212,50 EUR entsprechen	X USD
Bruchsatz:	● X = 212,50 · 1,20 = 255,00 USD	

Aufgaben

1. Das Autohaus Fritz überweist 1 780,00 amerikanische Dollar an die Firma Spare-Parts Ltd. für eine fällige Rechnung. Wie hoch ist der Betrag in EUR, wenn der Kurs für die Ausführung von Zahlungen in Form von Devisen in das Ausland 1,12 beträgt?

2. Ein Kunde bezahlt eine offene Werkstattrechnung über 110,00 EUR mit Schweizer Franken. Wie hoch ist der Betrag in Schweizer Franken, wenn der Kurs für die Hereinnahme von Sorten (= ausländische Banknoten) 1,80 beträgt?

3. Das Autohaus Fritz kauft von der Firma Spare-Parts Ltd. 15 Dachgepäckträger für 85,00 USD das Stück netto auf Ziel, Kurs 1,10.
a) Ermitteln Sie den Rechnungsbetrag in EUR.
b) Bilden Sie alle notwendigen Buchungssätze des Einkaufs.

4. Das Autohaus Fritz verkauft die gesamte Lieferung von 15 Dachgepäckträgern an eine Autovermietung für 1 850,00 EUR netto.
a) Ermitteln Sie den Verkaufspreis in EUR gesamt und je Stück.
b) Wie viel Bruttoertrag (Rohgewinn) hat das Autohaus Fritz bei diesem Geschäft erwirtschaftet?
c) Bilden Sie alle notwendigen Buchungssätze des Verkaufs.

5. Das Autohaus Fritz kauft von einem Schweizer Hersteller Zubehör im Wert von 2 400,00 CHF netto auf Ziel, Kurs 1,60.
a) Ermitteln Sie den Rechnungsbetrag in EUR.
b) Bilden Sie alle notwendigen Buchungssätze des Einkaufs.

2.3 Eigenverbrauch, Privatentnahmen, Privateinlagen

Der Kfz-Unternehmer benötigt für seinen Lebensunterhalt finanzielle Mittel. Diese entnimmt er der Kasse oder hebt sie vom betrieblichen Bankkonto ab. Darüber hinaus kann er dem Kfz-Betrieb Güter für den **privaten Verbrauch** entnehmen. Diese Entnahmen, Geld oder Sachen, haben mit dem betrieblichen Zweck nichts zu tun und werden **Privatentnahmen** genannt. Privatentnahmen mindern das Eigenkapital und müssten daher auf der Sollseite des Eigenkapitalkontos gebucht werden. **Privateinlagen** mehren das Eigenkapital und müssten daher auf der Habenseite des Eigenkapitalkontos gebucht werden.

Damit eine Übersicht über die Privatentnahmen und -einlagen möglich ist, werden Privatentnahmen und -einlagen zunächst über ein Unterkonto des Eigenkapitalkontos (1800 Privat) gebucht. Am Ende des Geschäftsjahres wird das Privatkonto über das Eigenkapitalkonto abgeschlossen.*

Privatentnahmen oder **Privateinlagen** sind nur bei Einzelunternehmungen oder Personengesellschaften wie Offene Handelsgesellschaft (oHG) und Kommanditgesellschaft (KG) möglich. Privatbuchungen sind bei Kapitalgesellschaften wie der Aktiengesellschaft (AG) oder der Gesellschaft mit beschränkter Haftung (GmbH) nicht möglich, da es hier an der privaten Sphäre mangelt. Kapitalgesellschaften werden nicht von Inhabern geleitet, sondern von angestellten Geschäftsführern.

Private Warenentnahmen sind umsatzsteuerpflichtig und werden aus diesem Grund auf dem Konto 8995 **Eigenverbrauch** zum Einstandspreis gebucht, denn der Kfz-Unternehmer erzielt gegenüber sich selbst keinen Gewinn. Das Konto 8995 Eigenverbrauch ist ein Erfolgskonto und wird am Ende des Geschäftsjahres über das GuV-Konto abgeschlossen.

Beispiel 1

Ein Einzelunternehmer entnimmt dem Teilelager ein Autoradio mit CD-Player als Geburtstagsgeschenk für seine Tochter. Der Einkaufspreis betrug 350,00 EUR netto.

Buchung:

1800 Privat	416,50 EUR	
an 8995 Eigenverbrauch		350,00 EUR
1776 Umsatzsteuer		66,50 EUR

VAK-Buchung:
7300 Teile und Zubehör an 3300 Teile und Zubehör 350,00 EUR

Beispiel 2

Ein Einzelunternehmer entnimmt der Kasse 3 500,00 EUR für einen privaten Wochenendtrip nach London.

Buchung:

1800 Privat	3 500,00 EUR	
an 1000 Kasse		3 500,00 EUR

Beispiel 3

Ein Einzelunternehmer legt einen Lottogewinn von 12 500,00 EUR in die Kasse ein.

Buchung:

1000 Kasse	12 500,00 EUR	
an 1800 Privat		12 500,00 EUR

---

* Im Kontenplan finden sich hierzu zwei Konten: 1800 und 1890.
  Aus Gründen der Vereinfachung wird hier, wie in der Praxis durchaus üblich, über 1800 Privat gebucht.

1 Buchung des Eigenverbrauchs
2 Buchung der Privatentnahme
3 Buchung der Privateinlage
4 Abschluss des Privatkontos
5 Abschluss des Eigenverbrauchkontos
6 Abschluss des VAK-Kontos Teile und Zubehör

Soll	1800 Privat		Haben
1 Eigenverbr. 416,50	Kasse	12 500,00 3	
2 Kasse 3 500,00			
4 Eigenkap. 8 583,50			

Soll	8995 Eigenverbrauch*		Haben
5 GuV	350,00	Privat	350,00 1

Soll	1776 Umsatzsteuer		Haben
		Privat	66,50 1

Soll	7300 Teile und Zubehör		Haben
1 Teile/Zub.	350,00	GuV	350,00 6

Soll	3300 Teile und Zubehör		Haben
AB	7 000,00	VAK T/Z	350,00 1

Soll	1000 Kasse		Haben
AB	9 500,00	Privat	3 500,00 2
3 Privat	12 500,00		

Soll	GuV		Haben
6 T/Z	350,00	Eigenverbr.	350,00 5

Soll	0870 Eigenkapital		Haben
		AB	200 000,00
		Privat	8 583,50 4

4 **Abschluss des Privatkontos**
1800 Privat an 0870 Eigenkapital   8 583,50 EUR

5 **Abschluss des Eigenverbrauchkontos**
8995 Eigenverbrauch an GuV   350,00 EUR

6 **Abschluss des VAK-Kontos Teile und Zubehör**
GuV an 7300 Teile/Zubehör   350,00 EUR

Aufgaben

1. Bilden Sie zu den folgenden Geschäftsvorfällen alle notwendigen Buchungssätze.
   a) Kassenbeleg: Ein Kfz-Einzelunternehmer entnimmt der Kasse 320,00 EUR für private Zwecke.
   b) Ausgangsrechnung: Ein OHG-Gesellschafter entnimmt dem Teilelager einen Satz Alu-Felgen für private Zwecke. Eine Felge hat einen Einstandspreis von 125,00 EUR netto.
   c) Bankauszug: Ein Kfz-Einzelunternehmer überweist seine private Lebensversicherungsprämie in Höhe von 450,00 EUR vom betrieblichen Bankkonto.
   d) Kassenbeleg: Ein Kfz-Einzelunternehmer legt zur Verstärkung der Liquidität des Unternehmens 6 500,00 EUR aus einem Lottogewinn in die Kasse.
   e) Ausgangsrechnung: Ein Kfz-Einzelunternehmer entnimmt dem Teilelager 6 Liter Synthetiköl. Das Öl hat einen Einstandspreis von 11,85 EUR netto je Liter.

2. Anfangsbestände: Bank 11 000,00 EUR, Kasse 4 000,00 EUR, Eigenkapital 120 000,00 EUR. Aufwendungen von 225 000,00 EUR und Erträge von insgesamt 267 000,00 EUR sind bereits auf dem GuV-Konto gebucht.

---

* Der ZDK-Kontenplan sieht dieses Konto nicht explizit vor. Es ist jedoch praxisüblich.

Folgende Geschäftsvorfälle sind noch zu buchen:

1. Privatentnahme vom Bankkonto über 2 800,00 EUR
2. Privatentnahme von Ersatzteilen über 920,00 EUR netto
3. Privateinlage in die Kasse über 650,00 EUR

a) Eröffnen Sie die Konten Bank, Kasse und Eigenkapital mit ihren Anfangsbeständen. Buchen Sie in einem GuV-Konto die Aufwendungen und Erträge ohne Gegenkonto.
b) Bilden Sie alle notwendigen Buchungssätze.
c) Schließen Sie das Privatkonto und das GuV-Konto ab.
d) Ermitteln Sie den Schlussbestand des Eigenkapitalkontos.
e) Ermitteln Sie das Ergebnis der betrieblichen Tätigkeit.

3. Die Zahlen der Buchhaltung von vier verschiedenen Autohäusern in der Unternehmensform der Einzelunternehmung weisen für das Geschäftsjahr folgende Werte auf:

Autohaus	Autohaus 1	Autohaus 2	Autohaus 3	Autohaus 4
Eigenkapital am Jahresanfang	3 000 000,00 EUR	2 500 000,00 EUR	4 000 000,00 EUR	3 500 000,00 EUR
Gewinn	86 000,00 EUR	58 000,00 EUR		
Verlust			75 000,00 EUR	95 000,00 EUR
Privateinlagen		18 000,00 EUR		60 000,00 EUR
Privatentnahmen	60 000,00 EUR		55 000,00 EUR	

Ermitteln Sie das Eigenkapital der Autohäuser zum Ende des Geschäftsjahres.

4. Die Bilanz eines Autohauses in der Unternehmensform der Einzelunternehmung enthält am Anfang des Geschäftsjahres folgende Vermögensteile und Schulden:

Anlagevermögen: 200 000,00 EUR   Umlaufvermögen: 600 000,00 EUR
Fremdkapital: 650 000,00 EUR
Am Ende des Geschäftsjahres betragen:
Anlagevermögen: 220 000,00 EUR   Umlaufvermögen: 550 000,00 EUR
Fremdkapital: 630 000,00 EUR
Die Privatentnahmen betrugen während des Geschäftsjahres: 80 000,00 EUR

a) Wie hoch war das Eigenkapital in EUR zu Beginn des Geschäftsjahres?
b) Wie hoch war das Eigenkapital in EUR zum Ende des Geschäftsjahres?
c) Wie hoch war der Erfolg in EUR im Geschäftsjahr?

5. Beurteilen Sie die folgenden Aussagen auf ihre Richtigkeit und begründen Sie Ihre Antwort.
a) Der Einzelunternehmer darf dem Unternehmen finanzielle Mittel für den privaten Lebensunterhalt entnehmen. Ja
b) Privatentnahmen mindern das Eigenkapital. Ja
c) Privateinlagen mindern das Eigenkapital. Nein
d) Private Warenentnahmen sind umsatzsteuerpflichtig.
e) Zu jeder Privatentnahme muss eine VAK-Buchung erfolgen.
f) Private Geldentnahmen sind nicht umsatzsteuerpflichtig.
g) Das Privatkonto wird über das Eigenkapitalkonto abgeschlossen.
h) Das Eigenverbrauchskonto wird über das Eigenkapitalkonto abgeschlossen.

3 Buchungen beim Zahlungsverkehr

Dem Auszubildenden Mario Töpfer wird in der Abteilung Rechnungswesen die Terminüberwachung übertragen. Er soll den Zahlungseingang von Kunden (Debitoren) überwachen und die Zahlungsausgänge an Lieferer (Kreditoren) vorbereiten. Frau Jennifer Fritz will täglich über die noch offenen Posten informiert werden.

Überlegen Sie, wie Sie eine sinnvolle Ablage der Eingangs- und Ausgangsrechnungen organisieren können. Entwickeln Sie ein geeignetes **System** für die Terminmappen.

3.1 Zahlungsverkehr mit Lieferern und Kunden

Der **Zahlungsverkehr** wird in der Buchhaltung über die Nebenbücher **Debitoren** und **Kreditoren** abgewickelt. Das heißt, für jeden Kunden wird ein eigenes Kunden- oder auch Debitorenkonto und für jeden Lieferer ein eigenes Lieferer- oder auch Kreditorenkonto geführt.

Würden alle unbaren Geschäftsvorfälle auf den Konten 1400 Forderungen oder 1600 Verbindlichkeiten gebucht, so wären diese Konten sehr unübersichtlich. Der Unternehmer könnte die Forderungsbestände gegenüber einzelnen Kunden und die Schuldenstände gegenüber einzelnen Lieferern nicht mehr erkennen. Eine systematische Überwachung von Zahlungsterminen wäre nicht mehr möglich. Die Folge daraus wären verspätete Zahlungseingänge und verspätete Zahlungsausgänge. Verspätete Kundenzahlungen verschlechtern die eigene Liquidität und rufen Folgekosten hervor, das sind z. B. Zinskosten und Mahngebühren. Verspätete Zahlungsausgänge können ebenso Nachteile hervorrufen, beispielsweise durch die Nichtinanspruchnahme von Skonto (Skonto ist ein Barzahlungsrabatt für eine Zahlung innerhalb einer vereinbarten Frist) oder eine Verschlechterung des Firmenimages.

Beispiel Autohaus Fritz: Eintragungen auf dem Debitoren(Kunden)konto D1402 Firma Teltower Beton GmbH, Oderstr. 4–6, 14513 Teltow

Vorangegangenes Jahr:

Datum	Beleg	Text	Soll	Haben
02.01.		Saldovortrag Ausgangsrechnung (AR) 1615	12 200,00	
12.01.	Bankauszug Nr. 10	Zahlungseingang		12 200,00
18.06.	AR 1717	Zielverkauf	412,00	
25.06.	Bankauszug Nr. 144	Zahlungseingang		412,00
28.12.	AR 3210	Zielverkauf	4 200,00	
31.12.		Umsätze	16 812,00	12 612,00
		Abschlusssaldo	4 200,00	

Neues Jahr:

Datum	Beleg	Text	Soll	Haben
02.01.		Saldovortrag Ausgangsrechnung (AR) 3210	4 200,00	

3.2 Zahlungsformen

Ein Schuldner hat folgende Möglichkeiten, einen offenen Posten zu begleichen:

Art der Zahlung	Buchung
Barzahlung des Schuldners an der Kasse. Der Gläubiger erhält Bargeld.	1000 Kasse an 1400 Forderungen
Halbbare Zahlung: Der Schuldner benutzt Bargeld und zahlt dieses mittels eines Zahlscheins bei einem Kreditinstitut ein. Der Gläubiger erhält eine Gutschrift auf seinem Bankkonto.	1200 Bank an 1400 Forderungen
Bargeldlose Zahlung: Sowohl Schuldner als auch Gläubiger besitzen ein Bankkonto. Der Gläubiger erhält eine Gutschrift auf seinem Bankkonto.	1200 Bank an 1400 Forderungen

Eine bargeldlose Zahlung kann auf folgende Weise durchgeführt werden:

Überweisungsauftrag:
Der Schuldner beauftragt sein kontoführendes Kreditinstitut mittels eines Überweisungsformulars bei jeder vorzunehmenden Zahlung, den Rechnungsbetrag vom Konto des Schuldners auf das Konto des Gläubigers zu überweisen. Dieser Auftrag kann auch über elektronische Medien erteilt werden, beispielsweise durch Homebanking via Internet oder aber mittels der Nutzung von Kundenterminals. Mit der EC-Karte und Eingabe der Geheimnummer kann ein elektronisches Überweisungsformular ausgefüllt und abgesendet werden.

Dauerauftrag:
Der Schuldner erteilt seinem kontoführenden Kreditinstitut einmalig einen Dauerauftrag, zu bestimmten regelmäßigen Terminen einen gleichbleibenden Betrag an den Gläubiger zu überweisen. Ein Dauerauftrag empfiehlt sich bei Zahlung von Mieten, Zeitschriftenabonnements, Tilgungsraten von Darlehen usw.

Kontoeinzugsermächtigung:
Der Schuldner erteilt dem Gläubiger einmalig eine schriftliche Ermächtigung, um Zahlungen bei Fälligkeit mittels einer Lastschrift von seinem Konto einzuziehen. Diese Ermächtigung ist jederzeit widerrufbar. Die Kontoeinzugsermächtigung empfiehlt sich bei Zahlungen in unterschiedlicher Höhe an den Gläubiger, z. B. Telefongebühren, Steuerzahlungen an das Finanzamt usw.

Verrechnungsscheck:
Schecks, die den Vermerk „nur zur Verrechnung" tragen, können nur auf dem Wege einer Gutschrift auf dem Konto des Gläubigers eingelöst werden. Es ist somit feststellbar, welcher Gläubiger den Scheckbetrag erhielt. Ein Verrechnungsscheck ist sicherer als ein Barscheck, der bei dem ausstellenden Kreditinstitut von jedermann eingelöst werden kann.

3.3 Buchung von Zahlungsein- und Zahlungsausgängen

Beispiel Dem Autohaus Fritz liegt folgender Kontoauszug der Potsdamer Sparkasse vor:

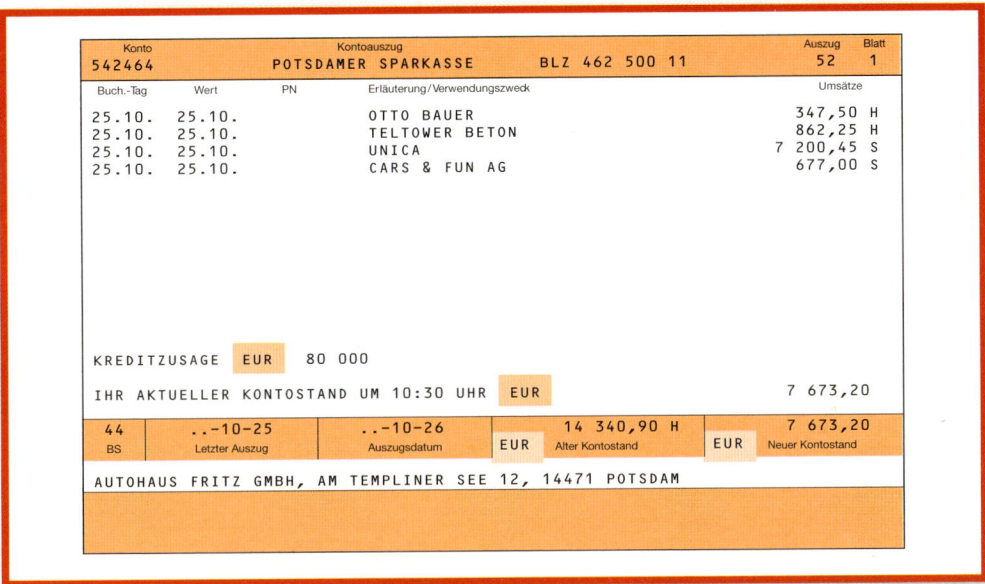

Mario Töpfer versieht den Kontoauszug mit dem Kontierungsstempel und der Vorkontierung, d. h., er trägt die Kontennummern der zu bebuchenden Konten* auf der Soll- und der Habenseite ein.

Zahlungseingänge

Konto	Soll	Haben
1200	1 209,85	
D 1401		347,50
D 1402		862,35
Gebucht am:		
von:		

Zahlungsausgänge

Konto	Soll	Haben
K 1601	7 200,45	
K 1604	677,00	
1200		7 877,45
Gebucht am:		
von:		

---

* D = Debitorenkonto
  K = Kreditorenkonto

Buchung des Kontoauszuges:

1200 Bank   1 209,85 EUR

                       an 1401 Debitorenkonto   347,50 EUR
                           Otto Bauer
                       an 1402 Debitorenkonto   862,35 EUR
                           Teltower Beton GmbH

1601 Kreditorenkonto UNICA   7 200,45 EUR
1604 Kreditorenkonto Cars & Fun   677,00 EUR

                       an 1200 Bank   7 877,45 EUR

1 Buchung der Zahlungseingänge
2 Buchung der Zahlungsausgänge
3 Abschlussbuchung Bankkonto

Soll		**1200 Bank**	Haben	
AB	14 340,90	Kreditoren	7 877,45	2
1 Debitoren	1 209,85	SB	7 673,30	3

Soll	**1601 Kreditorenkonto UNICA**	Haben	
2 Bank	7 200,45	Verb.	7 200,45

Soll	**1401 Debitorenkonto Otto Bauer**	Haben	
Erl.; USt.	347,50	Bank	347,50 1

Soll	**1604 Kreditorenkonto Cars & Fun**	Haben	
2 Bank	677,00	Verb.	677,00

Soll	**1402 Debitorenkonto Teltower Beton GmbH**	Haben	
Erl.; USt.	862,35	Bank	862,35 1

Soll	**SBK**	Haben
3 Bank	7 673,30	

Abschluss Bankkonto (falls das Bankkonto am Jahresende diesen Schlussstand aufweisen würde)

SBK   7 673,30
                an Bank   7 673,30

Aufgaben

Folgende Geschäftsvorfälle liegen vor:

1. Ausgangsrechnung Nr.: 078/20..: Ersatzteilverkauf an Frau Doris Deister auf Ziel. Ersatzteile: 1 077,59 EUR, USt.: 204,74 EUR. In der EDV hinterlegter Einkaufspreis der Ersatzteile: 775,86 EUR.
2. Ausgangsrechnung Nr.: 088/20..: Zubehörverkauf an Frau Renate Baumgart auf Ziel. Zubehör: 860,53 EUR, USt.: 163,50 EUR. In der EDV hinterlegter Einkaufspreis des Zubehörs: 678,79 EUR.
3. Eingangsrechnung Nr.: 983/20..: UNICA-Ersatzteillieferung auf Ziel, Nettowarenwert 5 264,18 EUR, 19 % Umsatzsteuer 1 000,19 EUR.
4. Eingangsrechnung Nr.: 4757/20..: Czech KG Spezialwerkzeug auf Ziel, Nettowarenwert 683,62 EUR, 19 % Umsatzsteuer 129,89 EUR.
5. Kontoauszug Nr.: 53

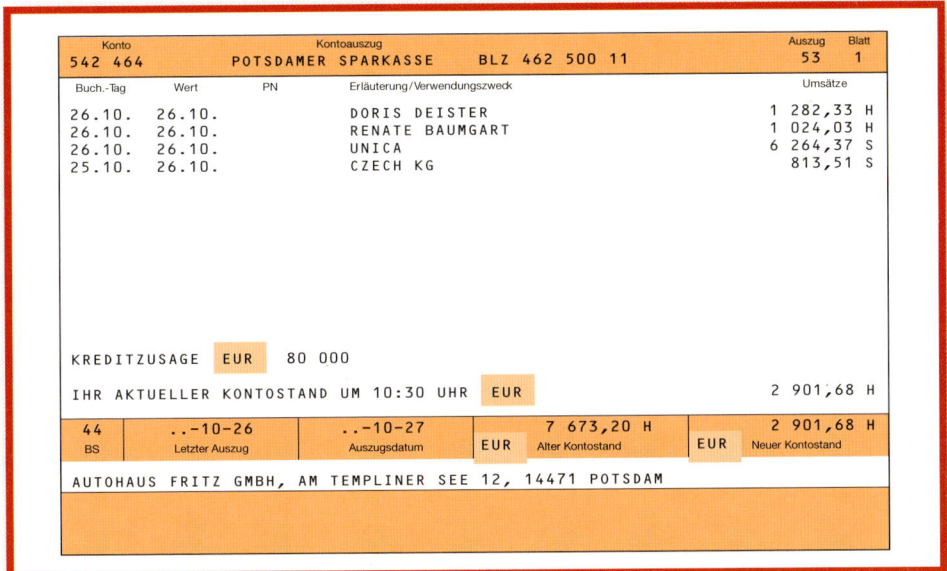

Bilden Sie alle notwendigen Buchungssätze.

3.4 Zahlung mit Skontoabzug

Skonto ist ein Barzahlungsrabatt für eine Zahlung innerhalb einer vereinbarten Frist. Skonto kann vom Autohaus bei Kundenforderungen gewährt oder bei Liefererschulden in Anspruch genommen werden. Zahlungen mit Skontoabzügen sind im Kfz-Gewerbe eher selten. Trotzdem muss der Automobilkaufmann über die Möglichkeiten und Auswirkungen von Skonti informiert sein.

Kundenskonto und **Liefererskonto** sind außerordentliche Erträge und außerordentliche Aufwendungen, die in der Kontenklasse 2 gebucht werden. Der Abschluss erfolgt über das GuV-Konto.

In beiden Fällen muss die Umsatzsteuer korrigiert werden.

Kundenskonto

Beispiel　Ausgangsrechnung an Herrn Christian Pflanz über 618,00 EUR für Zubehör. Das Autohaus Fritz räumt Herrn Pflanz bei Zahlung innerhalb von sieben Tagen 3 % Skontoabzug ein.

1 Buchung der Ausgangsrechnung

1404 Debitorenkonto Pflanz	633,98 EUR		
		an 8300 Teile und Zubehör	532,76 EUR
		an 1776 Umsatzsteuer	101,22 EUR
In der EDV hinterlegte Einkaufspreis des Zubehörs			402,00 EUR

1 Buchung der Lagerentnahme

7300 Teile und Zubehör	402,00 EUR		
		an 3300 Teile und Zubehör	402,00 EUR

Herr Pflanz zahlt nach fünf Tagen unter Abzug von 3 % Skonto 614,96 EUR bar.

2 Buchung der Zahlung

1000 Kasse	614,96 EUR		
		an 1404 Debitorenkonto Pflanz	614,96 EUR

Nach der Zahlung verbleibt der Skontoabzug auf dem Kundenforderungskonto. Der Skonto-abzug wurde vom Bruttobetrag abgezogen und enthält somit anteilige Umsatzsteuer, die korri-giert werden muss und den Netto-Skontoabzug, der im Nachhinein die Erlöse mindert.

3 Buchung des Skontoabzugs

2180 Kundenskonti	15,98 EUR		
1776 Umsatzsteuer	3,04 EUR		
		an 1404 Debitorenkonto Pflanz	19,02 EUR

1 Buchung der Ausgangsrechnung   3 Buchung des Skontoabzugs
2 Buchung der Zahlung   4 Abschluss der Erfolgskonten

Soll	1404 Debitorenkonto Pflanz	Haben	
1 Erl.-T/Z; USt	633,98	Kasse	614,96 2
		Skonto; USt.	19,02 3

Soll	8300 Teile und Zubehör	Haben	
4 GuV	532,76	D-Pflanz	532,76 1

Soll	1000 Kasse	Haben	
2 D-Pflanz	614,96		

Soll	1776 Umsatzsteuer	Haben	
3 KF-Pflanz	3,04	D-Pflanz	101,22 1

Soll	2180 Kundenskonti	Haben	
3 D-Pflanz	15,98	GuV	15,98 4

Buchung der Lagerentnahme

Soll	7300 Teile und Zubehör	Haben	
1 T/Z	402,00	GuV	402,00 4

Soll	3300 Teile und Zubehör	Haben	
AB	1 500,00	T/Z	402,00 1

Soll	GuV		Haben
4 Teile und Zubehör	402,00	Teile und Zubehör	532,76 4
4 Kundenskonti	15,98		
Rohgewinn (Bruttoertrag)	114,78		

④ **Abschluss der Erfolgskonten**

GuV	an Teile und Zubehör	402,00 EUR
GuV	an Kundenskonti	15,98 EUR
Teile und Zubehör	an GuV	532,76 EUR

Liefererskonto

Das Autohaus Fritz erhält folgende Eingangsrechnung der Firma Merrit & Co.

Merrit & Co. AUTOTEILEGROSSHANDEL

Merrit & Co., Industriepark 3, 71001 Stuttgart

Autohaus Fritz
Am Templiner See 12
14471 Potsdam

Merrit & Co.
Industriepark 3, 71001 Stuttgart
Telefon 070 4455-46
Telefax 070 4455-48

Bank: Citibank Stuttgart
Konto-Nr. 98 453 223
BLZ 700 109 00
BIC: CISTDE72
IBAN: DE7590500000098453223

Bei Zahlung bitte Rechnungs-Nr. und Kunden-Nr. angeben!		
Kunden-Nr. 17396	Rechnungs-Nr. 1342	Datum . . - 11 - 05

Rechnung

Pos.	Artikel-Nr.	Artikelbezeichnung	Menge	Einzelpreis EUR	Gesamtpreis EUR
1	281001	Autobatterien 12 V / 36 ah	10	22,50	225,00

Warenwert netto 225,00	Verpackung –	Fracht –	Entgelt netto 225,00	USt-% 19	USt-EUR 42,75	**Gesamtbetrag** 267,75 EUR

USt-IdNr.: DE225537789
Steuernummer: 17559/63113

Zahlung: 60 Tage Ziel netto oder innerhalb von 5 Tagen mit 3 % Skonto

1 Buchung der Eingangsrechnung

3300 Teile und Zubehör	225,00 EUR
1576 Vorsteuer	42,75 EUR

an 1605 Kreditorenkonto
Merrit & Co   267,75 EUR

Den Skontoabzug nimmt das Autohaus Fritz in Anspruch und zahlt nach vier Tagen unter Abzug von 3 % Skonto 259,72 EUR per Banküberweisung.

2 Buchung der Zahlung

1605 Kreditorenkonto
Merrit & Co   259,72 EUR

an 1200 Bank   259,72 EUR

3 Buchung des Skontoabzuges

1605 Kreditorenkonto
Merrit & Co   8,03 EUR

an 2690 Liefererskonti   6,75 EUR
an 1576 Vorsteuer   1,28 EUR

1 Buchung der Eingangsrechnung
2 Buchung der Zahlung
3 Buchung des Skontoabzugs
4 Abschluss des Kontos Liefererskonti

Soll	3300 Teile und Zubehör	Haben
1 K-Mer. & Co 225,00		

Soll	1576 Vorsteuer	Haben
1 K-Mer. & Co 42,75	K-Mer. & Co 1,28 3	

Soll	1605 Kreditorenkonto Merrit & Co	Haben
2 Bank 259,72	T/Z; VSt. 267,75 1	
3 Skonto, VSt. 8,03		

Soll	1200 Bank	Haben
AB 5 000,00	K-Mer. & Co 259,72 2	

Soll	2690 Liefererskonti	Haben
4 GuV 6,75	K-Mer. & Co 6,75 3	

Soll	GuV	Haben
	Lief.skonti 6,75 4	

4 Abschluss Liefererskonti

Liefererskonti an GuV   6,75 EUR

3.5 Kontoführungsgebühren und Nebenkosten des Geldverkehrs

Das Autohaus Fritz führt das Firmenkonto bei der Potsdamer Sparkasse. Für das Führen des Kontos berechnet die Sparkasse monatlich eine Pauschale von 75,00 EUR, die jeweils zum Monatsersten vom Bankkonto abgebucht wird. Für das Autohaus Fritz entstehen somit monatliche Ausgaben, die in der Kontenklasse 4 als Kosten zu buchen sind. Die Kontenklasse 4 wird über das GuV-Konto abgeschlossen.

Buchung der Kontenführungspauschale:

4809 Nebenkosten des Geldverkehrs	75,00 EUR		
		an 1200 Bank	75,00 EUR

3.6 Rücksendungen und Gutschriften

Rücksendungen an Lieferer

Erhält ein Autohaus falsche oder nicht bestellte Waren, so wird diese Ware unfrei zurückgesendet. Ist der Wareneingang bereits gebucht, so muss dieser storniert (rückgängig gemacht) werden.

Beispiel   Das Autohaus Fritz sendet falsch geliefertes Zubehör im Wert von 714,00 EUR brutto an den Lieferer zurück.

Buchung:

1600 Verbindlichkeiten	714,00 EUR		
		an 3300 Teile und Zubehör	600,00 EUR
		an 1576 Vorsteuer	114,00 EUR

In der EDV-Buchhaltung wird die **Stornobuchung** wie die ursprüngliche Buchung getätigt, lediglich mit einem führenden Minuszeichen vor dem EUR-Betrag.

Rücksendungen von Kunden

Wurde einem Kunden falsches Zubehör geliefert, wird dieses natürlich zurückgenommen. Ist das Autohaus nicht sofort in der Lage, das Bestellte zu liefern, so erhält der Kunde sein Geld zurück bzw. eine Gutschrift. In diesem Fall ist die Erlösbuchung zu stornieren.

Beispiel   Ein Kunde sendet dem Autohaus Fritz zu viel geliefertes Zubehör zurück.
Bruttowert: 357,00 EUR. VAK-Wert: 250,00 EUR. Die Ware war noch nicht bezahlt.
Buchung:

8300 Teile und Zubehör	300,00 EUR		
1776 Umsatzsteuer	57,00 EUR		
		an 1400 Forderungen	357,00 EUR

Rückbuchung der Lagerentnahme:

3300 Teile und Zubehör	250,00 EUR		
		an 7300 Teile und Zubehör	250,00 EUR

War die Ware bereits bezahlt, so ergibt sich folgende Buchung für die Rücküberweisung:

8300 Teile und Zubehör	300,00 EUR
1776 Umsatzsteuer	57,00 EUR
an 1200 Bank	357,00 EUR

Preisnachlass

Preisnachlässe können aus verschiedenen Gründen gewährt werden. Erhält ein Kunde schon beim Verkauf einen Preisnachlass, wird dieser als **Sofortrabatt** bezeichnet und buchhalterisch nicht gesondert erfasst. Es werden lediglich um den Preisnachlass verminderte Erlöse gebucht.

Erhält ein Kunde nachträglich einen **Preisnachlass**, so ist dieser zu buchen, da eine Umsatzsteuerkorrektur notwendig wird. Der Preisnachlass vermindert die Erlöse, die die Bemessungsgrundlage für die Umsatzsteuer sind. Vermindert sich die Bemessungsgrundlage, vermindert sich auch die Umsatzsteuertraglast.

Beispiel Das Autohaus Fritz gewährt einem Kunden aufgrund eines Webfehlers an Schonbezügen 29,00 EUR Preisnachlass. Der Kunde bekommt sein Geld bar zurück.

Buchung:

8300 Teile und Zubehör	25,00 EUR
1776 Umsatzsteuer	4,75 EUR
an 1000 Kasse	29,75 EUR

Rücksendungen aus Sicht der Autohaus Fritz GmbH

Aufgaben

1. Ausgangsrechnung an Herrn Otto Bauer über 533,45 EUR für 4 Reifen.
Das Autohaus Fritz räumt Herrn Bauer bei Zahlung innerhalb von 7 Tagen 3 % Skontoabzug ein.

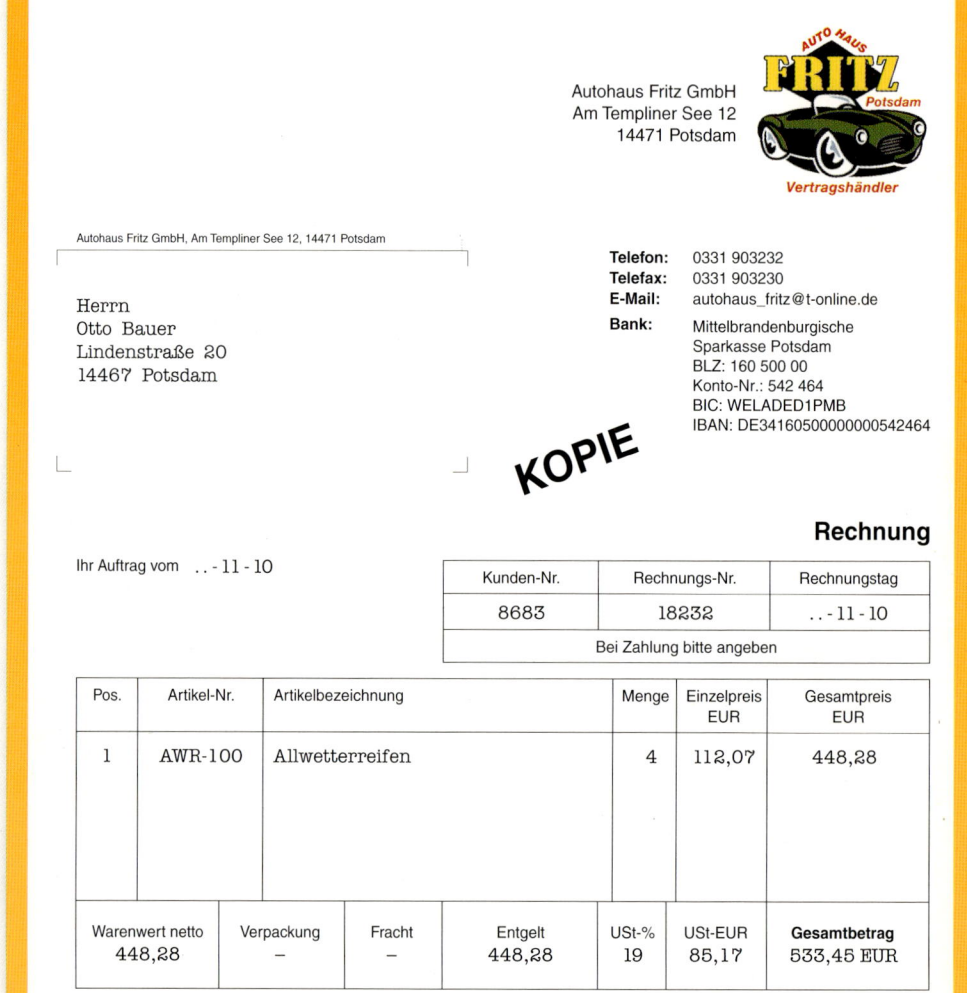

Autohaus Fritz GmbH
Am Templiner See 12
14471 Potsdam

Autohaus Fritz GmbH, Am Templiner See 12, 14471 Potsdam

Herrn
Otto Bauer
Lindenstraße 20
14467 Potsdam

Telefon:	0331 903232
Telefax:	0331 903230
E-Mail:	autohaus_fritz@t-online.de
Bank:	Mittelbrandenburgische
	Sparkasse Potsdam
	BLZ: 160 500 00
	Konto-Nr.: 542 464
	BIC: WELADED1PMB
	IBAN: DE34160500000000542464

KOPIE

Rechnung

Ihr Auftrag vom . . - 11 - 10

Kunden-Nr.	Rechnungs-Nr.	Rechnungstag
8683	18232	. . - 11 - 10
	Bei Zahlung bitte angeben	

Pos.	Artikel-Nr.	Artikelbezeichnung	Menge	Einzelpreis EUR	Gesamtpreis EUR
1	AWR-100	Allwetterreifen	4	112,07	448,28

Warenwert netto	Verpackung	Fracht	Entgelt	USt-%	USt-EUR	**Gesamtbetrag**
448,28	–	–	448,28	19	85,17	**533,45 EUR**

USt-IdNr.: DE193656622
Steuernummer: 76144/21966

Zahlbar binnen 5 Tagen abzüglich 3 % Skonto oder binnen 30 Tagen netto.

In der EDV hinterlegter Einkaufspreis der Reifen: 320,00 EUR

Herr Bauer zahlt nach fünf Tagen unter Abzug von 3 % Skonto den Rechnungsbetrag per Banküberweisung. Nehmen Sie alle notwendigen Buchungen vor.

2. Das Autohaus Fritz erhält folgende Eingangsrechnung der Pneus AG:

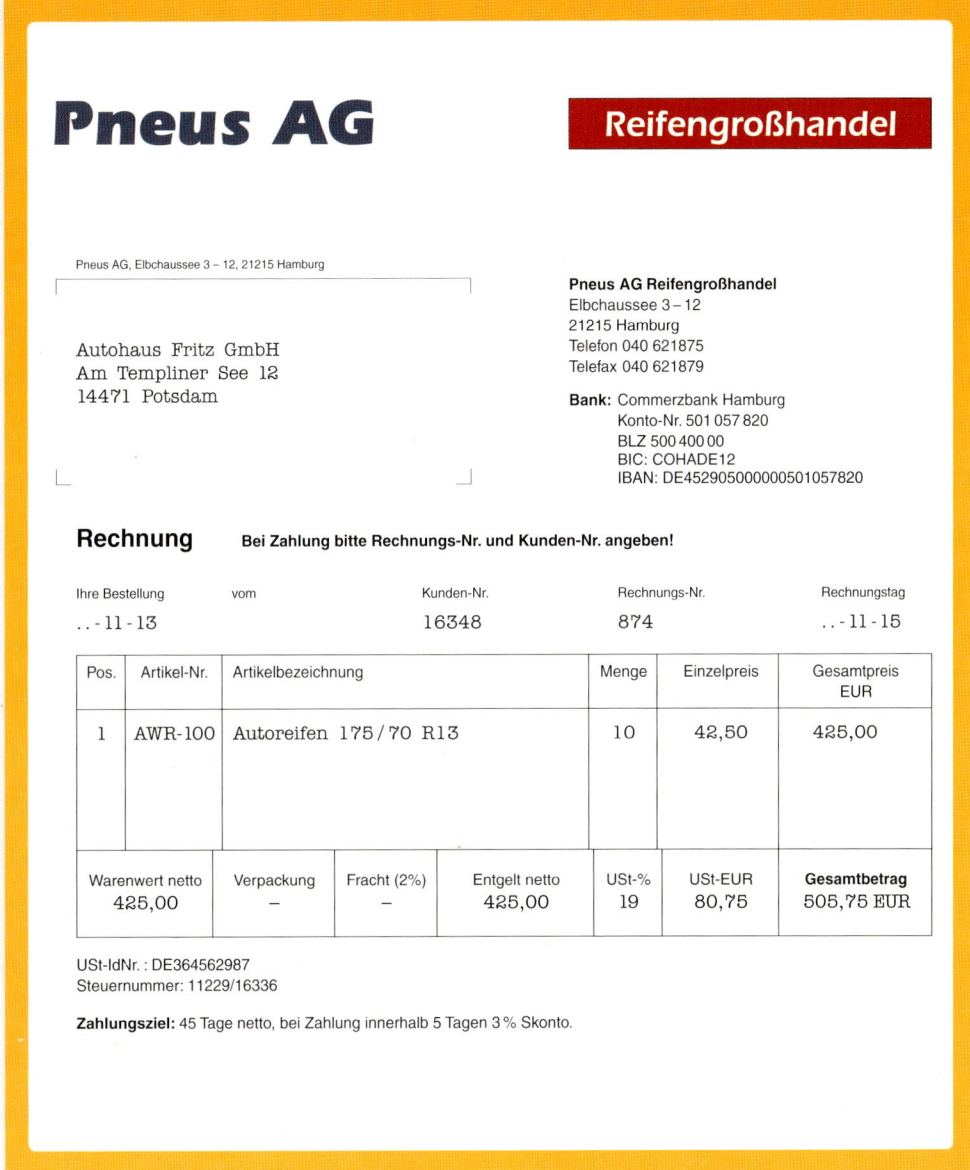

Pneus AG

Reifengroßhandel

Pneus AG, Elbchaussee 3 – 12, 21215 Hamburg

Autohaus Fritz GmbH
Am Templiner See 12
14471 Potsdam

Pneus AG Reifengroßhandel
Elbchaussee 3 – 12
21215 Hamburg
Telefon 040 621875
Telefax 040 621879

Bank: Commerzbank Hamburg
Konto-Nr. 501 057 820
BLZ 500 400 00
BIC: COHADE12
IBAN: DE452905000000501057820

Rechnung   Bei Zahlung bitte Rechnungs-Nr. und Kunden-Nr. angeben!

Ihre Bestellung	vom	Kunden-Nr.	Rechnungs-Nr.	Rechnungstag
..-11-13		16348	874	..-11-15

Pos.	Artikel-Nr.	Artikelbezeichnung	Menge	Einzelpreis	Gesamtpreis EUR
1	AWR-100	Autoreifen 175 / 70 R13	10	42,50	425,00

Warenwert netto	Verpackung	Fracht (2%)	Entgelt netto	USt-%	USt-EUR	**Gesamtbetrag**
425,00	–	–	425,00	19	80,75	**505,75 EUR**

USt-IdNr. : DE364562987
Steuernummer: 11229/16336

Zahlungsziel: 45 Tage netto, bei Zahlung innerhalb 5 Tagen 3 % Skonto.

Den Skontoabzug nimmt das Autohaus Fritz in Anspruch und zahlt nach vier Tagen unter Abzug von 3 % Skonto per Banküberweisung. Nehmen Sie alle notwendigen Buchungen vor.

3. Das Autohaus Fritz gewährt einem Kunden aufgrund eines Farbfehlers an Schonbezügen 58,00 EUR Preisnachlass. Der Kunde bekommt sein Geld in bar zurück. Nehmen Sie alle notwendigen Buchungen vor.

4. Ein Kunde des Autohauses Fritz sendet nicht benötigte Ersatzteile zurück.
Die Rechnung war bereits gebucht und bezahlt. Bruttoverkaufspreis 603,20 EUR, VAK 482,00 EUR. Das Autohaus Fritz überweist den Betrag. Nehmen Sie alle notwendigen Buchungen vor.

5. Das Autohaus Fritz sendet der UNICA Importgesellschaft mbH falsch gelieferte Ersatzteile zurück. Bruttowert der Ersatzteile: 4 988,00 EUR. Die Rechnung war bereits gebucht und bezahlt. Die UNICA Importgesellschaft mbH verrechnet den Betrag mit den Verbindlichkeiten. Nehmen Sie alle notwendigen Buchungen vor.

6. Das Autohaus Fritz weist zu Beginn der Buchungsperiode Juni in der Finanzbuchhaltung folgende Salden aus:

1000 Kasse	6 900,00 EUR
1200 Bank	79 000,00 EUR
1400 Forderungen	61 000,00 EUR
1600 Verbindlichkeiten	168 000,00 EUR
1576 Vorsteuer	0,00 EUR
1776 Umsatzsteuer	36 000,00 EUR
3300 Teile und Zubehör	230 000,00 EUR
3350 Reifen	18 000,00 EUR
3360 Schmierstoffe	15 000,00 EUR

Folgende Geschäftsvorfälle liegen im Juni vor:

02.06. Eingangsrechnung 1332:	10 Autoradios zu je 230,00 EUR netto auf Ziel.
02.06. Eingangsrechnung 1333:	160 Sommerreifen 195/50 R15 zu je 43,50 EUR netto auf Ziel.
03.06. Eingangsrechnung 1334:	120 Ein-Liter-Dosen Synthetiköl 10W40 zu 13,90 EUR je Dose. netto auf Ziel
05.06. Bankauszug Nr. 12:	Zahlung der Eingangsrechnung 1332: … EUR
	Zahlung der Eingangsrechnung 1333: … EUR
	Zahlung der Eingangsrechnung 1334: … EUR
08.06. Ausgangsrechnung 4432:	Ein Autoradio im Thekenverkauf in bar 328,50 EUR netto
08.06. Ausgangsrechnung 4433:	4 Liter Synthetiköl 10W40 im Thekenverkauf in bar zu 21,20 EUR netto je Liter
08.06. Ausgangsrechnung 4435:	4 Sommerreifen 195/50 R 15 im Thekenverkauf auf Ziel zu 68,50 EUR netto je Reifen
10.06. Bankauszug Nr. 17:	Zahlungseingang für Ausgangsrechnung 4435: … EUR
11.06. Kassenbeleg 402/06:	Barauszahlung eines Preisnachlasses für die Ausgangsrechnung 4432 von 20,00 EUR wegen eines Kratzers an der Radioblende
15.06. Ausgangsrechnung 4517:	6 Autoradios im Thekenverkauf zu je 300,00 EUR auf Ziel
17.06. Bankauszug Nr. 24:	Zahlungseingang für Ausgangsrechnung 4517: … EUR
	Zahlungsausgang Überweisung der Umsatzsteuerzahllast des abgelaufenen Monats Mai: … EUR
	Lastschrift für Kontenführungsgebühren: 120,00 EUR
	Lastschrift der UNICA Importgesellschaft mbH für Ersatzteillieferungen: 48 500,00 EUR
	Zahlungseingang einer Kundenforderung: 15 200,00 EUR

a) Bilden Sie alle notwendigen Buchungssätze.

b) Buchen Sie die Geschäftsvorfälle auf T-Konten.

c) Schließen Sie die Erfolgskonten über das GuV-Konto ab.

d) Ermitteln Sie den gesamten Rohgewinn (Bruttoertrag).

e) Ermitteln Sie die Umsatzsteuerzahllast für den Monat Juni.

f) Wie hoch sind die Abschlusssalden der Konten 1000 Kasse, 1200 Bank, 1400 Forderungen, 1600 Verbindlichkeiten, 3300 Teile und Zubehör, 3350 Pkw Reifen, 3360 Pkw Schmierstoffe?

Lernfeld 7
Wartungs- und Reparaturaufträge bearbeiten

1 Das Werkstattgeschäft

Der Auszubildende Mario Töpfer wechselt in die Abteilung Kundendienst. Den Kundendienst leitet im Autohaus Fritz der Kfz-Meister Theo Kraft. Bei ihm arbeitet Mario Töpfer in den ersten Tagen morgens in der Reparaturannahme.

Stellen Sie Ihren Mitschülern in einer ansprechenden Form den organisatorischen Ablauf eines Kundenauftrages in Ihrem Ausbildungsbetrieb von der Auftragsannahme bis zur Abholung des Fahrzeugs durch den Kunden dar. **Präsentieren** Sie Ihr Ergebnis vor der Klasse.

Die einzelnen Arbeiten der Monteure im Kundendienst werden in der Praxis folgendermaßen unterteilt:

Auftragsform	Kurzbezeichnung	Beispiel
Kundenaufträge	K-Aufträge	Inspektionen, Reparaturen
Interne Aufträge	I-Aufträge	Ein- oder Anbauten an Neufahrzeugen, Ablieferungsdurchsichten
Gewährleistungsaufträge	G-Aufträge	Neufahrzeugereparaturen während der Gewährleistungszeit

Für jeden Typ der Werkstattaufträge wird in gut organisierten Autohäusern ein Auftrag erstellt. Dessen Zeiterfassung erfolgt über die herkömmliche Stempeluhr oder mit elektronischen Zeiterfassungsgeräten. Damit erhält der Unternehmer darüber Informationen, welche Arbeiten ein Monteur im Abrechnungszeitraum geleistet hat.

Für die Buchung sieht der Kontenplan beispielsweise folgende Konten vor:

Kontenklasse	Bezeichnung
4101	Produktive Löhne (= VAK Lohn Werkstatt)
4110	Löhne unproduktiv Kundendienst
8600	Lohnerlöse Instandsetzung
8609	Lohnerlöse Instandsetzung intern
8620	Lohnerlöse Gewährleistung

Die Erlöse ergeben sich aus dem **Stundenverrechnungssatz** der Werkstatt multipliziert mit der benötigten Arbeitszeit. Oftmals wird in den Betrieben in kleineren Einheiten, den sogenannten Arbeitswerten (AW), gerechnet. Eine Stunde wird also in Arbeitswerte aufgeteilt. Die Hersteller/ Importeure haben unterschiedliche Systeme. So gibt es Systeme mit 6 AW, 10 AW oder 12 AW pro Stunde. In den folgenden Beispielen beträgt der Stundenverrechnungssatz der Werkstatt 47,81 EUR netto.

2 Kundenaufträge

Beispiel   Am zweiten Tag in der Abteilung Kundendienst nimmt Mario Töpfer zusammen mit dem Kfz-Meister Theo Kraft einen Kundenauftrag an. Herr Kraft füllt das Auftragsformular mit den Kundendaten von Herrn Otto Bauer aus. Herr Bauer ist ein langjähriger Kunde des Autohauses Fritz. Sein Pkw-Modell PRIMOS-Limousine muss zur 20 000-km-Inspektion. Mit Herrn Bauer wird vereinbart, dass er das Fahrzeug um 16:00 Uhr abholen kann.

In der Werkstatt des Autohauses Fritz wird die **Inspektion** vom Monteur Tim Möller durchgeführt.

Pünktlich um 16:00 Uhr holt Herr Bauer sein Fahrzeug ab. Der Kfz-Meister Theo Kraft erläutert ihm die Rechnung, und Herr Bauer bezahlt den Betrag an der Kasse.

Autohaus Fritz GmbH
Am Templiner See 12
14471 Potsdam

Autohaus Fritz GmbH, Am Templiner See 12, 14471 Potsdam

Herrn
Otto Bauer
Lindenstraße 20
14467 Potsdam

Beleg-Nr. 332

KOPIE

Telefon:	0331 903232
Telefax:	0331 903230
E-Mail:	autohaus_fritz@t-online.de
Bank:	Mittelbrandenburgische Sparkasse Potsdam BLZ: 160 500 00 Konto-Nr.: 542 464 BIC: WELADED1PMB IBAN: DE34160500000000542464

Rechnung

Ihr Auftrag vom . . - 07 - 20

Kunden-Nr.	Rechnungs-Nr.	Rechnungstag
8686	18237	. . - 08 - 15
	Bei Zahlung bitte angeben	

Pos.	Bezeichnung				Gesamtpreis EUR
1	Arbeitszeit Inspektion	1,5 Std.	à	47,81 EUR / Std.	71,72
2	Motoröl	4,5 l	à	6,30 EUR / l	28,35
3	Ölfilter	1	à	18,35 EUR	18,35
4	Scheibenwischerblätter	1	à	12,34 EUR	12,34

	Nettobetrag	130,76
	19 % Umsatzsteuer	24,84
	Rechnungsbetrag	**155,60 EUR**

USt-IdNr.: DE193656622
Steuernummer: 76144/21966
Zahlbar sofort ohne Abzug.

Mit der Formulierung „20 000-km-Inspektion durchführen" im Auftragsannahmeformular sind die durchzuführenden Arbeiten am Kundenfahrzeug genau beschrieben. Welche Positionen zu welchem Preis angefallen sind, wird in den Ausgangsrechnungen der Autohäuser erklärt. Diese ausführliche Darstellung hat für die Finanzbuchhaltung den Vorteil, dass die Bebuchung der unterschiedlichen Erlöskonten durch die Rechnung klar vorgegeben wird. Die differenzierte Buchung eines Kundenauftrags ist für die Betriebsabrechnung von großer Wichtigkeit, da nur so die Wirtschaftlichkeit der Unternehmensbereiche Kundendienst und Ersatzteillager festgestellt werden kann, denn die Gewinnspannen in den einzelnen Bereichen sind unterschiedlich.

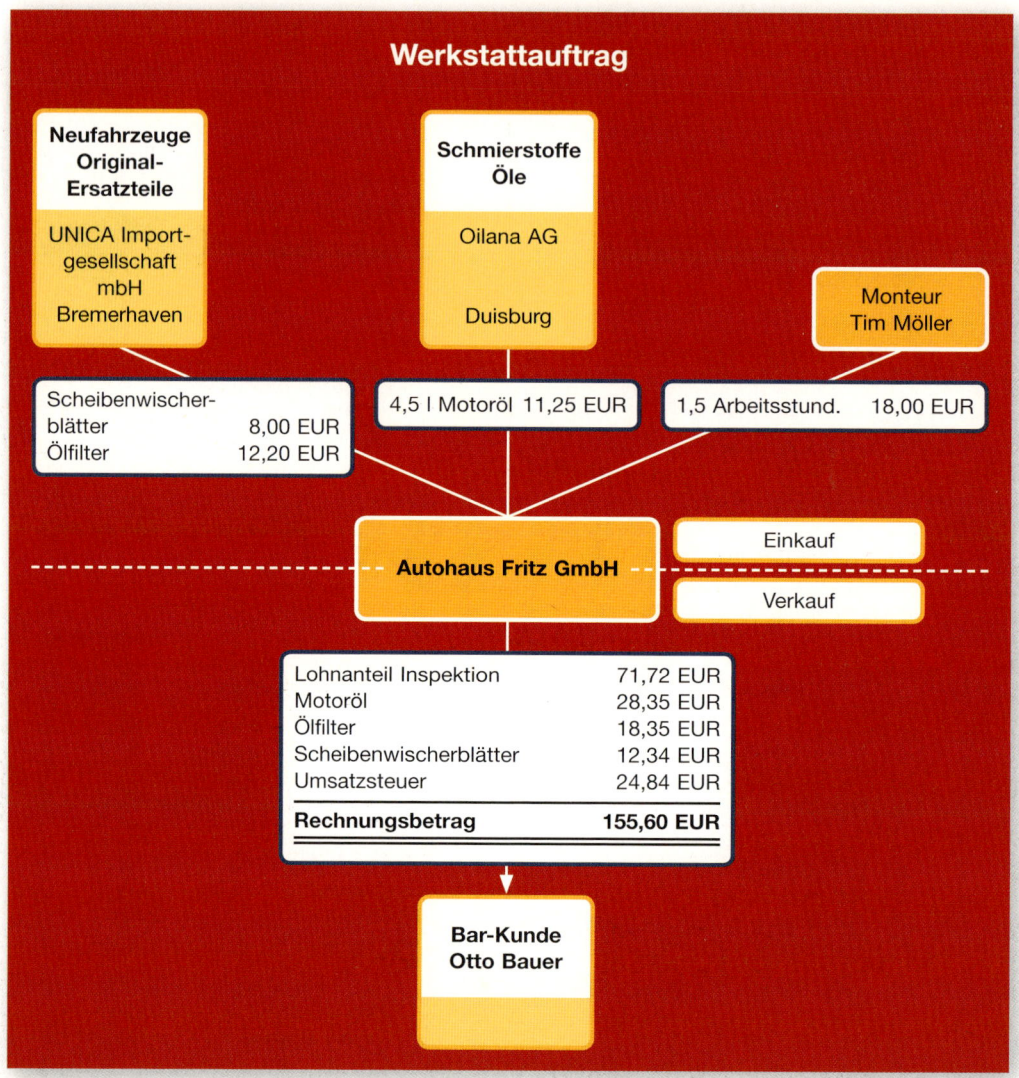

Werkstattauftrag

Neufahrzeuge Original-Ersatzteile
UNICA Import-gesellschaft mbH Bremerhaven

Schmierstoffe Öle
Oilana AG
Duisburg

Monteur Tim Möller

Scheibenwischer-blätter   8,00 EUR
Ölfilter   12,20 EUR

4,5 l Motoröl 11,25 EUR

1,5 Arbeitsstund.   18,00 EUR

Autohaus Fritz GmbH

Einkauf

Verkauf

Lohnanteil Inspektion	71,72 EUR
Motoröl	28,35 EUR
Ölfilter	18,35 EUR
Scheibenwischerblätter	12,34 EUR
Umsatzsteuer	24,84 EUR
Rechnungsbetrag	**155,60 EUR**

Bar-Kunde Otto Bauer

Buchungssatz des Kundenauftrages:

1000 Kasse	155,60 EUR			
		an 8600	Lohnerlöse Instandsetzung	71,72 EUR
		8360	Schmierstoffe	28,35 EUR
		8300	Teile und Zubehör	30,69 EUR
		1776	Umsatzsteuer	24,84 EUR

In der EDV hinterlegte Einkaufspreise:

Motoröl	2,50 EUR/Liter
Ölfilter	12,20 EUR/Stück
Wischerblätter	8,00 EUR/Paar

Buchung der Lagerentnahme:

7360 Schmierstoffe	11,25 EUR		
		an 3360 Schmierstoffe	11,25 EUR
7300 Teile und Zubehör	20,20 EUR		
		an 3300 Teile und Zubehör	20,20 EUR

Buchung des Kundenauftrages

Soll	1000 Kasse		Haben
Erlöse; USt.	155,60		

Soll	8600 Lohnerlöse Instands.		Haben
GuV	71,72	Kasse	71,72

Soll	8360 Schmierstoffe		Haben
GuV	28,35	Kasse	28,35

Soll	8300 Teile und Zubehör		Haben
GuV	30,69	Kasse	30,69

Soll	1776 Umsatzsteuer		Haben
		Kasse	24,84

Buchung der Lagerentnahme:

Soll	3360 Schmierstoffe		Haben
AB	630,00	VAK Schmierst.	11,25

Soll	7360 Schmierstoffe		Haben
Schmierstoffe	11,25	GuV	11,25

Soll	3300 Teile und Zubehör		Haben
AB	1 025,00	VAK ET/Zub.	20,20

Soll	7300 Teile und Zubehör		Haben
ET/Zub.	20,20	GuV	20,20

Soll	GuV		Haben
Schmierstoffe	11,25	Schmierstoffe	28,35
Teile und Zubehör	20,20	Teile und Zubehör	30,69
Produktiver Lohnanteil	18,00	Lohnerlöse Instandsetzung	71,72
(Buchung am Monatsende durch Lohnabrechnung der Werkstatt)			
Rohgewinn (Bruttoertrag)	81,31		

Der produktive Lohnanteil des Monteurs wird am Monatsende mit der **Lohnabrechnung** der Werkstatt gebucht. Im Beispiel benötigte der Monteur Tim Möller 1,5 Arbeitsstunden für die 20 000-km-Inspektion. Dem Kunden wurden dafür 71,72 EUR netto (47,81 EUR Stundenverrechnungssatz x 1,5 Arbeitsstunden) in Rechnung gestellt. Der Monteur hat einen Stundenlohn von 12,00 EUR. Damit den Lohnerlösen Instandsetzung sozusagen der Einstandspreis der Handwerksleistung (Stundenlohn der Monteure) gegenübergestellt werden kann, wird am Monatsende der produktive Lohnanteil der Monteure in das GuV-Konto gebucht (im Gegensatz zum Kontenrahmen des ZDK, dem dieses Buch folgt, buchen einige Hersteller/Importeure den produktiven Lohnanteil als VAK-Lohn in der Kontenklasse 7). Die Differenz zwischen Lohnerlösen und produktivem Lohnanteil der Monteure ist der **Rohgewinn** (Bruttoertrag) der Werkstatt, mit dem alle weiteren Kosten der Werkstatt abgedeckt werden müssen.

Der Austauschteilehandel

Eine Besonderheit im Kfz-Gewerbe ist der Austauschteilehandel. Für viele Verschleißteile bieten Autohäuser keine Neuteile, sondern aufgearbeitete **Austauschteile** an. Dazu gehören Motoren, Lichtmaschinen, Wasserpumpen, Kupplungen, Bremsbeläge usw. Wird einem Kunden ein Austauschteil gegen Rückgabe des Altteils verkauft, so berechnet sich der für die Umsatzsteuer festzusetzende Wert aus dem Nettowert des Austauschteils selbst plus einem Rücknahmewert des Altteils. Um diesen Rücknahmewert für das Altteil genau zu bestimmen, sieht die umsatzsteuerliche Regelung vor, dass der Netto-Rücknahmewert des **Altteils** immer 10 % des Austauschteils ausmacht, auf den dann natürlich zusätzlich Umsatzsteuer anfällt.

Beispiel   Einbau eines Austauschgetriebes in ein Kundenfahrzeug. Der Kunde zahlt in bar.

	Netto-VK	Umsatzsteuer 19 %
Tauschgetriebe (VAK 1 100,00 EUR)	1 500,00 EUR	285,00 EUR
Altteilewert 10 % von 1 500,00 EUR = 150,00 EUR		28,50 EUR
Arbeitslohn 4 Std. x 47,81 EUR	191,24 EUR	36,34 EUR
Gesamt EUR	1 691,24 EUR	349,84 EUR

Der Kunde muss für das Austauschgetriebe zzgl. Einbau **2 041,08 EUR** bezahlen.
Buchung:

1000 Kasse	2 041,08 EUR		
		an 8600 Lohnerlöse	
		Instandsetzung	191,24 EUR
		8310 Austauschteile	1 500,00 EUR
		1776 Umsatzsteuer	349,84 EUR
7310 Austauschteile	1 100,00 EUR		
		an 3310 Austauschteile	1 100,00 EUR

3 Interne Aufträge

Damit ein Kunde sein Neufahrzeug übernehmen kann, muss die werkseitig vorgeschriebene **Ablieferungsdurchsicht** durchgeführt werden. Weitere Aufträge, die der Kundendienst übernimmt, sind z. B. der Einbau eines Autoradios in ein Neufahrzeug oder der Anbau eines Spoilers an ein eigenes Gebrauchtfahrzeug. Diese Arbeiten, die der Kundendienst für die Abteilung Fahrzeugverkauf verrichtet, nennt man **interne Aufträge.**

Die Verrechnung von internen Aufträgen geschieht in der Praxis auf unterschiedliche Weise. Zwischen den Randlösungen, Verrechnung zu den Selbstkosten und Verrechnung zu normalen Konditionen gibt es Variationen dahin gehend, dass unterschiedliche Abschlagsätze bei internen Aufträgen vom normalen Stundenverrechnungssatz vorgenommen werden.

Zu den internen Aufträgen gehören z. B.:

- Entwachsen und Ablieferungsinspektion der Neufahrzeuge,

- Sondereinbauten an Neufahrzeugen,

- Reparaturen an Gebrauchtfahrzeugen.

Die auftraggebende Abteilung ist praktisch Kunde des Kundendienstes, allerdings werden die Leistungen im Autohaus Fritz lediglich zu den Selbstkosten berechnet. Umsatzsteuer fällt bei internen Aufträgen nicht an.

Beispiel 1

Der Monteur Frank Kleister baut in ein Neufahrzeug MAGNA-Kombi ein Radio ein. Das Radio hat einen Einstandswert von 230,00 EUR. Für den Einbau benötigt der Monteur eine Stunde. Stundenlohn des Monteurs: 12,00 EUR.

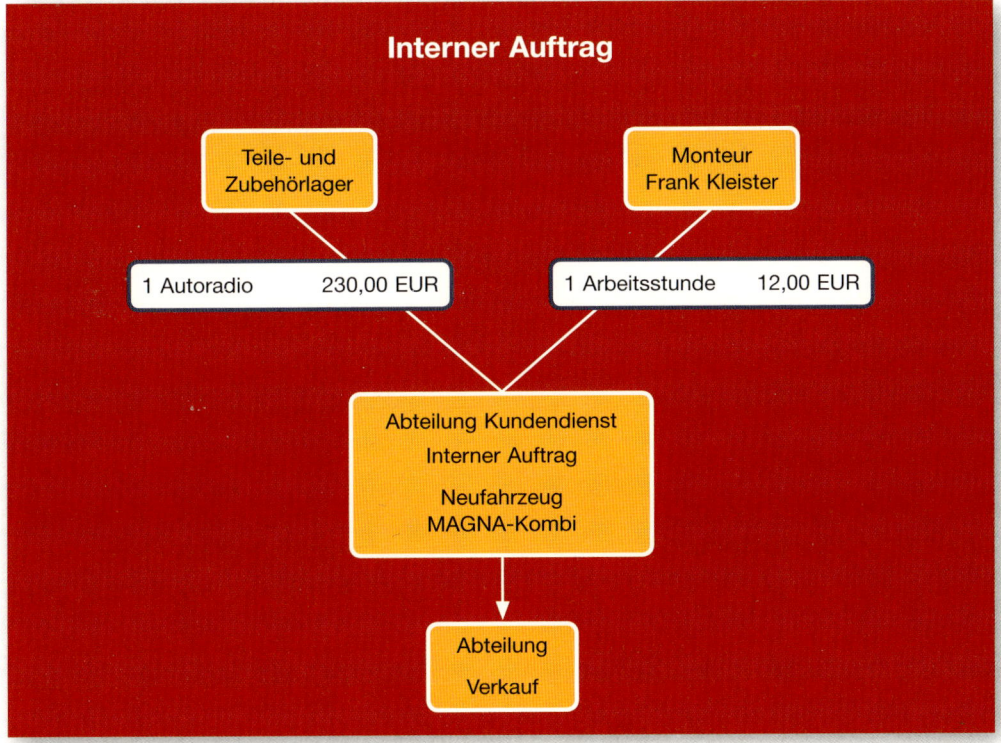

Buchung:

3000 Neufahrzeuge	242,00 EUR			
		an 8309 Teile und Zubehör intern		230,00 EUR
		an 8609 Lohnerlöse Instandsetzung intern		12,00 EUR

Soll	3000 Neufahrzeuge	Haben
Erlöse	242,00	

Soll	8309 Teile und Zubehör intern	Haben
	Neuf.	230,00

Soll	8609 Lohnerlöse Instandsetzung intern	Haben
	Neuf.	12,00

7309 Teile und Zubehör
intern   230,00 EUR

                                    an 3300 Teile und Zubehör   230,00 EUR

Soll	3300 Teile und Zubehör	Haben		Soll	7309 Teile und Zubehör intern	Haben
AB	460,00	T/Z 230,00		T/Z 230,00		

Durch den Einbau des Autoradios in das Neufahrzeug erhöht sich der Wareneinstandspreis. Es handelt sich hier um eine **werterhöhende Reparatur**, die auf dem Warenbestandskonto Neufahrzeuge gebucht werden muss.

Beispiel 2

Der Monteur Uwe Lewandowski nimmt an einem Neufahrzeug Modell UXERA-Limousine die **Ablieferungsdurchsicht** vor. Für die Durchsicht benötigt er 1,5 Arbeitsstunden. Diese Durchsicht erhöht nicht den Wareneinstandspreis des Neufahrzeuges und wird deshalb in der Kontenklasse 4 als Kosten auf dem Konto 4941 Fertigmachen Neufahrzeuge gebucht. Hintergrund dieser Buchung ist folgender: Mit dem Kaufpreis des Neufahrzeuges zahlt der Kunde für ein fabrikneues, fahrbereites Fahrzeug. Dieses ist aber erst dann fahrbereit, wenn die Ablieferungsdurchsicht erfolgte. Im Kaufpreis ist die Ablieferungsdurchsicht bereits enthalten.

1,5 Arbeitsstunden zu
12,00 EUR pro Std.:   18,00 EUR

Buchung:
4941 Ablieferungsdurchsicht
                    18,00 EUR

                      an 8609 Lohnerlöse
                      Instandsetzung intern   18,00 EUR

Soll	4941 Ablieferungs-durchsicht	Haben		Soll	8609 Lohnerlöse Instandsetzung intern	Haben
Lohnerlöse 18,00						Ablieferungsd. 18,00

4 Gewährleistungsaufträge

Eine **Gewährleistung** ist die Übernahme von Aufwendungen für die Beseitigung von Mängeln an Fertigerzeugnissen (Pkw, Zubehör und Teilen) aufgrund eines Gesetzes (Bürgerliches Gesetzbuch) oder eines Vertrages (Kaufvertrag). In der Regel kommt in der Kfz-Branche der Kaufvertrag zwischen dem Kfz-Händler und seinem Kunden zustande, d. h., der Kfz-Händler ist bei einer fehlerhaften Lieferung zur Nachbesserung oder Ersatzlieferung verpflichtet. Im Rahmen der Händlerverträge zwischen den jeweiligen Händlern und den Herstellern/Importeuren übernehmen die Hersteller/Importeure die Kosten dieser Nachbesserung, wobei es üblich ist, dass sich der jeweilige Händler verpflichtet, die **Gewährleistungsarbeiten** für alle Fahrzeuge des entsprechenden Fabrikates durchzuführen. Arbeiten im Rahmen von Gewährleistungsaufträgen unterliegen nicht der Umsatzsteuer.

Die Vergütung der Gewährleistungarbeiten erfolgt über die sogenannten **Gewährleistungsanträge**. Der Händler füllt für jeden Werkstattauftrag im Rahmen der Herstellergewährleistung einen besonderen Gewährleistungsantrag aus. Dieser wird dem Hersteller/Importeur zur Prüfung übersandt und im Regelfall übernimmt der Hersteller/Importeur die Kosten für die Beseitigung des Mangels.

Beispiel Frau Doris Deister hat vor sechs Wochen ein neues Fahrzeug Modell MAGNA-Limousine im Autohaus Fritz erworben. Sie kommt nun in die Reparaturannahme, wo gerade Mario Töpfer mit dem Kfz-Meister Theo Kraft über die Auftragsarten im Kundendienst spricht. Sie klagt darüber, dass das Kofferraumschloss sehr schwergängig sei und öfters klemme. Herr Kraft überprüft den Mangel und lässt den Schließmechanismus vom Monteur Filipos Padros auswechseln. Nach 15 Minuten ist der Mangel behoben und Frau Deister fährt frohgemut nach Hause. Mario fragt nun: „Wer muss denn nun die Reparatur bezahlen?" „Das ist ein Gewährleistungsfall", antwortet Theo Kraft, „dafür muss das Werk aufkommen. Ich habe gerade von Frau Deister einen **Gewährleistungsantrag** unterschreiben lassen, den wir jetzt bei unserem Importeur UNICA in Bremerhaven einreichen."

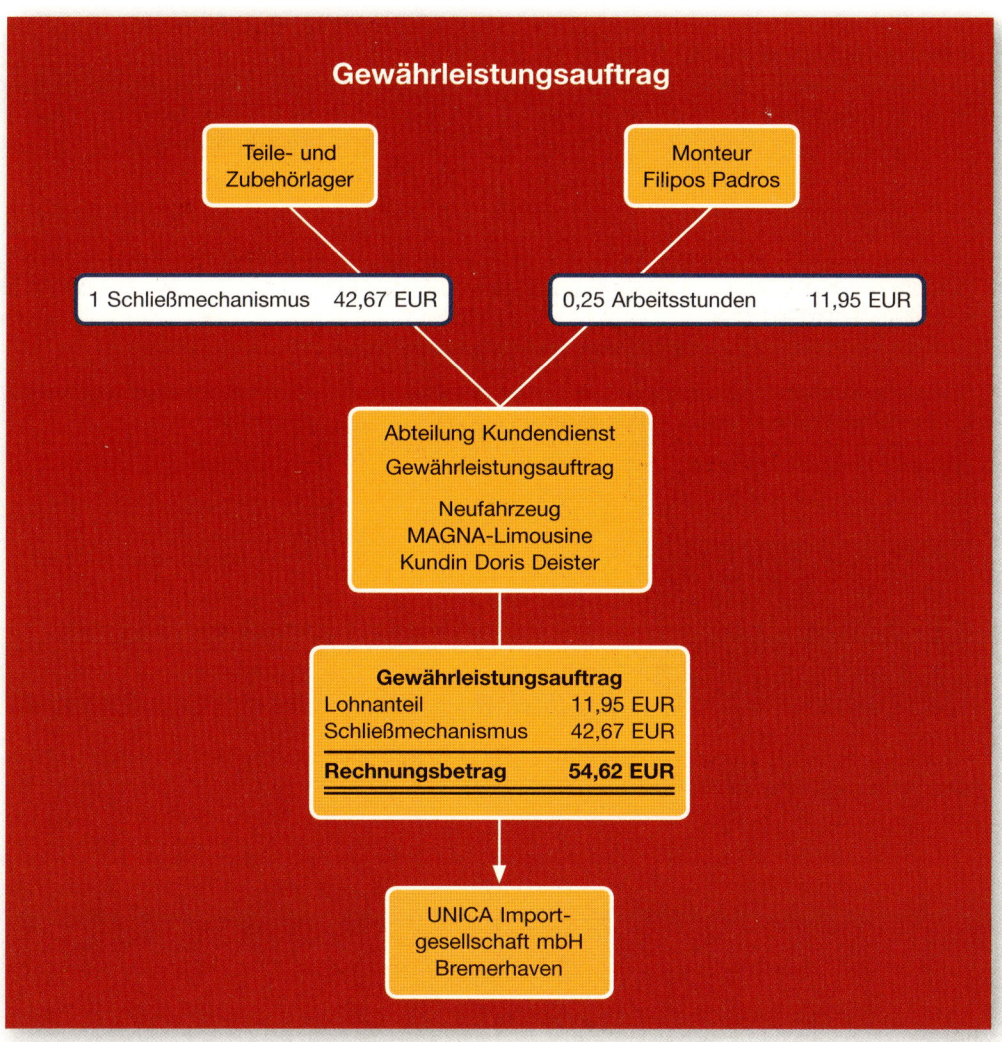

1 Schließmechanismus
MAGNA-Limousine   42,67 EUR
0,25 Arbeitsstunden zu 47,81 EUR/Std.:   11,95 EUR
Gewährleistungsantrag   54,62 EUR
In der EDV hinterlegte Einkaufspreise:
1 Schließmechanismus   42,67 EUR

Soll	1450 Debitorenkonto UNICA	Haben
Erlöse	54,62	

Soll	8305 Teile und Zubehör Gewährleistung*	Haben
		Ford. UNICA	42,67

Soll	8620 Lohnerlöse Gewährleistung	Haben
		Ford. UNICA	11,95

Buchung der Lagerentnahme

Soll	3300 Teile und Zubehör	Haben
AB	456,00	VAK T/Z	42,67

Soll	7305 Teile und Zubehör Gewährleistung*	Haben
T/Z	42,67	

Die Vorgehensweise bei Gewährleistungsanträgen variiert bei den Herstellern/Importeuren. In unserem Beispiel wird der normale Stundenverrechnungssatz der Werkstatt dem Hersteller/Importeur in Rechnung gestellt, bei den benötigten Ersatzteilen lediglich der Einstandspreis. Das ist ein durchaus übliches Verfahren, zu dem es aber in der Praxis folgende abweichende Regelungen geben kann:

Abweichende Regelungen	Ersatzteile	Arbeitslohn
Diverse Hersteller/Importeure	Einstandspreis plus prozentualer Gemeinkostenzuschlag	Selbstkosten
	Einstandspreis	Fester Gewährleistungslohnsatz
	Verkaufspreis minus prozentualer Abschlagssatz	Selbstkosten plus prozentualer Zuschlagsatz
	Verkaufspreis	Selbstkosten

Für alle Varianten gilt, dass das Autohaus mit einem **Gewährleistungsauftrag** nicht die üblichen Erlöse eines Kundenauftrages erzielen kann.

---

* Die Konten 7305 und 8305 sieht der ZDK-Kontenplan nicht explizit vor. Sie sind jedoch praxisüblich.

Aufgaben:

Buchen Sie die folgenden Belege:

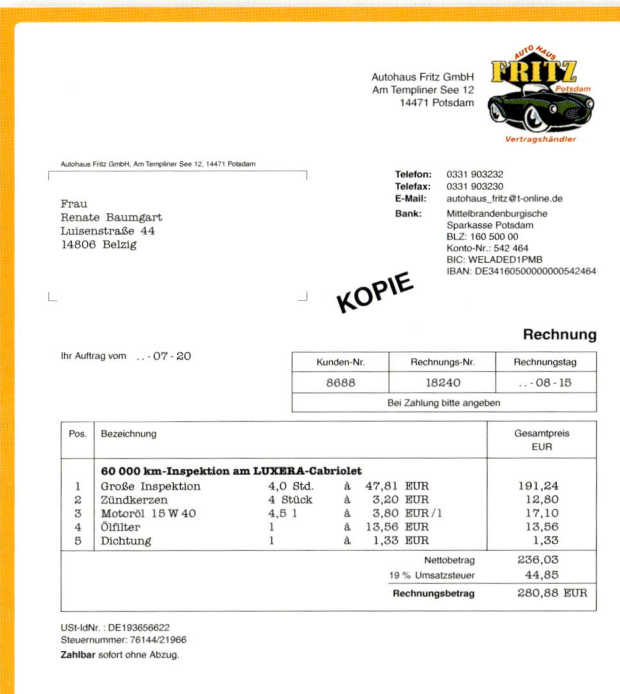

Autohaus Fritz GmbH
Am Templiner See 12
14471 Potsdam

Autohaus Fritz GmbH, Am Templiner See 12, 14471 Potsdam

Frau
Renate Baumgart
Luisenstraße 44
14806 Belzig

Telefon:	0331 903232
Telefax:	0331 903230
E-Mail:	autohaus_fritz@t-online.de
Bank:	Mittelbrandenburgische Sparkasse Potsdam
	BLZ: 160 500 00
	Konto-Nr.: 542 464
	BIC: WELADED1PMB
	IBAN: DE34160500000000542464

KOPIE

Rechnung

Ihr Auftrag vom .. - 07 - 20

Kunden-Nr.	Rechnungs-Nr.	Rechnungstag
8688	18240	.. - 08 - 15
Bei Zahlung bitte angeben		

Pos.	Bezeichnung				Gesamtpreis EUR
	60 000 km-Inspektion am LUXERA-Cabriolet				
1	Große Inspektion	4,0 Std.	à	47,81 EUR	191,24
2	Zündkerzen	4 Stück	à	3,20 EUR	12,80
3	Motoröl 15 W 40	4,5 l	à	3,80 EUR / l	17,10
4	Ölfilter	1	à	13,56 EUR	13,56
5	Dichtung	1	à	1,33 EUR	1,33
			Nettobetrag		236,03
			19 % Umsatzsteuer		44,85
			Rechnungsbetrag		**280,88 EUR**

USt-IdNr.: DE193656622
Steuernummer: 76144/21966
Zahlbar sofort ohne Abzug.

In der EDV hinterlegte Einkaufspreise:

Zündkerze	2,60 EUR/Stück
Motoröl	1,90 EUR/Liter
Ölfilter	8,56 EUR/Stück
Dichtring	0,85 EUR/Stück

Autohaus Fritz GmbH
Am Templiner See 12
14471 Potsdam

Autohaus Fritz GmbH, Am Templiner See 12, 14471 Potsdam

Abteilung: Neufahrzeugverkauf

Verkäufer/in: Richard Miller

Telefon:	0331 903232
Telefax:	0331 903230
E-Mail:	autohaus_fritz@t-online.de
Bank:	Mittelbrandenburgische Sparkasse Potsdam
	BLZ: 160 500 00
	Konto-Nr.: 542 464
	BIC: WELADED1PMB
	IBAN: DE34160500000000542464

Interner Auftrag

Auftrags-Nr.	Kennzeichen	Typ	Fahrgestell-Nr.	Km-Stand	Rechnungs-Nr.
I 26368/04	P 04700	PRIMO-Limousine	PL15DA15953921	00023	69145

Pos.	Durchgeführte Arbeiten	Menge/Preis in EUR	Betrag in EUR
1	Anbau eines Spoilers	1,2 Std. / 12,00	14,40
	Summe (Arbeiten)		**14,40**

Pos.	Teile	Menge/Preis in EUR	Betrag in EUR
1	Spoiler	1 / 95,00	95,00
2	Anbausatz	1 / 9,80	9,80
	Summe (Teile)		**104,80**

	Gesamtbetrag		**119,20**

In der EDV hinterlegte Einkaufspreise:

1 Spoiler	78,00 EUR
1 Anbausatz	5,60 EUR

③

Autohaus Fritz GmbH
Am Templiner See 12
14471 Potsdam

Autohaus Fritz GmbH, Am Templiner See 12, 14471 Potsdam

Abteilung: Neufahrzeugverkauf

Verkäufer/in: Anke Schäfer

Telefon:	0331 903232
Telefax:	0331 903230
E-Mail:	autohaus_fritz@t-online.de
Bank:	Mittelbrandenburgische
	Sparkasse Potsdam
	BLZ: 160 500 00
	Konto-Nr.: 542 464
	BIC: WELADED1PMB
	IBAN: DE34160500000000542464

Interner Auftrag

Auftrags-Nr.	Kennzeichen	Typ	Fahrgestell-Nr.	Km-Stand	Rechnungs-Nr.
I 26369/04	P 04730	MAGNA-Van	MV12DA173998	00018	69144

Pos.	Durchgeführte Arbeiten	Menge/Preis in EUR	Betrag in EUR
1	Ablieferungsdurchsicht	1,5 Std. / 12,00	18,00
	Summe (Arbeiten)		**18,00**
	Gesamtbetrag		**18,00**

④

Autohaus Fritz GmbH
Am Templiner See 12
14471 Potsdam

Autohaus Fritz GmbH, Am Templiner See 12, 14471 Potsdam

Firma
UNICA-Importgesellschaft
Weserstraße 84
28807 Bremerhaven

Telefon:	0331 903232
Telefax:	0331 903230
E-Mail:	autohaus_fritz@t-online.de
Bank:	Mittelbrandenburgische
	Sparkasse Potsdam
	BLZ: 160 500 00
	Konto-Nr.: 542 464
	BIC: WELADED1PMB
	IBAN: DE34160500000000542464

Gewährleistungsauftrag

Kunde: Dr. Rüdiger Hartmann

Auftrags-Nr.	Kennzeichen	Typ	Fahrgestell-Nr.	Km-Stand	Rechnungs-Nr.
I 26369/04	P 04730	MAGNA-Van	MV12DA173998	03018	69146

Pos.	Durchgeführte Arbeiten	Menge/Preis in EUR	Betrag in EUR
1	Wechsel der Pumpe Scheibenwaschanlage	0,75 Std. / 47,81	35,86
	Summe (Arbeiten)		**35,86**

Pos.	Teile	Menge/Preis in EUR	Betrag in EUR
1	Pumpe – Scheibenwaschanlage	1 / 43,88	43,88
	Summe (Teile)		**43,88**
	Gesamtbetrag		**79,74**

Lernfeld 5
Personalwirtschaftliche Aufgaben wahrnehmen

1 Personalkosten

> **Am Monatsende werden die Lohn- und Gehaltsabrechnungen im Autohaus Fritz von Frau Jennifer Fritz erstellt. Sie muss für alle Mitarbeiter die Lohn- und Gehaltsabrechnung durchführen.**
>
> 1 Ermitteln Sie die aktuellen Beitragssätze zur Rentenversicherung, zur Arbeitslosenversicherung, zur Krankenversicherung und zur Pflegeversicherung.
> 2 Stellen Sie Auswirkungen der obigen Sozialversicherungsbeiträge auf das Autohaus Fritz dar.

Für den betrieblichen Ablauf werden Mitarbeiter benötigt. Die Mitarbeiter bekommen für ihre Tätigkeit zum Monatsende ihren Lohn oder ihr Gehalt per Banküberweisung ausbezahlt. Die Personalkosten entstehen also aus dem betrieblichen Prozess heraus. Sie sind somit betriebliche Aufwendungen, die in der Kontenklasse 4 als Kosten zu buchen sind. Die Kostenkonten werden über die GuV-Rechnung abgeschlossen.

Für die einzelnen Mitarbeiter eines Autohauses fallen unterschiedliche **Entlohnungsarten** an: Verkäufer erhalten ein **Fixum**, das eine Grundversorgung garantiert und zusätzlich eine **Verkaufsprovision**, Angestellte erhalten ein Festgehalt und bei den Monteuren in der Werkstatt wird der Arbeitslohn in produktive und unproduktive Anteile aufgeteilt. Damit die Geschäftsführung eine differenzierte Kostenbetrachtung vornehmen kann, werden die unterschiedlichen Personalkosten auf verschiedene Konten in der Kontenklasse 4 gebucht. Die Personalkosten sind der größte Kostenblock im Kfz-Betrieb.

Im Autohaus Fritz sind folgende Mitarbeiter beschäftigt:

Abteilung Neufahrzeugverkauf:

Funktion	Mitarbeiter	Personalkosten	Konto
Leitung und Verkauf	Carmen Litt	Festgehalt Verkaufsprovision	4200 Gehalt, Fixa, Aushilfslohn 4921 Verkäuferprovision Neufahrzeuge
Verkäufer	Richard Miller Anke Schäfer	Festgehalt Verkaufsprovision	4200 Gehalt, Fixa, Aushilfslohn 4921 Verkäuferprovision Neufahrzeuge

Abteilung Teile- und Zubehörshop:

Funktion	Mitarbeiter	Personalkosten	Konto
Leitung und Verkauf	Horst Müller	Festgehalt Verkaufsprovision	4200 Gehalt, Fixa, Aushilfslohn 4929 Verkäuferprovision Sonstige

Abteilung Gebrauchtfahrzeugverkauf:

Funktion	Mitarbeiter	Personalkosten	Konto
Leitung und Verkauf	Lars Baumeister	Festgehalt Verkaufsprovision	4200 Gehalt, Fixa, Aushilfslohn 4922 Verkäuferprovision Gebrauchtfahrzeuge
Verkäufer	Krassimir Lansky Maria Campioni Christian Siebert	Festgehalt Verkaufsprovision	4200 Gehalt, Fixa, Aushilfslohn 4922 Verkäuferprovision Gebrauchtfahrzeuge

Abteilung Kundendienst:

Funktion	Mitarbeiter	Personalkosten	Konto
Leitung	Theo Kraft	Festgehalt	4200 Gehalt, Fixa, Aushilfslohn
Monteure	Filipos Padros Tim Möller Frank Kleister Uwe Lewandowski	Zeitlohn	4101 produktive Löhne 4110 Löhne unproduktiv Kundendienst
Auszubildende	Yusuf Ozgür Thomas Weyer Frauke Mathes	Ausbildungsbeihilfen	4151 Ausbildungsbeihilfen Kundendienst

Abteilung Teile- und Zubehörlager:

Funktion	Mitarbeiter	Personalkosten	Konto
Leitung	Boris Koslowski	Festgehalt	4200 Gehalt, Fixa, Aushilfslohn
Fachkraft für Lagerwirtschaft	Roger Kunze	Festgehalt	4200 Gehalt, Fixa, Aushilfslohn

Abteilung Verwaltung:

Funktion	Mitarbeiter	Personalkosten	Konto
Leitung	Jennifer Fritz	Festgehalt	4200 Gehalt, Fixa, Aushilfslohn
Kfm. Angestellte	K.H. Thalmann Irene Bender Hilde Riedel Babette Harnack	Festgehalt	4200 Gehalt, Fixa, Aushilfslohn
Auszubildende	Mario Töpfer Sabrina Völkel	Ausbildungsbeihilfen	4150 Ausbildungsbeihilfen Gesamtbetrieb
Aushilfe	Heinz Becker	Aushilfslohn	4200 Gehalt, Fixa, Aushilfslohn

2 Gehaltsabrechnung in der Verwaltung

Die ledige und kinderlose Sekretärin Hilde Riedel, 26 Jahre alt, bekommt laut Arbeitsvertrag einen Monatslohn von 2 000,00 EUR. Dieses Monatsentgelt bezeichnet man als **Bruttoentgelt**. Davon muss sie Lohnsteuer, Kirchensteuer und den Solidaritätszuschlag an das zuständige **Finanzamt** abführen. Die Höhe der zu zahlenden Steuern und des Solidaritätszuschlags bemisst sich nach der Höhe des zu versteuernden Einkommens (= Bruttoentgelt), der Steuerklasse (laut Lohnsteuerkarte) und der Freibeträge (Bsp. Kinderfreibetrag).

Darüber hinaus muss Frau Riedel **Sozialversicherungsbeiträge** an ihre Krankenkasse abführen. Zu den Sozialversicherungsbeiträgen gehört der Beitrag zur Rentenversicherung, zur Arbeitslosenversicherung, zur Krankenversicherung und zur Pflegeversicherung. Auch hier bemisst sich die Höhe der Beiträge nach dem zu versteuernden Einkommen.

Aufteilung der Beiträge	Arbeitgeber	Arbeitnehmer
Rentenversicherung (RV)	50 % des Beitragssatzes	50 % des Beitragssatzes
Arbeitslosenversicherung (AV)	50 % des Beitragssatzes	50 % des Beitragssatzes
Krankenversicherung (KV) allg. Beitragssatz	50 % des Beitragssatzes	50 % des Beitragssatzes
Zusatzbeitrag zur Krankenversicherung	0 % des Beitragssatzes	100 % des Beitragssatzes
Pflegeversicherung[1] (PV)	50 % des Beitragssatzes	50 % des Beitragssatzes
Zusatzbeitrag zur Pflegeversicherung nach dem Kinder-Berücksichtigungsgesetz	0 % des Beitragssatzes	100 % des Beitragssatzes

Der Arbeitgeber hat die vom Arbeitnehmer einbehaltenen Abzüge an das zuständige Finanzamt (Lohnsteuer, Kirchensteuer, Solidaritätszuschlag) und die zuständige Krankenkasse (Rentenversicherung, Arbeitslosenversicherung, Krankenversicherung Pflegeversicherung) abzuführen. Buchhalterisch wird das auf folgende Art durchgeführt: Alle Abzüge (Arbeitnehmer und Arbeitgeberbeiträge) werden auf Finanzkonten in der Kontenklasse 1 als Verbindlichkeit geparkt und dann gesammelt an das zuständige Finanzamt und die zuständige Krankenkasse überwiesen.

Der verbleibende Restbetrag ist das **Nettoentgelt**, das im Regelfall per Banküberweisung ausgezahlt wird.

Aktuelle Beitragssätze 2012; die Beitragssätze werden vom Bruttoentgelt berechnet:

Rentenversicherung	19,6 %
Arbeitslosenversicherung	3,0 %
Krankenversicherung	14,6 %
AN-Zusatzbeitrag zur Krankenversicherung	0,9 %
Pflegeversicherung	1,95 %[1]
AN-Zusatzbeitrag zur Pflegeversicherung nach dem Kinder-Berücksichtigungsgesetz	0,25 %
Lohnsteuer	nach Tabelle
Kirchensteuer	8 % oder 9 % der Lohnsteuer (je nach Bundesland)
Solidaritätszuschlag	5,5 % der Lohnsteuer

---

[1] In Sachsen gilt nicht die hälftige Beitragsverteilung auf AG und AN, sondern: AG 0,475 %, AN 1,475 %.

Ermittlung der Sozialversicherungsbeiträge:

Name: Bruttogehalt in EUR	Hilde Riedel 2 000,00 Beitragssatz	AG	AN
RV	19,60 %	196,00	196,00
AV	3,0 %	30,00	30,00
KV	14,60 %	146,00	146,00
Zusatzbeitrag KV	0,90 %		18,00
PV	1,95 %	19,50	19,50
Zusatzbeitrag PV 0,25 %	0,25 %		5,00
Summen		391,50	414,50

Gehaltsabrechnung November ..

Autohaus Fritz GmbH
Am Templiner See 12
14471 Potsdam

Abteilung: Verwaltung

Hilde Riedel
Berliner Straße 12
14471 Potsdam

Geburtsdatum	KV	PV	RV	AV	Versicherungs-Nr.
02. 02...	0	0	2	1	0202711R

Eintrittsdatum	Steuerklasse	Kinder	Kirche	Freibetrag monatlich
08. 01...	1	0	0	–

Bank
Potsdamer Sparkasse

Kontonummer	BLZ	Personalnummer
681642	46250011	2203

Bezeichnung	Abzüge in EUR	Beträge in EUR
Bruttoentgelt		
Fertigungslohn	–	–
Hilfslöhne, Leerlauf, Wartezeit	–	–
Fixum	–	–
Provision	–	–
Pkw-Gestellung	–	–
Gesamt-Bruttoentgelt		**2 000,00**
Gesetzliche Abzüge		
Lohnsteuer	212,00	
Kirchensteuer	19,08	
Solidaritätszuschlag	11,66	**242,74**
Sozialversicherungbeiträge		**414,50**
Auszahlungsbetrag		**1 342,76**

1 Gehaltsbuchung Frau Hilde Riedel:

4200 Gehalt, Fixa, Aushilfslohn   2 000,00 EUR

an 1741 Verbindlichkeiten aus		
Lohn- und Kirchensteuer	242,74 EUR	
1742 Verbindlichkeiten im		
Rahmen der sozialen		
Sicherheit	414,50 EUR	
1740 Verbindlichkeiten		
aus Lohn und Gehalt	1 342,76 EUR	

2 Arbeitgeberanteil zur Sozialversicherung:

4300 Sozialaufwand gesetzlich   391,50 EUR

an 1742 Verbindlichkeiten im
Rahmen der sozialen
Sicherheit   391,50 EUR

3 Gehaltsauszahlung:

1740 Verbindlichkeiten aus
Lohn und Gehalt   1 342,76 EUR

an 1200 Bank   1 342,76 EUR

4 Überweisung der Abzüge:

1741 Verbindlichkeiten aus
Lohn- und Kirchensteuer   242,74 EUR

1742 Verbindlichkeiten im
Rahmen der sozialen
Sicherheit   806,00 EUR

an 1200 Bank   1 048,74 EUR

Frau Hilde Riedel verursacht dem Autohaus Fritz in diesem Monat Personalkosten in Höhe von:

Bruttoentgelt	2 000,00 EUR
Arbeitgeberanteil zu Sozialversicherung	391,50 EUR
Personalkosten	2 391,50 EUR

Soll	4200 Gehalt, Fixa, Aushilfslohn	Haben
1 Verb. aus Lohn u. Gehalt; soz. S.; St. 2 000,00		

Soll	4300 Sozialaufwand gesetzlich	Haben
2 Verb. soz. S. 391,50		

Soll	1740 Verb. Lohn u. Gehalt	Haben
3 Bank 1 342,76	Gehalt	1 342,76 1

Soll	1742 Verb. im Rahmen der sozialen Sicherheit		Haben
4 Bank 806,00 gesetzl. soz.	Gehalt	414,50 1	
	Soz. Aufwand	391,50 2	

Soll	1741 Verb. aus Lohn- und Kirchensteuer	Haben
4 Bank 242,74	Gehalt	242,74 1

Soll	1200 Bank		Haben
AB 12 000,00	Verb. Lohn u. Gehalt	1 342,76 3	
	Verb. aus soz. S.; St.	1 048,74 4	

3 Lohnabrechnung in der Werkstatt

Beispiel Der Monteur Tim Möller (Stundenlohn: 12,00 EUR), 25 Jahre alt, ledig, keine Kinder, leistete laut Arbeitszeitauswertung im abgelaufenen Monat folgende Arbeiten:

144 **produktive** Stunden für Kundenaufträge und
8 **unproduktive** Stunden für Leerlauf und Wartezeiten.

Name: Bruttogehalt in EUR	Tim Möller 1 824,00 Beitragssatz	AG	AN
RV	19,60 %	178,75	178,75
AV	3,00 %	27,36	27,36
KV	14,60 %	133,15	133,15
Zusatzbeitrag KV	0,90 %		16,42
PV	1,95 %	17,78	17,78
Zusatzbeitrag PV 0,25 %	0,25 %		4,56
Summen		357,04	378,02

Die Buchhaltung erhält dazu folgende Lohnabrechnung:

Gehaltsabrechnung November ..

Autohaus Fritz GmbH
Am Templiner See 12
14471 Potsdam

Abteilung: Werkstatt

Tim Möller
Gartenweg 17
14471 Potsdam

Geburtsdatum	KV	PV	RV	AV	Versicherungs-Nr.
03.02...	0	0	2	1	0203689M
Eintrittsdatum	Steuerklasse	Kinder	Kirche	Freibetrag monatlich	
12.01...	1	0	1		

Bank
Potsdamer Sparkasse

Kontonummer	BLZ	Personalnummer
711362	46250011	4220

Bezeichnung	Abzüge in EUR	Beträge in EUR
Bruttoentgelt		
Fertigungslohn	–	1 728,00
Hilfslöhne, Leerlauf, Wartezeit	–	96,00
Fixum	–	
Provision	–	
Pkw-Gestellung	–	–
Gesamt-Bruttoentgelt		**1 824,00**
Gesetzliche Abzüge		
Lohnsteuer	282,00	
Kirchensteuer	25,38	
Solidaritätszuschlag	15,51	**322,89**
Sozialversicherungbeträge		**378,02**
Auszahlungsbetrag		**1 123,09**

❶ Gehaltsbuchung Tim Möller:

4101 produktive Löhne	1 824,00 EUR		
		an 1741 Verbindlichkeiten aus Lohn- und Kirchensteuer	322,89 EUR
		1742 Verbindlichkeiten im Rahmen der sozialen Sicherheit	378,02 EUR
		1740 Verbindlichkeiten aus Lohn und Gehalt	1 123,09 EUR

Um den Grundsätzen ordnungsmäßiger Buchführung (GoB) Rechnung zu tragen, stehen in der obigen Buchung einer Sollbuchung drei Habenbuchungen gegenüber. Somit ist klar erkennbar, woraus sich die Verbindlichkeiten ergeben. Ein unabhängiger Dritter könnte sich somit, wie von den GoB gefordert, einen Überblick über diesen Geschäftsvorfall verschaffen. Für die Kalkulation und die Kostenrechnung sind aber die produktiven von den unproduktiven Lohnanteilen zu trennen.

❷ Buchung der Trennung der unproduktiven Lohnanteile von den produktiven Löhnen:

4110 Löhne unproduktiv, Kundendienst	96,00 EUR		
		an 4101 produktive Löhne	96,00 EUR

❸ Arbeitgeberanteil zur Sozialversicherung:

4300 Sozialaufwand gesetzlich	357,04 EUR		
		an 1742 Verbindlichkeiten im Rahmen der sozialen Sicherheit	357,04 EUR

❹ Lohnauszahlung:

1740 Verbindlichkeiten aus Lohn und Gehalt	1 123,09 EUR		
		an 1200 Bank	1 123,09 EUR

❺ Überweisung der Abzüge:

1741 Verbindlichkeiten aus Lohn- und Kirchensteuer	322,89 EUR		
1742 Verbindlichkeiten im Rahmen der sozialen Sicherheit	735,06 EUR		
		an 1200 Bank	1 057,95 EUR

Tim Möller verursacht dem Autohaus Fritz in diesem Monat Personalkosten in Höhe von:

Bruttoentgelt	1 824,00 EUR
Arbeitgeberanteil zur Sozialversicherung	357,04 EUR
Personalkosten	**2 181,04 EUR**

Soll	4101 produktive Löhne		Haben
1 Verb. aus Lohn u. Gehalt; soz. S.; St. 1 824,00	Löhne unprod. Kundend.	96,00 2	

Soll	1740 Verb. Lohn u. Gehalt		Haben
4 Bank	1 123,09	Gehalt	1 123,09 1

Soll	4110 Löhne unproduktiv Kundendienst		Haben
2 Löhne prod.	96,00		

Soll	1742 Verb. im Rahmen der sozialen Sicherheit		Haben
5 Bank	735,06	Löhne prod. gesetz. soz	378,02 1
		Aufwand	357,04 3

Soll	4300 Sozialaufwand gesetzlich		Haben
3 Verb. soz. S.	357,04		

Soll	1741 Verb. aus Lohnsteuer, Kirchensteuer, Solidaritätszuschlag (St)		Haben
5 Bank	322,89	Löhne prod.	322,89 1

Soll	1200 Bank		Haben
AB	12 000,00	Verb. Lohn u. Gehalt	1 123,09 4
		Verb. aus soz. S.; St.	1 057,95 5

4 Verkäuferentlohnung

Beispiel Die Verkäuferin Anke Schäfer, 28 Jahre alt, ledig, keine Kinder, erhält ein monatliches Festgehalt (Fixum) von 410,00 EUR. Zu diesem Fixum kamen im abgelaufenen Monat noch 2 300,00 EUR an Verkaufsprovisionen. Frau Schäfer ist konfessionslos.

Ermittlung der Sozialversicherungsbeiträge:

Name: Bruttogehalt in EUR	Anke Schäfer 2 710,00 Beitragssatz	AG	AN
RV	19,60 %	265,58	265,58
AV	3,00 %	40,65	40,65
KV	14,60 %	197,83	197,83
Zusatzbeitrag KV	0,90 %		24,39
PV	1,95 %	26,42	26,42
Zusatzbeitrag PV 0,25 %	0,25 %		6,78
Summen		530,48	561,65

Gehaltsabrechnung November ..

Abteilung: Neufahrzeugverkauf

Autohaus Fritz GmbH
Am Templiner See 12
14471 Potsdam

Anke Schäfer
Am Spreewald 21a
14471 Potsdam

Geburtsdatum	KV	PV	RV	AV	Versicherungs-Nr.
06.05...	0	0	2	1	05061288
Eintrittsdatum	Steuerklasse	Kinder	Kirche	Freibetrag monatlich	
04.01...	1	0	0	–	

Bank

Potsdamer Sparkasse

Kontonummer	BLZ	Personalnummer
462411	46250011	1078

Bezeichnung	Abzüge in EUR	Beträge in EUR
Bruttoentgelt		
Fertigungslohn	–	–
Hilfslöhne, Leerlauf, Wartezeit	–	–
Fixum	–	410,00
Verkaufsprovision	–	2 300,00
Gesamt-Bruttoentgelt		**2 710,00**
Gesetzliche Abzüge		
Lohnsteuer	442,00	
Kirchensteuer	0,00	
Solidaritätszuschlag	24,31	466,31
Sozialversicherungbeträge		561,65
Auszahlungsbetrag		**1 682,04**

1 Gehaltsbuchung Frau Anke Schäfer:

4200 Gehalt, Fixa, Aushilfslohn	410,00 EUR		
4921 Verkäuferprovision	2 300,00 EUR		
		an 1741 Verbindlichkeiten aus Lohn- und Kirchensteuer	466,31 EUR
		1742 Verbindlichkeiten im Rahmen der sozialen Sicherheit	561,65 EUR
		1740 Verbindlichkeiten aus Lohn und Gehalt	1 682,04 EUR

2 Arbeitgeberanteil zur Sozialversicherung:

4300 Sozialaufwand gesetzlich	530,48 EUR		
		an 1742 Verbindlichkeiten im Rahmen der sozialen Sicherheit	530,48 EUR

3 Gehaltsauszahlung:

1740 Verbindlichkeiten aus Lohn und Gehalt	1 682,04 EUR		
		an 1200 Bank	1 682,04 EUR

4 Überweisung der Abzüge:

1741 Verbindlichkeiten aus Lohn- und Kirchensteuer	466,31 EUR		
1742 Verbindlichkeiten im Rahmen der sozialen Sicherheit	1 092,13 EUR		
		an 1200 Bank	1 558,44 EUR

Soll	4200 Gehalt, Fixa, Aushilfslohn	Haben
1 Verb. aus Lohn u. Gehalt; soz. S.; St. 410,00		

Soll	4300 Sozialaufwand gesetzlich	Haben
2 soz. S. 530,48		

Soll	4921 Verkäuferprovision	Haben
1 Verb. aus Lohn u. Gehalt; soz. S.; St. 2 300,00		

Soll	1740 Verb. Lohn u. Gehalt	Haben
3 Bank 1 682,04	Gehalt F/V 1 682,04 1

Soll	1742 Verb. im Rahmen der sozialen Sicherheit	Haben
4 Bank 1 092,13	Gehalt F/V 561,65 1
	gesetz. soz Aufwand 530,48 2

Soll	1741 Verb. aus Lohn- und Kirchensteuer	Haben
4 Bank 466,31	Gehalt F/V 466,31 1

Soll	1200 Bank	Haben
AB 8 200,00	Verb. Lohn u. Gehalt 1 682,04 3
	soz. S.; St. 1 558,44 4

Aufgaben

Maßgeblich sind die auf Seite 103 angegebenen Beitragssätze.
Folgende Angaben liegen vor:

a) Assistentin der Geschäftsleitung Frau Babette Harnack Bruttogehalt   1 750,00 EUR
     Lohnsteuer laut Liste   221,00 EUR
     Frau Harnack ist ledig, 32 Jahre alt und hat keine Kinder. Sie ist konfessionslos.

b) Monteur Frank Kleister
     135 produktive Stunden Kundenaufträge à 12,00 EUR   1 620,00 EUR
     17 unproduktive Stunden Leerlauf, Wartezeit à 12,00 EUR   204,00 EUR
     Bruttogehalt   1 824,00 EUR
     Lohnsteuer laut Liste   153,00 EUR
     Herr Kleister ist verheiratet und hat zwei Kinder. Er unterliegt somit nicht dem Zusatzbeitrag zur Pflegeversicherung nach dem Kinder-Berücksichtigungsgesetz. Darüber hinaus ist er konfessionslos.

c) Verkäufer Richard Miller
     Fixum   410,00 EUR
     Verkaufsprovisionen   3 680,00 EUR
     Lohnsteuer laut Liste   1 080,00 EUR
     Herr Miller ist ledig, 29 Jahre alt und hat keine Kinder; er ist konfessionslos.

1. Erstellen Sie mithilfe eines geeigneten EDV-Programms eine Datei, die aufgrund der bekannten Daten die Höhe der Sozialversicherungsbeiträge für das Autohaus Fritz und den Arbeitnehmer errechnet.

2. Erstellen Sie die Lohn- und Gehaltsabrechnungen.

3. Nehmen Sie alle notwendigen Buchungen vor.

5 Buchung der Gesamtsozialversicherungsvorauszahlung

Vom Bruttoverdienst der Arbeitnehmer behält das Autohaus Fritz als Arbeitgeber zum Zeitpunkt der Entgeltzahlung die Lohnsteuer, die Kirchensteuer, den Solidaritätsbeitrag und die Beiträge für die Renten-, Kranken-, Arbeitslosen- und Pflegeversicherung ein.

Ablauf der Entgeltbuchung:

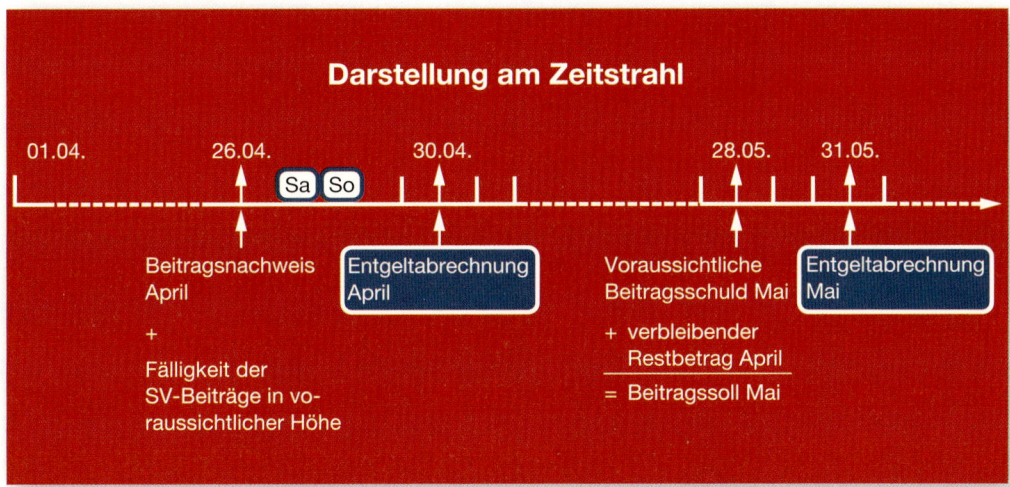

Die Entgeltbuchung erfolgt in drei Schritten:

1. Schritt: Buchung der Gesamtsozialversicherungsvorauszahlung

Am drittletzten Bankarbeitstag des laufenden Monats wird der Gesamtsozialversicherungsbeitrag (Arbeitgeber- und Arbeitnehmeranteil) vom Buchhalter Karlheinz Thalmann im Autohaus Fritz geschätzt. Dieser wird mit dem Restbeitrag bzw. Erstattungsanspruch aus dem Vormonat verrechnet. Daraus ergibt sich die Sozialversicherungsvorauszahlung (SV), die an die Krankenkasse überwiesen wird. Als Verrechnungskonto dient das Konto 1759 Voraussichtliche Beitragsschuld gegenüber den Sozialversicherungsträgern.

Beispiel Berechnungen für den Monat April:

	Geschätzte Sozialversicherungsbeiträge (Arbeitnehmeranteil):	17 600,00 EUR
	Geschätzter Sozialversicherungsbeitrag (Arbeitgeberanteil):	16 000,00 EUR
=	Geschätzter Gesamtsozialversicherungsbeitrag für April	33 600,00 EUR
+	Restbeitrag aus März (Vormonat)	1 600,00 EUR
=	Gesamtsozialversicherungsvorauszahlung für April	35 200,00 EUR

Buchung am 26. April (drittletzter Bankarbeitstag):

1759 Voraussichtliche Beitragsschuld gegenüber den Sozialversicherungsträgern   35 200,00 EUR   an 1200 Bank   35 200,00 EUR

2. Schritt: Buchung der Lohn- bzw. Gehaltsauszahlung

Am letzten Arbeitstag des laufenden Monats erfolgt die Buchung des auszuzahlenden Entgelts unter Einbehaltung der Steuern und der tatsächlichen Arbeitnehmeranteile zur Sozialversicherung. Gleichzeitig wird auch der tatsächliche Arbeitgeberanteil zur Sozialversicherung gebucht.

Beispiel   Berechnungen für den Monat April:

	Summe der Bruttoentgelte	80 000,00 EUR
–	Lohnsteuer, Kirchensteuer, Solidaritätsbeitrag	16 800,00 EUR
–	Tatsächliche Sozialversicherungsbeiträge (AN-Anteile):	16 320,00 EUR
=	Summe der Nettoentgelte (= Nettoentgelte)	46 880,00 EUR

Tatsächlicher Sozialversicherungsbeitrag (AG-Anteil):   15 520,00 EUR

Buchungen am 30. April laut Lohn- und Gehaltsabrechnungen (letzter Tag des Monats):

4101 Produktive Löhne   9 100,00 EUR
4110 Unproduktive Löhne   900,00 EUR
4200 Gehalt, Fixa, Aushilfslohn 70 000,00 EUR

an 1741 Verbindlichkeiten aus Lohn-
und Kirchensteuer   16 800,00 EUR
1759 Voraussichtliche Beitragsschuld
gegenüber den Sozial-
versicherungsträgern   16 320,00 EUR
1740 Verbindlichkeiten aus
Lohn und Gehalt   46 880,00 EUR

Buchung des AG-Anteils zur Sozialversicherung:

4300 Sozialaufwand gesetzlich   15 520,00 EUR

an 1759 Voraussichtliche Beitragsschuld
gegenüber den Sozial-
versicherungsträgern   15 520,00 EUR

3. Schritt: Überweisung der abzuführenden Steuern

Spätestens am 10. Kalendertag des Folgemonats werden die einbehaltene Lohnsteuer, Kirchensteuer und der Solidaritätsbeitrag vom Finanzamt abgebucht.

Beispiel   Abbuchung der Steuern für den Monat April:

1741 Verbindlichkeiten aus
Lohn- und Kirchensteuer   16 800,00 EUR

an 1200 Bank   16 800,00 EUR

Berechnung des Restbeitrags bzw. Erstattungsbetrags für den Folgemonat:

Im folgenden Monat (hier: Mai) wird am drittletzten Banktag (hier: 28. Mai) der geschätzte Sozialversicherungsbeitrag (der nicht mit dem tatsächlichen Sozialversicherungsbeitrag übereinstimmen muss – z. B. wegen der unterschiedlich hohen Verkäuferprovisionen) mit dem Restbeitrag bzw. dem Erstattungsanspruch aus dem Vormonat (hier: April) verrechnet. Als Verrechnungskonto dient das Konto 1759 Voraussichtliche Beitragsschuld gegenüber den Sozialversicherungsträgern.

Beispiel Berechnung des Restbeitrags bzw. Erstattungsbetrags:

=	Geschätzter Gesamtsozialversicherungsbeitrag (April)	33 600,00 EUR
−	Tatsächlicher Gesamtsozialversicherungsbeitrag (April)	31 840,00 EUR
=	Erstattungsbetrag aus April für die Mai-Buchung	1 760,00 EUR
	(bei negativer Differenz handelt es sich um einen Restbetrag)	

Für den Monat Mai ergäbe sich folgende Gesamtversicherungsvorauszahlung:

	Geschätzter Gesamtsozialversicherungsbeitrag für Mai	36 000,00 EUR
−	Erstattungsbetrag aus April (Vormonat)	1 760,00 EUR
=	Gesamtsozialversicherungsvorauszahlung für Mai	34 240,00 EUR

Buchung am 28. Mai (drittletzter Bankarbeitstag):

1759 Voraussichtliche Beitragsschuld
      gegenüber den Sozialversicherungsträgern

                                    an 1200 Bank   34 240,00 EUR

Aufgaben

1. a) Bilden Sie den Buchungssatz für die geschätzte Gesamtsozialversicherungsvorauszahlung am 29. Juli (6 720,00 EUR). Außerdem ist ein SV-Restbetrag vom Juni in Höhe von 800,00 EUR zu beachten.

   b) Bilden Sie die Buchungssätze für die Gehaltszahlung am 31. Juli einschließlich Arbeitgeberanteil.

Produktive Löhne	4 600,00 EUR
Unproduktive Löhne	400,00 EUR
Gehalt, Fixa, Aushilfslohn	18 170,00 EUR
Steuern	3 120,00 EUR
Sozialversicherung AN-Anteil	3 800,00 EUR
Sozialversicherung AG-Anteil	3 672,00 EUR

   c) Buchen Sie die Abführung der Steuern an das Finanzamt am 10. des Folgemonats.

   d) Berechnen Sie den SV-Restbetrag bzw. den SV-Erstattungsbetrag, der im Folgemonat zu verrechnen ist.

2. a) Bilden Sie den Buchungssatz für die geschätzte Gesamtsozialversicherungsvorauszahlung am 27. August (17 200,00 EUR). Außerdem ist ein SV-Erstattungsbetrag vom Juli in Höhe von 1 680,00 EUR zu beachten.

   b) Bilden Sie die Buchungssätze für die Gehaltszahlung am 31. August einschließlich Arbeitgeberanteil.

Produktive Löhne	6 600,00 EUR
Unproduktive Löhne	400,00 EUR
Gehalt, Fixa, Aushilfslohn	33 160,00 EUR
Steuern	7 275,00 EUR
Sozialversicherung AN-Anteil	8 200,00 EUR
Sozialversicherung AG-Anteil	7 960,00 EUR

   c) Buchen Sie die Abführung der Steuern an das Finanzamt am 10. des Folgemonats.

   d) Berechnen Sie den SV-Restbetrag bzw. den SV-Erstattungsbetrag, der im Folgemonat zu verrechnen ist.

Lernfeld 11
An Neu- und Gebrauchtfahrzeuggeschäften mitwirken

1 Der Neufahrzeughandel

Die Autohaus Fritz GmbH handelt mit Neufahrzeugen der Marke UNICA, United Cars Ltd., Ohio, USA. Die Fahrzeuge werden über den Importeur UNICA Importgesellschaft mbH in Bremerhaven bezogen. Die Modellpalette umfasst folgende Fahrzeuge:

Kompaktklasse	Typ PRIMOS
Untere Mittelklasse	Typ MAGNA
Oberklasse	Typ LUXERA

Für jeden Typ sind verschiedene Ausstattungsvarianten möglich. Darüber hinaus gibt es die Fahrzeuge auch in verschiedenen Versionen (Limousine, Kombi, Van, Cabriolet).

1. Erkundigen Sie sich in Ihrem Ausbildungsbetrieb über die angebotene Modellpalette.
2. Ordnen Sie die Modelle den verschiedenen Fahrzeugklassen zu.
3. Ermitteln Sie die Verkaufspreise.
4. **Präsentieren** Sie Ihre Ergebnisse in ansprechender Form Ihren Mitschülern. Verwenden Sie die Verkaufsprospekte.

Die Neufahrzeuge werden vom Hersteller/Importeur bezogen. Die Verkaufspreise für die Fahrzeuge sind vom Hersteller vorgegeben. Diese Verkaufspreise nennt man **„Unverbindliche Preisempfehlung" (UPE)**, unverbindlich in dem Sinne, dass der Händler von diesem Verkaufspreis abweichen kann.

Aus der Differenz zwischen dem Verkaufspreis (Unverbindliche Preisempfehlung [UPE]) und dem Einkaufspreis ergibt sich die **Marge** für die einzelnen Fahrzeugmodelle.

Beispiel Ein Neufahrzeug hat eine UPE von 23 800,00 EUR inklusive Umsatzsteuer. Wird der Umsatzsteueranteil errechnet, verbleibt ein Nettowarenwert von 20 000,00 EUR. Zieht man davon die Marge ab, zum Beispiel 20 % = 4 000,00 EUR, so hat der Händler für das Neufahrzeug 16 000,00 EUR netto beim Hersteller/Importeur zu zahlen. Der Händler kann maximal 4 000,00 EUR Rohgewinn beim Verkauf erzielen. Mit diesem Rohgewinn müssen noch alle weiteren Kosten des Autohauses, insbesondere die Verkäuferprovision, abgedeckt werden. Durch die verstärkte Nachlassgewährung im Kfz-Gewerbe – es sind schon Nachlässe von über 15 % vom Neupreis an Privatkunden gewährt worden – ist das Neufahrzeuggeschäft für viele Händler lediglich kostendeckend.

Im Autohaus Fritz gilt folgende Preisliste für die Typen PRIMOS, MAGNA und LUXERA:

Modell	UPE brutto	UPE netto	Händlerrabatt in Prozent	Einkaufspreis netto
PRIMOS-Limousine 3/5-türig	10 200,00 EUR	8 571,43 EUR	13 %	7 457,14 EUR
PRIMOS-Kombi	11 000,00 EUR	9 243,70 EUR	14 %	7 949,58 EUR

Modell	UPE brutto	UPE netto	Händlerrabatt in Prozent	Einkaufspreis netto
MAGNA-Limousine 3/5-türig	14 800,00 EUR	12 436,97 EUR	14 %	10 695,80 EUR
MAGNA-Kombi	15 300,00 EUR	12 857,14 EUR	15 %	10 928,57 EUR
MAGNA-Van	15 700,00 EUR	13 193,28 EUR	16 %	11 082,35 EUR
LUXERA-Limousine 3/5-türig	22 300,00 EUR	18 739,50 EUR	17 %	15 553,79 EUR
LUXERA-Cabriolet	25 000,00 EUR	21 008,40 EUR	18 %	17 226,89 EUR

(Umsatzsteuersatz = 19 %)

Die Brutto-UPE ist der Verkaufspreis, der in den Prospekten für die Privatkunden genannt wird. Durch die folgende Formel wird die Netto-UPE ermittelt:

$$\text{Netto-UPE} = \frac{\text{Brutto-UPE} \cdot 100}{119^*}$$

* nur wenn die Umsatzsteuer 19 % beträgt. 119 ist kein feststehender Satz!

Rechnerische Lösung mithilfe des Dreisatzes für das Modell PRIMOS-Limousine 3/5-türig

Bedingungssatz: ● 119 % entsprechen 10 200,00 EUR

Fragesatz: ● 100 % entsprechen X EUR

Bruchsatz: ● $X = \dfrac{10\ 200 \cdot 100}{119} = 8\ 571,43$ EUR

Um den Einkaufspreis der einzelnen Modelle für das Autohaus Fritz zu ermitteln, wird von der Netto-UPE die **Händlermarge** abgezogen. Durch die folgende Formel wird der Einkaufspreis ermittelt:

Einkaufspreis = Netto-UPE minus Händlerrabatt

Rechnerische Lösung mithilfe des Dreisatzes für das Modell PRIMOS-Limousine 3/5-türig

Bedingungssatz: ● 100 % entsprechen 8 571,43 EUR

Fragesatz: ● 13 % entsprechen X EUR

Bruchsatz: ● $X = \dfrac{8\ 571,43 \cdot 13}{100} = 1\ 114,29$ EUR Händlerrabatt

Einkaufspreis = 8 571,43 EUR – 1 114,29 EUR = 7 457,14 EUR

Der gewährte Händlerrabatt, in anderen Gewerben auch **Handelsspanne** genannt, ist abhängig von den jeweiligen Modellen. In der Regel ist der Händlerrabatt umso höher, je höher die UPE der Fahrzeuge ist.

1.1 Einkauf von Neufahrzeugen

Der **Einkauf von Neufahrzeugen** wird auf den aktiven Bestandskonten in der Kontenkasse 3 gebucht. Der Abschluss dieser Konten erfolgt über das Schlussbilanzkonto.

Wenn das Autohaus Fritz Neufahrzeuge verkaufen will, so muss es diese vom Hersteller/Importeur UNICA beziehen.

Ein Beispiel Herr Fritz bestellt zwei PRIMOS-Limousinen 3/5-türig und einen PRIMOS-Kombi. Der entsprechende Rechnungsbetrag wird vom Bankkonto abgebucht.

❶ Buchungssatz des Fahrzeugeinkaufs:

3000 Neufahrzeuge (PRIMOS-Limousine 3/5-türig)	14 914,28 EUR		
3000 Neufahrzeuge (PRIMOS-Kombi)	7 949,58 EUR		
1576 Vorsteuer	4 344,13 EUR		
		an 1200 Bank	27 207,99 EUR

Bei der Überführung der Fahrzeuge vom Hersteller/Importeur zum Händler entstehen Kosten. Diese Überführungskosten werden entweder auf einem gesonderten Konto 3039 Überführung Neufahrzeuge gebucht, welches am Jahresende über das Konto 3000 Pkw neu abgeschlossen wird, oder aber direkt beim Einkauf auf dem Konto 3000 Pkw neu gebucht.

1.2 Verkauf von Neufahrzeugen

Der **Verkauf von Neufahrzeugen** wird über die betrieblichen Erlöskonten in der Kontenklasse 8 gebucht. Der Abschluss dieser Konten erfolgt über das GuV-Konto.

Ein Beispiel Der Verkäufer Richard Miller verkauft Herrn Otto Bauer ein Neufahrzeug vom Typ PRIMOS-Limousine mit 2 % Nachlass auf die UPE, also für 9 996,00 EUR. Der Einkaufspreis betrug laut Einkaufsliste 7 457,14 EUR. Herr Bauer erhält eine Rechnung. Nach vier Tagen überweist er den Rechnungsbetrag.

❷ Buchung des Fahrzeugverkaufs:

1400 Forderungen (Kunde Bauer)	9 996,00 EUR		
		an 8000 Neufahrzeuge PRIMOS-Limousine	8 400,00 EUR
		1776 Umsatzsteuer	1 596,00 EUR

Entnahmebuchung aus dem Lagerbestand Neufahrzeuge PRIMOS-Limousine:

7000 Neufahrzeuge PRIMOS-Limousine	7 457,14 EUR		
		an 3000 Neufahrzeuge PRIMOS-Limousine	7 457,14 EUR

❸ Buchung beim Zahlungseingang:

1200 Bank	9 996,00 EUR		
		an 1400 Forderungen (Herr Otto Bauer)	9 996,00 EUR

① Buchung des Fahrzeugeinkaufs
② Buchung des Fahrzeugverkaufs

③ Buchung des Zahlungseingangs
④ Abschluss der Erfolgskonten

Soll	3000 Neufahrzeuge		Haben
① Bank	14 914,28	VAK Nfz.	7 457,14 ②
① Bank	7 949,58		

Soll	1200 Bank		Haben
AB	50 000,00	Nfz.; VSt.	27 207,99 ①
③ Ford.	9 996,00		

Soll	1576 Vorsteuer	Haben
① Bank	4 344,13	

Soll	1400 Forderungen (Kunde Bauer)		Haben
② Erl.; USt.	9 996,00	Bank	9 996,00 ③

Soll	8000 Neufahrzeuge		Haben
④ GuV	8 400,00	Ford.	8 400,00 ②

Soll	7000 Neufahrzeuge		Haben
② Nfz.	7 457,14	GuV	7 457,14 ④

Soll	1776 Umsatzsteuer		Haben
		Ford.	1 596,00 ②

Soll	GuV		Haben
④ Neufahrzeuge	7 457,14	Neufahrzeuge	8 400,00 ④
Rohgewinn (Bruttoertrag)	942,86		

Problematik beim Gewähren von Preisnachlässen im Neufahrzeughandel

Im obigen Beispiel wurde ein Nachlass von 2 % gewährt. Dieses führte zu einem Bruttoertrag (Rohgewinn) von 942,86 EUR. Im Kraftfahrzeuggewerbe sind durchaus höhere Nachlässe auf die UPE üblich, die zu einem geringeren Bruttoertrag (Rohgewinn) führen.

Beispiel PRIMOS-Limousine

UPE brutto	UPE netto	Nachlass auf die UPE	Nachlass in EUR	Verkaufs- preis netto	Einkaufs- preis netto	Brutto- ertrag
10 200,00	8 571,43	2 %	171,43	8 400,00	7 457,14	942,86
10 200,00	8 571,43	5 %	428,57	8 142,86	7 457,14	685,72
10 200,00	8 571,43	8 %	685,71	7 885,72	7 457,14	428,58
10 200,00	8 571,43	11 %	942,86	7 628,57	7 457,14	171,43
10 200,00	8 571,43	14 %	1 200,00	7 371,43	7 457,14	−85,71

Die Tabelle zeigt, wie sich das Nachlassverhalten auf die Bruttoerträge auswirkt. Mit dem Brutto- ertrag müssen alle weiteren Kosten des Autohauses abgedeckt werden. Bei einem Preisnachlass von 14 % auf die UPE wird schon ein negativer Bruttoertrag erwirtschaftet, d. h., bei dieser Nachlassgewährung wird ein Verlust realisiert; ob bei einem Nachlass von 8 % oder 11 % ein Gewinn realisiert wird, ist fraglich und hängt von der Höhe der übrigen Kosten ab.

1.3 Boni und Verkaufshilfen

Boni für Neufahrzeuge

Die Hersteller/Importeure unterstützen den Händler beim Verkauf von Neufahrzeugen durch die Gewährung von Boni und Verkaufshilfen. Die Buchung erfolgt auf den Verrechneten Anschaffungskosten in der Kontenklasse 7. Der Abschluss dieser Konten erfolgt über das GuV-Konto.

Beispiel Das AH Fritz hat sein Quartalsziel von 20 Zulassungen im 1. Quartal des laufenden Jahres erreicht. Für diese Zielerreichung erhält das AH Fritz einen Bonus (Volumen- oder Zielerreichungsbonus) von 2 % der UPE auf die im 1. Quartal bezogenen Neufahrzeuge. Im 1. Quartal hat das AH Fritz folgende Neufahrzeuge vom Hersteller/Importeur bezogen.

Modell	Gesamt-UPE
3 PRIMOS-Kombi	30 600,00 EUR
5 MAGNA-Limousine	74 000,00 EUR
8 MAGNA-Van	125 600,00 EUR
4 LUXERA-Cabriolet	100 000,00 EUR
Summe	330 200,00 EUR

Bonus 2 % von 330 200,00 EUR = 6 604,00 EUR.

Diesen Betrag bekommt das AH Fritz vom Hersteller/Importeur auf das Bankkonto überwiesen.

Buchung der Gutschrift:
1200 Bank   6 604,00 EUR

                                       an 7700 Boni Neufahrzeuge   5 549,58 EUR
                                             1576 Vorsteuer   1 054,42 EUR

Ein Bonus ist ein nachträglich gewährter Rabatt für eine erbrachte Leistung in einem bestimmten Zeitraum. Dieser mindert nachträglich den Einkaufspreis der bezogenen Neufahrzeuge. Aus diesem Grund ist eine Vorsteuerkorrektur erforderlich. Der verminderte Einstandswert der Fahrzeuge wird durch eine VAK-mindernde Buchung in der Kontenklasse 7 im GuV-Konto berücksichtigt.

Verkaufshilfen für Neufahrzeuge

Ein Beispiel für eine vom Hersteller/Importeur gewährte Verkaufshilfe ist die Lagerabverkaufshilfe. Wenn z. B. Neufahrzeuge sehr lange auf dem Händlerlager stehen und schwer verkäuflich sind, kann der Hersteller/Importeur eine Verkaufshilfe für diese Fahrzeuge gewähren, um diese zeitnah an Kunden zu veräußern.

Der Hersteller UNICA gewährt dem AH Fritz eine Lagerabverkaufshilfe bei Zulassung in Höhe von 2 500,00 EUR netto (2 975,00 EUR brutto) für einen MAGNA-Van, der bereits lange auf dem Händlerlager steht. Das AH Fritz nutzt diese Verkaufshilfe zur Senkung des Verkaufspreises und kann das Fahrzeug nun an einen Kunden verkaufen. Dem Hersteller werden der Verkauf und die Zulassung nachgewiesen und es erfolgt die Gutschrift der Verkaufshilfe. Der Betrag wird auf das Bankkonto überwiesen.

Buchung der Gutschrift:
  1200 Bank   2 975,00 EUR

                                    an 7705 Verkaufshilfen
                                        Neufahrzeuge   2 500,00 EUR
                                      1576 Vorsteuer   475,00 EUR

Die Verkaufshilfe mindert nachträglich den Einkaufspreis der bezogenen Neufahrzeuge. Aus diesem Grund ist eine Vorsteuerkorrektur erforderlich. Der verminderte Einstandswert der Fahrzeuge wird durch eine VAK-mindernde Buchung in der Kontenklasse 7 im GuV-Konto berücksichtigt.

Rabatte für Neufahrzeuge

Ein Beispiel für einen vom Hersteller/Importeur gewährten Rabatt ist der Großkundenrabatt. Wenn z. B. ein Unternehmen seinen kompletten Fuhrpark mit Fahrzeugen einer Marke bestückt, kann der Hersteller/Importeur einen Rabatt gewähren, um dieses Unternehmen als Großkunden an die Marke zu binden. In der Regel wird dieser Rabatt vom Autohaus an den Kunden durch verminderte Verkaufspreise weitergegeben.

Der Hersteller/Importeur gewährt dem AH Fritz zusätzlich einen Großkundenrabatt in Höhe von 5 % der UPE für Verkäufe an ein großes Industrieunternehmen. Dieses Unternehmen kauft für seinen Vertriebsaußendienst 10 MAGNA-Kombis. Dem Hersteller werden der Verkauf und die Zulassung nachgewiesen und es erfolgt die Gutschrift des Rabattes. Der Betrag wird auf das Bankkonto überwiesen.

Modell	Gesamt-UPE
10 MAGNA-Kombis	157 000,00 EUR

Großkundenrabatt 5 % von 157 000,00 EUR = 7 850,00 EUR.

Buchung der Gutschrift:

1200 Bank	7 850,00 EUR		
		an 7708 Rabatte Neufahrzeuge	6 596,64 EUR
		1576 Vorsteuer	1 253,36 EUR

Der Rabatt mindert nachträglich den Einkaufspreis der bezogenen Neufahrzeuge. Aus diesem Grund ist eine Vorsteuerkorrektur erforderlich. Der verminderte Einstandswert der Fahrzeuge wird durch eine VAK-mindernde Buchung in der Kontenklasse 7 im GuV-Konto berücksichtigt.

Aufgaben

1. Maßgeblich sind die in der Einkaufspreisliste angegebenen Werte.
   Bilden Sie alle notwendigen Buchungssätze.
   1. Die Autohaus Fritz GmbH bestellt beim Hersteller/Importeur drei Fahrzeuge des Modells MAGNA-Limousine und ein Fahrzeug des Modells MAGNA-Kombi. Weiterhin kauft die Autohaus Fritz GmbH einen MAGNA-Van. Der Rechnungsbetrag wird wie üblich vom Bankkonto abgebucht.
   2. Die Autohaus Fritz GmbH verkauft ein Fahrzeug Modell MAGNA-Limousine an den Kunden Schröder mit 3 % Nachlass auf die UPE. Der Kunde zahlt per Scheck.
   3. Zwei Tage später verkauft die Autohaus Fritz GmbH ein weiteres Fahrzeug vom Modell MAGNA-Limousine an den Kunden Meyer ohne Nachlass. Der Kunde bekommt eine Rechnung. Diese begleicht er nach fünf Tagen durch Banküberweisung.
   4. Am selben Tag wird ein Fahrzeug Modell MAGNA-Kombi zum Hauspreis von 10 % unter UPE an den Kunden Karl verkauft. Der Kunde erhält eine Rechnung über den Rechnungsbetrag. Auf diesen Rechnungsbetrag zahlt er 10 000 EUR bar an. Den Restbetrag überweist er nach vier Tagen auf unser Bankkonto.
   5. Der Kunde Wolfart möchte ein Neufahrzeug vom Modell LUXERA-Cabriolet erwerben. Die Verkaufsverhandlungen führen zu einem Vertragsabschluss. Der Verkaufspreis wird mit 2,5 % unter UPE ausgehandelt. Die Autohaus Fritz GmbH bestellt das Cabriolet beim Hersteller/Importeur. Dieser liefert zu den üblichen Konditionen laut Preisliste und bucht den Rechnungsbetrag vom Bankkonto ab. Das Neufahrzeug wird dem Kunden Wolfart ausgeliefert. Der Kunde Wolfart zahlt per Scheck den Rechnungsbetrag.

6. Das AH Fritz hat sein Quartalsziel von 52 Zulassungen im 2. Quartal des laufenden Jahres erreicht. Für diese Zielerreichung erhält das AH Fritz einen Bonus (Volumen- oder Zielerreichungsbonus) von 2 % der UPE auf die im 2. Quartal bezogenen Neufahrzeuge. Im 2. Quartal hat das AH Fritz folgende Neufahrzeuge vom Hersteller/Importeur bezogen.
23 PRIMOS-Limousinen 3-türig, 19 PRIMOS-Kombis, 9 MAGNA-Kombis, 1 LUXERA-Cabriolets.

7. Das AH Fritz erhält vom Hersteller/Importeur für eine PRIMOS-Limousine (Vorjahresmodell) eine Lagerabverkaufshilfe in Höhe von 1 785,00 EUR brutto bei Zulassung auf Kunden. Dieses Fahrzeug wird für 8 568,00 EUR vom Verkäufer Richard Miller an den Kunden Schipper verkauft. Dieser zahlt per Banküberweisung. Der Verkauf und die Zulassung werden dem Hersteller/Importeur nachgewiesen und es erfolgt die Gutschrift der Lagerabverkaufshilfe. Der Betrag wird auf das Bankkonto überwiesen.

8. Das AH Fritz kauft beim Hersteller/Importeur 10 PRIMOS-Kombis. Der Rechnungsbetrag wird vom Bankkonto abgebucht.

9. Der Hersteller/Importeur gewährt dem AH Fritz zusätzlich einen Großkundenrabatt in Höhe von 6 % der UPE für Verkäufe an ein großes Handelshaus. Herr Fritz verkauft diesem Unternehmen 8 PRIMOS-Kombis für 68 000,00 EUR brutto. Der Rechnungsbetrag wird auf das Bankkonto überwiesen. Dem Hersteller werden der Verkauf und die Zulassung nachgewiesen und es erfolgt die Gutschrift des Rabattes. Der Rabatt wird auf das Bankkonto überwiesen.

10. Der Hersteller/Importeur gewährt dem AH Fritz zusätzlich einen Großkundenrabatt in Höhe von 5 % der UPE für Verkäufe an die Stadtwerke Potsdam. Herr Fritz verkauft den Stadtwerken 2 PRIMOS-Kombis mit einem Nachlass von 15 % auf die UPE. Der Rechnungsbetrag wird auf das Bankkonto überwiesen. Dem Hersteller werden der Verkauf und die Zulassung nachgewiesen und es erfolgt die Gutschrift des Rabattes. Der Rabatt wird auf das Bankkonto überwiesen.

2. Folgende Einkaufspreisliste liegt vor:

Modell	UPE brutto	Händlerrabatt in %
Neufahrzeug Typ I: Kleinwagen	11 200,00 EUR	12,50 %
Neufahrzeug Typ II: Mittelklasse	14 800,00 EUR	14,00 %
Neufahrzeug Typ III: Oberklasse	26 600,00 EUR	16,00 %
Neufahrzeug Typ IV: Van	22 800,00 EUR	17,00 %
Neufahrzeug Typ V: Offroader	25 200,00 EUR	15,00 %

Ermitteln Sie in einer Tabelle
a) die UPE netto
b) den Händlerrabatt netto in EUR
c) den Händlereinkaufspreis netto in EUR
d) Lösen Sie die Aufgabe zusätzlich mithilfe eines geeigneten EDV-Programms (z. B. MS EXCEL).
e) Wie hoch darf der Nachlass in % pro Fahrzeugmodell maximal sein, wenn die folgenden Bruttoerträge pro Fahrzeug erzielt werden sollen?

Modell	geplanter Bruttoertrag pro Fahrzeug
Neufahrzeug Typ I: Kleinwagen	600,00 EUR
Neufahrzeug Typ II: Mittelklasse	700,00 EUR
Neufahrzeug Typ III: Oberklasse	1 200,00 EUR
Neufahrzeug Typ IV: Van	1 800,00 EUR
Neufahrzeug Typ V: Offroader	2 000,00 EUR

2 Der Gebrauchtfahrzeughandel

Im Handel mit Gebrauchtfahrzeugen gilt für die Bestimmung der Umsatzsteuer neben der üblichen Regelbesteuerung auch die sogenannte **Differenzbesteuerung**. Das bedeutet, dass zur Bestimmung der Umsatzsteuer nur die Differenz zwischen Verkaufspreis und Einkaufspreis maßgeblich ist (§ 25a UStG).

Folgende Varianten sind möglich:

Ankauf der Gebrauchtfahrzeuge von:	Verkauf der Gebrauchtfahrzeuge an:	Besteuerung:
Privatpersonen	Privatpersonen	Differenzbesteuerung
Privatpersonen	Unternehmen	Differenzbesteuerung oder Regelbesteuerung
Unternehmen	Privatpersonen	Regelbesteuerung
Unternehmen	Unternehmen	Regelbesteuerung

Beim Ankauf von Gebrauchtfahrzeugen von Privatpersonen und Verkauf dieser Gebrauchtfahrzeuge an einen Unternehmer kann gewählt werden, welche Art der Besteuerung zur Bestimmung der Umsatzsteuer maßgeblich ist.

2.1 Einkauf von Gebrauchtfahrzeugen

Der **Einkauf von Gebrauchtfahrzeugen** wird auf den aktiven Bestandskonten in der Kontenklasse 3 gebucht. Der Abschluss dieser Konten erfolgt über das Schlussbilanzkonto.

2.2 Ankauf eines Gebrauchtfahrzeuges von privat

Der Leiter der Gebrauchtfahrzeugabteilung, Herr Lars Baumeister, kauft von Herrn Paul Mohnkern ein Gebrauchtfahrzeug Modell PRIMOS-Limousine 5-türig für 5 000,00 EUR gegen Bankscheck.

Buchung:
3050 Gebrauchtfahrzeuge
     ohne VSt.abzug   5 000,00 EUR
                      an 1200 Bank   5 000,00 EUR

> **Auf der Rechnung darf kein Hinweis auf die Umsatzsteuer vorhanden sein.**

2.3 Ankauf eines Gebrauchtfahrzeuges von einem Unternehmer

Der Gebrauchtfahrzeugverkäufer Herr Christian Siebert kauft von der Firma Teltower Beton GmbH ein Gebrauchtfahrzeug Modell MAGNA-Kombi für 6 000,00 EUR netto gegen Bankscheck.

Buchung:

3040 Gebrauchtfahrzeuge	6 000,00 EUR		
1576 Vorsteuer	1 140,00 EUR		
		an 1200 Bank	7 140,00 EUR

Nach diesen beiden Einkäufen hat das Autohaus zwei Gebrauchtfahrzeuge auf dem Hof stehen. Die PRIMOS-Limousine steht mit einem Wert von 5 000,00 EUR in den Büchern, der MAGNA-Kombi mit einem Wert von 6 000,00 EUR.

2.4 Verkauf von Gebrauchtfahrzeugen unter Anwendung der Differenzbesteuerung

Der **Verkauf von Gebrauchtfahrzeugen** wird über die betrieblichen Erlöskonten in der Kontenklasse 8 gebucht. Der Abschluss dieser Konten erfolgt über das GuV-Konto.

Der Abteilungsleiter Gebrauchtfahrzeugverkauf, Lars Baumeister, verkauft die PRIMOS-Limousine nach drei Wochen Standzeit an Frau Doris Deister für 6 190,00 EUR. Frau Deister bezahlt in bar. Welche Besteuerungsart muss hier angewendet werden?

Ankauf des Gebrauchtfahrzeuges von privat, Verkauf des Gebrauchtfahrzeuges an Privat.

Hier ist nach der Tabelle nur die Differenzbesteuerung anwendbar!

Berechnung der Umsatzsteuer nach den Regeln der Differenzbesteuerung:

Verkaufspreis	6 190,00 EUR
Einkaufspreis	5 000,00 EUR
Differenz	1 190,00 EUR
Enthaltene Umsatzsteuer	190,00 EUR
Bemessungsgrundlage	1 000,00 EUR

In der Differenz zwischen Verkaufspreis und Einkaufspreis des Gebrauchtfahrzeuges ist die Umsatzsteuer enthalten. Sie wird wie folgt errechnet.

$$\text{Enthaltene Umsatzsteuer} = \frac{\text{Differenz} \cdot \text{Umsatzsteuer}}{119^*}$$

* nur wenn die Umsatzsteuer 19 % beträgt. 119 ist kein feststehender Satz!

$$\text{Enthaltene Umsatzsteuer} = \frac{1\,190\ \text{EUR} \cdot 19}{119} = 190,00\ \text{EUR}$$

Buchung des Gebrauchtfahrzeugverkaufes:

1000 Kasse	6 190,00 EUR		
		an 8047 Gebrauchtfahrzeuge steuerfrei	5 000,00 EUR
		8050 Gebrauchtfahrzeuge Differenzbesteuerung	1 000,00 EUR
		1776 Umsatzsteuer	190,00 EUR

Lagerentnahmebuchung:
7047 Gebrauchtfahrzeuge
    steuerfrei   5 000,00 EUR

                  an 3050 Gebrauchtfahrzeuge
                      ohne VSt.abzug   5 000,00 EUR

> **Auch hier darf auf der Rechnung die Umsatzsteuer im Rahmen der Differenzbesteuerung nicht ausgewiesen sein!**

2.5 Verkauf von Gebrauchtfahrzeugen unter Anwendung der Regelbesteuerung

Der Gebrauchtfahrzeugverkäufer Christian Siebert verkauft das Gebrauchtfahrzeug Modell MAGNA-Kombi nach einer Woche Standzeit an das Maler-Geschäft Schulz für 7 200,00 EUR netto auf Rechnung.

Welche Besteuerungsart muss hier angewendet werden?

Ankauf des Gebrauchtfahrzeuges von einem Unternehmen, Verkauf des Gebrauchtfahrzeuges an ein Unternehmen.

Hier kann nur die **Regelbesteuerung** angewendet werden.

Buchung:
1400 Forderungen
    (Kunde Schulz)   8 568,00 EUR

                  an 8040 Gebrauchtfahrzeuge   7 200,00 EUR
                     1776 Umsatzsteuer   1 368,00 EUR

Lagerentnahmebuchung:
7040 Gebrauchtfahrzeuge   6 000,00 EUR   an 3040 Gebrauchtfahrzeuge   6 000,00 EUR

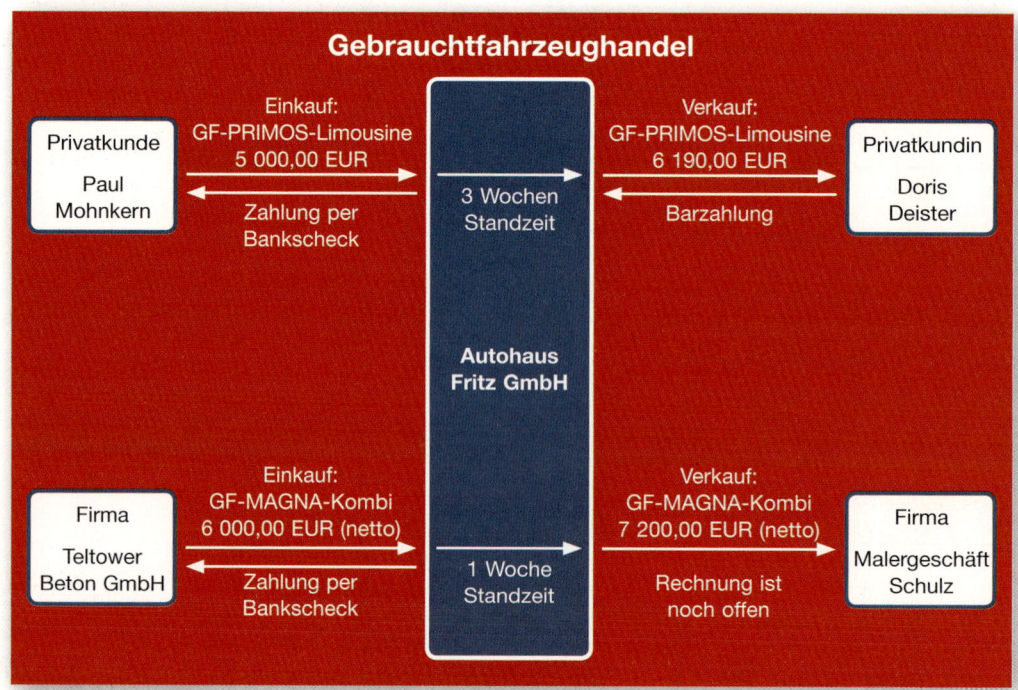

Das Autojahr 2010 im Überblick

	2010	Veränderung zum Vorjahr
Pkw Neuzulassungen	2 916 260	minus 23,4 %
Lkw Neuzulassungen	236 388	plus 15,8 %
Pkw Besitzumschreibungen	6 431 846	plus 7,0 %
Lkw Besitzumschreibungen	303 540	plus 5,8 %
Außerbetriebssetzungen Pkw	7 185 123	minus 10,9 %
Außerbetriebssetzungen Nutzfahrzeuge	462 175	plus 1,6 %
Kraftwagendichte je 1 000 Einw.		
Pkw	518	plus 1,6 %
Lkw	36	plus 2,9 %
Durchschnittspreis Pkw neu	26 030,00 EUR	plus 15,6 %
Durchschnittspreis Pkw gebr.	8 790,00 EUR	plus 2,3 %
Service-Aufträge inkl. Unfallreparatur (in Mio. Stück)	80,1	plus 7,5 %

Quelle: 2010 Zahlen & Fakten Deutsches Kraftfahrzeuggewerbe, Hrsg. Wirtschaftsgesellschaft des Kraftfahrzeuggewerbes mbH, im Auftrag des ZDK, Bonn, Seite 2 ff.

3 Reparaturen an Gebrauchtfahrzeugen

Reparaturen an gekauften Gebrauchtfahrzeugen erhöhen den Wert des Fahrzeuges. Somit müssen die Reparaturkosten über das Gebrauchtfahrzeug-Bestandskonto in der Kontenklasse 3 gebucht werden. Werden diese Reparaturen in der eigenen Werkstatt durchgeführt, werden die Erlöse der Werkstatt und dem Teilelager zugeordnet. Interne Werkstattaufträge unterliegen nicht der Umsatzsteuer.

Der Gebrauchtfahrzeug-Verkäufer Krassimir Lansky kauft von Herrn Peter Kraus (Privatmann) ein älteres Modell LUXERA-Limousine 3-türig für 12 000,00 EUR gegen Bankscheck an.

Buchung des Gebrauchtfahrzeugeinkaufs:
3050 Gebrauchtfahrzeuge
ohne VSt.abzug 12 000,00 EUR
an 1200 Bank 12 000,00 EUR

Damit das Fahrzeug verkauft werden kann, müssen noch die Bremsbeläge gewechselt werden. Diese Reparatur wird in der eigenen Werkstatt durchgeführt. Die Bremsbeläge kosten 62,98 EUR, für Lohn werden 38,96 EUR berechnet.

Buchung des internen Werkstattauftrages
3050 Gebrauchtfahrzeuge
ohne VSt.abzug 101,94 EUR
an 8609 Lohnerlöse Instandsetzung intern 38,96 EUR
8309 Teile und Zubehör intern 62,98 EUR
7309 Teile und Zubehör intern 62,98 EUR
an 3300 Teile und Zubehör 62,98 EUR

Nach der Reparatur ist das Fahrzeug verkaufsfertig und wird in der Gebrauchtfahrzeughalle zum Verkauf angeboten. Nach fünf Tagen wird das Fahrzeug von Krassimir Lansky an Frau Elli Hauser verkauft. Der Verkaufspreis beträgt 13 000,00 EUR. Frau Hauser bezahlt mit einem Scheck.

Welche Besteuerungsart muss hier angewendet werden?

Ankauf des Gebrauchtfahrzeuges von privat, Verkauf des Gebrauchtfahrzeuges an privat.

Hier ist nach der Tabelle nur die Differenzbesteuerung anwendbar!

Berechnung:

Verkaufspreis	13 000,00 EUR
Einkaufspreis	12 000,00 EUR
Differenz	1 000,00 EUR
Enthaltene USt.	159,66 EUR
Bemessungsgrundlage	840,34 EUR

Buchung des Verkaufs
1200 Bank   13 000,00 EUR

            an 8047 Gebrauchtfahrzeuge
                        steuerfrei   12 000,00 EUR
                8050 Gebrauchtfahrzeuge
                        Differenzbesteuerung   840,34 EUR
                1776 Umsatzsteuer   159,66 EUR

Lagerentnahmebuchung
7047 Gebrauchtfahrzeuge
        steuerfrei   12 101,94 EUR

            an 3050 Gebrauchtfahrzeuge
                        ohne VSt.abzug   12 101,94 EUR

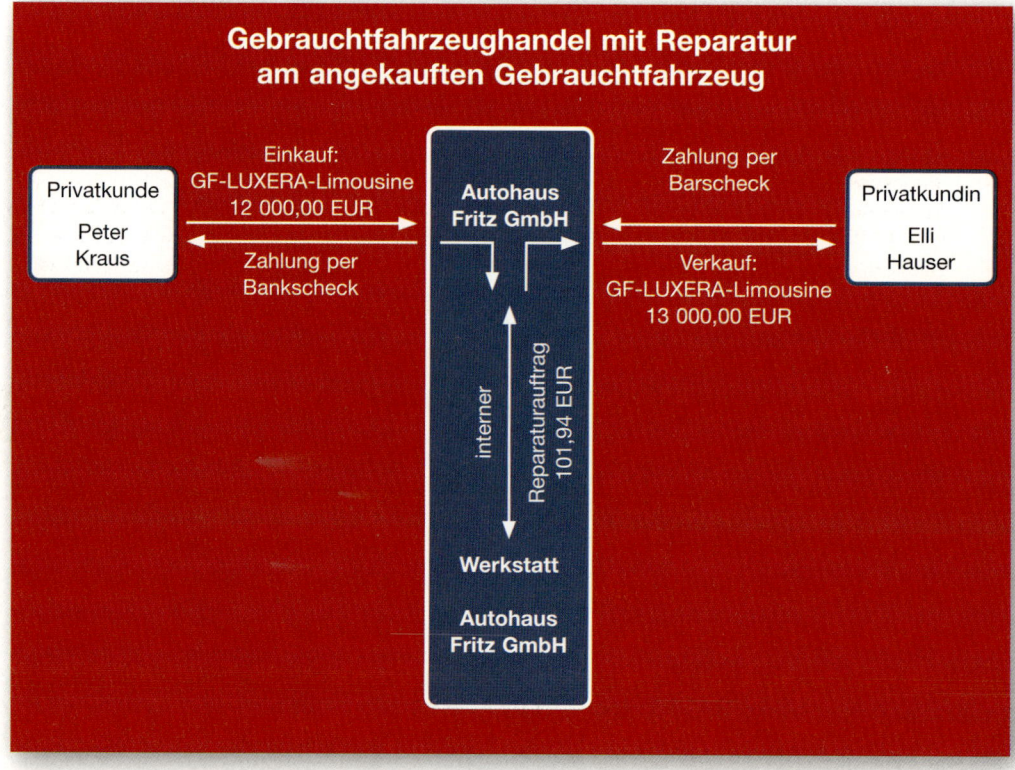

> Bei der Anwendung der Differenzbesteuerung ist lediglich die Differenz zwischen dem Verkaufspreis und dem Einkaufspreis für die Berechnung der Umsatzsteuer relevant. Nachträgliche Reparaturen wie in unserem Beispiel verändern nicht die Werte.

Bei der Lagerentnahmebuchung ist die nachträgliche Reparatur wertmäßig zu berücksichtigen, da sich der Wert und somit der Bestand Pkw gebraucht ohne Vorsteuerabzug durch die nachträgliche Reparatur erhöht hat.

Kleinreparaturen, wie z. B. die Beseitigung von Lackschäden durch Steinschlag oder die Fahrzeugreinigung erhöhen nicht den Wert des Gebrauchtfahrzeuges. Sie sind als Kosten zu buchen.

Beispiel Eine Aushilfe wäscht einmal wöchentlich die Gebrauchtfahrzeuge.
Dafür erhält sie 40,00 EUR bar aus der Kasse ausgezahlt.
Buchung:

4200 Gehalt, Fixa, Aushilfslöhne
    Gesamtbetrieb   40,00 EUR
                              an 1000 Kasse   40,00 EUR

Aufgaben

1. Bilden Sie alle notwendigen Buchungssätze und stellen Sie die Geschäftsbeziehungen grafisch dar.

1. Herr Fritz kauft per Barzahlung von einem Privatmann einen zwei Jahre alten MAGNA-Kombi für 9 700,00 EUR.
2. Diesen MAGNA-Kombi verkauft die GF-Verkäuferin Maria Campioni nach 14 Tagen Standzeit an Herrn Klaus Müller für 11 000,00 EUR. Herr Müller zahlt per Scheck.
3. Der Abteilungsleiter Gebrauchtfahrzeuge-Verkauf, Lars Baumeister, kauft von einer Autovermietung, der Car-Verleih GmbH, einen gebrauchten PRIMOS-Kombi per Bankscheck. Dieses Fahrzeug ist erst ein Jahr alt und hat eine geringe Laufleistung. Der Kaufpreis beträgt 8 000,00 EUR (netto).
4. Diesen PRIMOS-Kombi verkauft Herr Baumeister nach nur drei Tagen Standzeit an das Unternehmen Klaus Schurke (Schornsteinfegermeister) für 8 650,00 EUR (netto) auf Rechnung. Herr Schurke überweist nach weiteren vier Tagen den Rechnungsbetrag.
5. Krassimir Lansky, Gebrauchtfahrzeuge-Verkäufer der Autohaus Fritz GmbH, findet in der örtlichen Presse eine Anzeige. „Zwei Jahre alte MAGNA-Limousine 5-türig zu verkaufen. Preis 9 200,00 EUR." Dieses Modell passt sehr gut in das Gebrauchtfahrzeuge-Angebot der Autohaus Fritz GmbH, sodass Herr Lansky Kontakt mit dem Inserenten aufnimmt. Nach einer kurzen Verhandlung erwirbt Herr Lansky das Fahrzeug von dem Inserenten, Herrn Paul Schreiner (Privatperson). Der Kaufpreis beträgt nur 8 700,00 EUR, da noch einige Reparaturen durchgeführt werden müssen. In der Werkstatt wird die MAGNA-Limousine für den Verkauf aufbereitet. Dabei fallen Lohnkosten in Höhe von 160,00 EUR an. Die verbauten Ersatzteile haben einen Preis von 270,00 EUR. Das Fahrzeug ist jetzt verkaufsfertig und steht verkaufsbereit in der Gebrauchtfahrzeuge-Ausstellung. Nach 28 Tagen findet sich eine Käuferin, Frau Lina Meier (Privatperson). Sie macht eine Probefahrt und kauft anschließend beim Gebrauchtfahrzeuge-Verkäufer Krassimir Lansky das Fahrzeug für 10 000,00 EUR. Frau Meier zahlt per Scheck den Rechnungsbetrag.

2. Bilden Sie zu den folgenden Geschäftsvorfällen alle notwendigen Buchungssätze.

1. Die Aushilfskraft Heinz Becker erhält für die Reinigung der Gebrauchtfahrzeuge 50,00 EUR Aushilfslohn aus der Kasse ausgezahlt.
2. Die GF-Verkäuferin Maria Campioni verkauft einen gebrauchten MAGNA-Van für 8 500,00 EUR an einen Privatkunden. Der Kunde zahlt per Scheck. Der MAGNA-Van wurde zum Preis von 7 900,00 EUR von privat angekauft.

3. Der Abteilungsleiter GF-Verkauf Herr Baumeister kauft per Scheck ein LUXERA-Cabriolet für 15 100,00 EUR von privat an.
4. Das LUXERA-Cabrio aus Geschäftsvorfall 3 wird in der Werkstatt einer Inspektion unterzogen. Die Kosten dafür belaufen sich auf 24,00 EUR Lohnanteil.
5. Nach der Inspektion wird das LUXERA-Cabriolet an einen Privatkunden für 17 000,00 EUR verkauft. Der Kunde zahlt per Scheck.
6. Der GF-Verkäufer Christian Siebert kauft von einer Autovermietung 3 PRIMOS-Kombis für jeweils 7 000,00 EUR auf Rechnung netto an.
7. Zwei der PRIMOS-Kombis aus Geschäftsvorfall 6 werden an die Teltower Beton GmbH für je 7 500,00 EUR netto auf Ziel verkauft.
8. Der dritte PRIMOS-Kombi aus Geschäftsvorfall 6 wird an einen Privatkunden für 8 600,00 EUR brutto verkauft.

4 Verkauf von Neufahrzeugen mit Inzahlungnahme eines Gebrauchtfahrzeuges

Die Neufahrzeugverkäuferin Anke Schäfer verkauft an Herrn Dr. Hartmut Falk ein Neufahrzeug Modell MAGNA-Van zur UPE, also für 15 700,00 EUR brutto. Herr Dr. Hartmut Falk gibt sein älteres Fahrzeug Modell PRIMOS-Limousine 3-türig in Zahlung. Die Autohaus Fritz GmbH kauft dieses Fahrzeug für 2 200,00 EUR an. Den Restbetrag zahlt Herr Dr. Falk per Electronic Cash.

Buchungssatz des Verkaufs:

1400 Forderungen (Dr. Falk)	15 700,00 EUR		
		an 8000 Neufahrzeuge (MAGNA-Van)	13 193,28 EUR
		1776 Umsatzsteuer	2 506,72 EUR

Lagerentnahmebuchung:

7000 Neufahrzeuge (MAGNA-Van)	11 082,35 EUR		
		an 3000 Neufahrzeuge (MAGNA-Van)	11 082,35 EUR

Buchung des **Ankaufs des Gebrauchtfahrzeugs** PRIMOS-Limousine:

3050 Gebrauchtfahrzeuge ohne VSt.abzug	2 200,00 EUR		
		an 1400 Forderungen (Dr. Falk)	2 200,00 EUR

Buchung des Zahlungseinganges per Electronic Cash:

1200 Bank	13 500,00 EUR		
		an 1400 Forderungen (Dr. Falk)	13 500,00 EUR

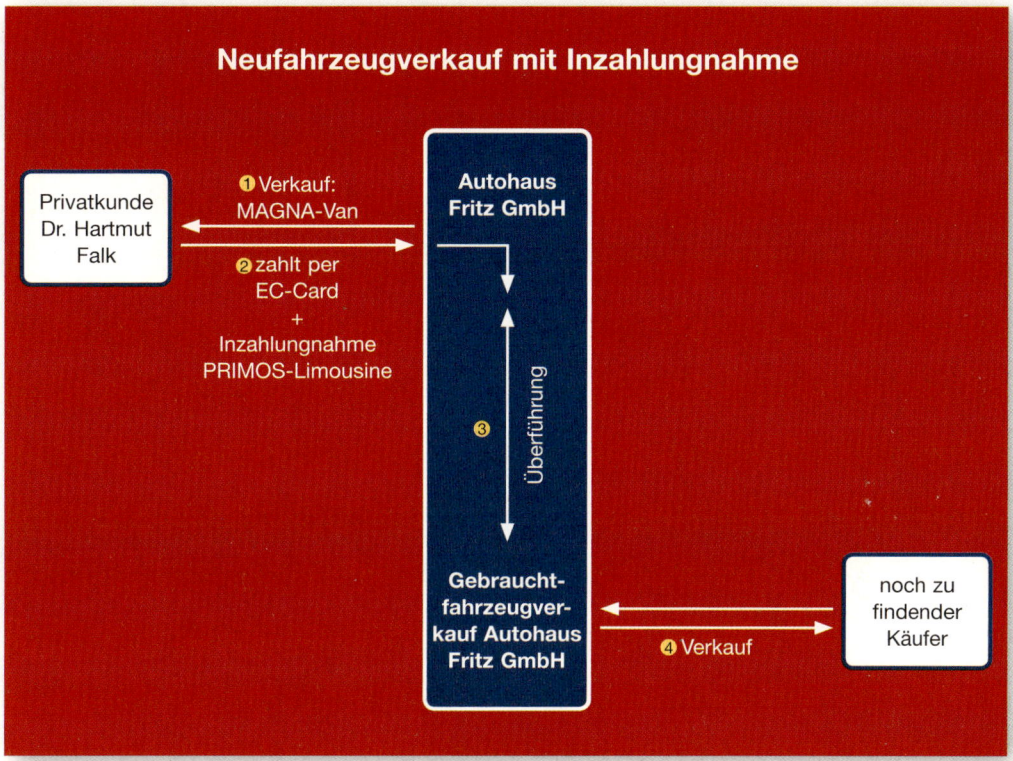

5 Ein kompletter Geschäftsvorfall aus der täglichen Autohaus-Praxis

Der folgende Geschäftsvorfall soll beispielhaft aufzeigen, wie eng in der Praxis das Neufahrzeug- und das Gebrauchtfahrzeuggeschäft zusammengehören.

Es gelten die Preise der Einkaufsliste auf S. 115/116.

1 Herr Fritz kauft beim Hersteller/Importeur UNICA ein Neufahrzeug Modell LUXERA-Cabriolet. Der Rechnungsbetrag wird vom Bankkonto abgebucht.

2 Dieses Fahrzeug wird von Herrn Fritz persönlich an Herrn Christian Pflanz mit einem Preis- nachlass von 2 % auf die UPE verkauft.

3 Herr Pflanz gibt ein Gebrauchtfahrzeug Modell MAGNA-Van für 9 000,00 EUR in Zahlung. Den Restbetrag überweist er auf unser Bankkonto.

4 An dem Gebrauchtfahrzeug MAGNA-Van nehmen wir in unserer Werkstatt eine Reparatur vor, um das Fahrzeug verkaufsfertig zu machen. Ersatzteile 450,00 EUR; Lohn 120,00 EUR.

5 Nach drei Tagen verkaufen wir das Gebrauchtfahrzeug Modell MAGNA-Van an eine neue Privatkundin, Frau Elisabeth Braun, für 9 900,00 EUR. Frau Braun bezahlt bar.

Zum besseren Verständnis soll die folgende Grafik dienen:

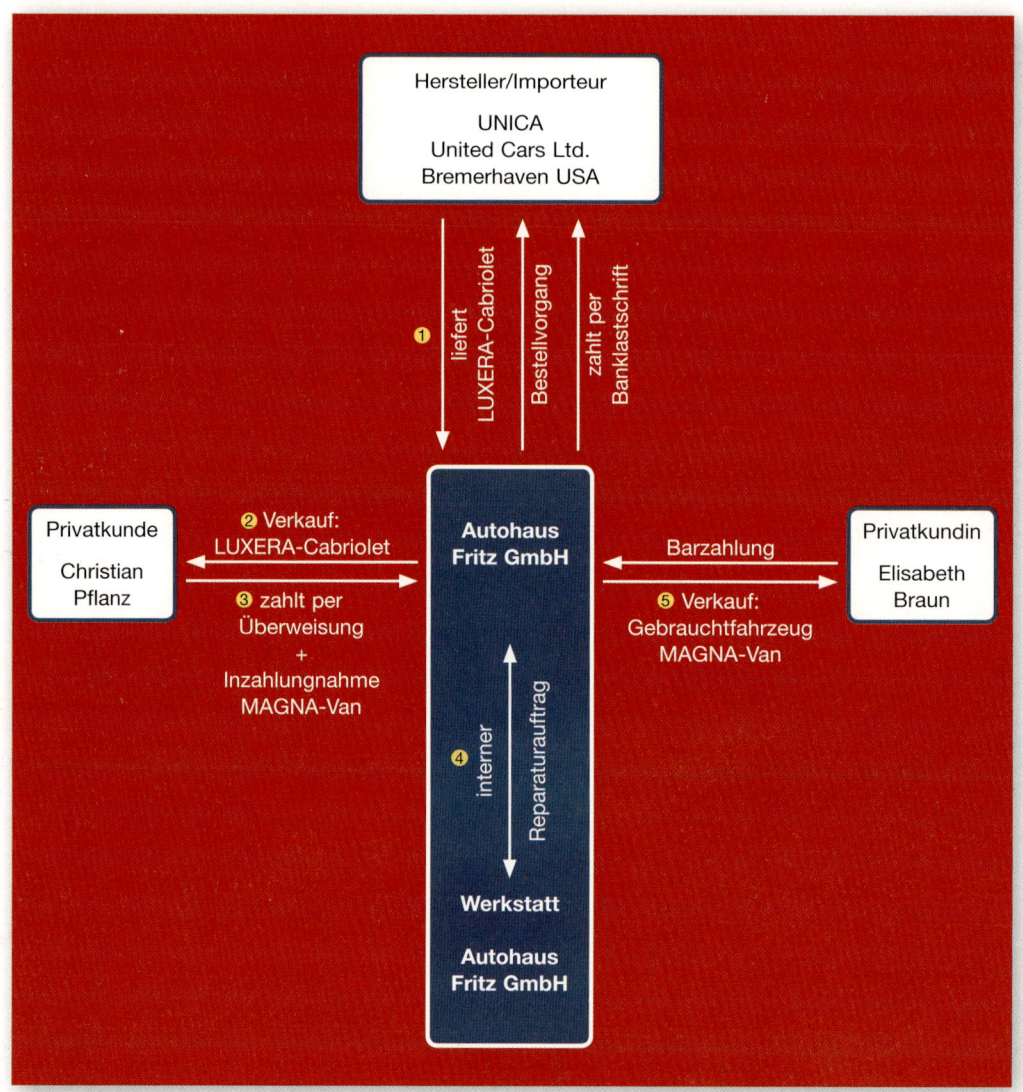

Buchungssätze:

❶ Einkauf des Neufahrzeuges LUXERA-Cabriolet

3000 Neufahrzeuge
    (LUXERA-Cabriolet)   17 226,89 EUR
1576 Vorsteuer   3 273,11 EUR

                              an 1200 Bank   20 500,00 EUR

❷ Verkauf des Neufahrzeuges LUXERA-Cabriolet an Herrn Christian Pflanz

1400 Forderungen
    (Herr Pflanz)   24 500,00 EUR

                              an 8000 Neufahrzeuge
                                  (LUXERA-Cabriolet)   20 588,24 EUR
                                  1776 Umsatzsteuer   3 911,76 EUR

Lagerentnahmebuchung Neufahrzeug LUXERA-Cabriolet
7000 Neufahrzeuge
      (LUXERA-Cabriolet)   17 226,89 EUR

                    an 3000 Neufahrzeuge
                          (LUXERA-Cabriolet)   17 226,89 EUR

3 Inzahlungnahme des Gebrauchtfahrzeuges MAGNA-Van und Überweisung des Restbetrages
3050 Gebrauchtfahrzeuge
      ohne VSt.abzug   9 000,00 EUR
1200 Bank   15 500,00 EUR
                    an 1400 Forderungen
                        (Herr Pflanz)   24 500,00 EUR

4 Interner Reparaturauftrag
3050 Gebrauchtfahrzeuge
      ohne VSt.abzug   570,00 EUR
                    an 8609 Lohnerlöse
                        Instandsetzung intern   120,00 EUR
                    8309 Teile und Zubehör intern   450,00 EUR
7309 Teile und Zubehör intern   450,00 EUR
                    an 3300 Teile und Zubehör   450,00 EUR

5 Verkauf des Gebrauchtfahrzeuges LUXERA-Limousine an die Privatkundin Braun
1000 Kasse   9 900,00 EUR
                    an 8047 Gebrauchtfahrzeuge
                        umsatzsteuerfrei   9 000,00 EUR
                    8050 Gebrauchtfahrzeuge
                        Differenzbesteuerung   756,30 EUR
                    1776 Umsatzsteuer   143,70 EUR
Lagerentnahmebuchung Gebrauchtfahrzeug LUXERA-Limousine
7047 Gebrauchtfahrzeuge
      steuerfrei   9 570,00 EUR
                    an 3050 Gebrauchtfahrzeuge
                        ohne VSt.abzug   9 570,00 EUR

Aufgaben

1. Nehmen Sie alle notwendigen Buchungen vor und stellen Sie die Zusammenhänge grafisch dar. Es gelten die Preise der Einkaufsliste.

  1. Der Neufahrzeuge-Verkäufer Richard Miller verkauft einem Privatmann eine PRIMOS-Limousine 3-türig für 9 800,00 EUR brutto. Der Privatmann gibt ein älteres Modell PRIMOS-Limousine für 4 000,00 EUR in Zahlung. Der Restbetrag wird per Scheck bezahlt.

  2. Am selben Tag verkauft die Neufahrzeuge-Verkäuferin Anke Schäfer der Elektro-Maurer GmbH zwei MAGNA-Kombis für jeweils 14 500,00 EUR auf Rechnung. Die Firma gibt zwei vier Jahre alte MAGNA-Kombis in Zahlung. Für diese rechnet die Autohaus Fritz GmbH jeweils 1 500,00 EUR auf den Rechnungsbetrag an. Der Restbetrag wird vereinbarungsgemäß am Monatsende überwiesen.

  3. Herr Fritz kauft beim Hersteller/Importeur UNICA ein Neufahrzeug Modell MAGNA-Van. Der Rechnungsbetrag wird vom Bankkonto abgebucht. Dieses Fahrzeug wird von Herrn Fritz persönlich an Herrn Dieter Schuster mit einem Preisnachlass von 3 % auf die UPE verkauft. Herr Schuster gibt ein Gebrauchtfahrzeug Modell MAGNA-Van für 6 500,00 EUR in Zahlung. Den Restbetrag überweist er auf unser Bankkonto. An dem Gebrauchtfahrzeug MAGNA-Van wird in eigener Werkstatt eine Reparatur vorgenommen, um das Fahrzeug verkaufsfertig zu machen.

Ersatzteile 250,00 EUR; Lohn 180,00 EUR. Nach drei Tagen wird das Gebrauchtfahrzeug Modell MAGNA-Van an einen neuen Privatkunden, Herrn Kieselwinter, für 8 100,00 EUR verkauft. Herr Kieselwinter bezahlt 2 100,00 EUR bar, über den Restbetrag stellt er einen Scheck aus.

2. Bilden Sie zu den folgenden Geschäftsvorfällen alle notwendigen Buchungssätze.

1. Für eine Sonderverkaufsshow kauft Herr Fritz beim Hersteller/Importeur UNICA 10 PRIMOS-Limousinen Sondermodell „Sunshine". Diese Fahrzeuge sind zusätzlich zur Serienausstattung mit einer Klimaanlage, Leichtmetallfelgen und einem hochwertigen Sound-System ausgestattet. Die Fahrzeuge werden zu einem Preis von je 8 000,00 EUR netto eingekauft. Der Kaufpreis wird vom Importeur per Lastschrift vom Bankkonto eingezogen.

2. Damit die Fahrzeuge zur Sonderverkaufsshow präsentiert werden können, wird bei allen Fahrzeugen die Ablieferungsdurchsicht in der Werkstatt vorgenommen. Der Lohnanteil hierfür beläuft sich auf 18,00 EUR je Fahrzeug.

3. Auf der Sonderverkaufsshow präsentiert das Autohaus Fritz u. a. die Sondermodelle PRIMOS „Sunshine". An diesem Tag verkauft die Neufahrzeugabteilung folgende Fahrzeuge:
   - Ein PRIMOS Sondermodell „Sunshine" für 10 000,00 EUR brutto an einen neuen Privatkunden, Herrn Reinhard Gellert, Potsdam; dieser zahlt per Bankscheck.
   - Ein PRIMOS Sondermodell „Sunshine" für 10 000,00 EUR brutto an einen Altkunden, Herrn Otto Bauer, Potsdam. Herr Bauer gibt ein Gebrauchtfahrzeug Modell PRIMOS-Limousine 5-türig für 2 500,00 EUR in Zahlung. Den Restbetrag bezahlt Herr Bauer per Electronic Cash.
   - Zwei PRIMOS Sondermodelle „Sunshine" für je 9 500,00 EUR brutto an die Teltower Beton GmbH, Teltow, auf Ziel.
   - Ein PRIMOS Sondermodell „Sunshine" für 10 200,00 EUR brutto an die Altkundin Frau Renate Baumgart, Belzig. Frau Baumgart zahlt 4 000,00 EUR bar, den Restbetrag per Scheck.
   - Ein Lagerfahrzeug vom Typ LUXERA-Cabriolet mit 3 % Nachlass auf die UPE brutto an eine neue Kundin, Frau Gabriele Meyer, Teltow. Frau Meyer zahlt per Bankscheck.

6 Leasing

Leasing bedeutet das Mieten einer bestimmten Sache zu festgelegten Konditionen. Beim Kfz-Leasing bezieht sich das auf Mietdauer, Fahrleistung und Kalkulation der Leasingraten.

Beteiligte eines Kfz-Leasing sind:

Allgemein	Beispiel
Der Kfz-Betrieb	Autohaus Fritz
Die Auto-Leasing-Gesellschaft	UNICA-Leasing GmbH
Der Kunde	Teltower Beton GmbH

Beispiel Ablauf des Leasing:
Der Kfz-Betrieb, die Autohaus Fritz GmbH,
- wird als Vermittler zwischen der Auto-Leasing-Gesellschaft UNICA-Leasing GmbH und dem Kunden Teltower Beton GmbH tätig;
- darüber hinaus verkauft das Autohaus Fritz das zu verleasende Fahrzeug an die UNICA-Leasing GmbH
- und liefert das Leasing-Fahrzeug an den Kunden.

Die UNICA-Leasing GmbH ist **Leasing-Geber**.
Die Teltower Beton GmbH ist **Leasing-Nehmer**.
Das Autohaus Fritz erbringt somit drei Leistungen, die entsprechend zu buchen sind.

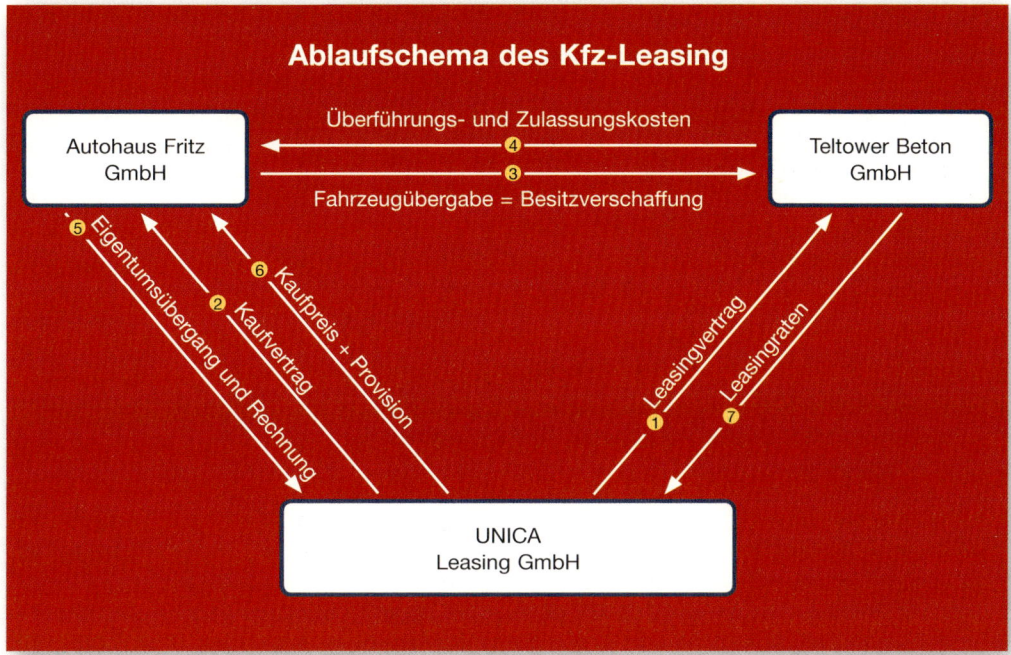

In der Praxis wird zum Beispiel wie folgt verfahren: Herr Fritz tätigt die Bestellung und sendet diese mit der Unterschrift des Bevollmächtigten der Teltower Beton GmbH an die UNICA-Leasing GmbH weiter. Diese bestätigt die Bestellung, somit ist ein Leasingvertrag zustande gekommen. Für diese Tätigkeit erhält das Autohaus Fritz eine **Vermittlungsprovision**, die sich bei den Herstellern/Importeuren unterschiedlich errechnet, im Maximum der Differenz zwischen UPE und Händlereinkaufspreis entspricht. Die Provisionserträge sind in der Kontenklasse 8 auf dem Konto 8986 Vermittlungsprovisionen Leasing/Finanzierung im Haben zu buchen, die entstehende Umsatzsteuer im Haben auf dem Konto 1776 Umsatzsteuer. Der Gesamtbetrag erhöht den Forderungsbestand gegenüber der UNICA-Leasing GmbH.

Beispiel Die Teltower Beton GmbH will ein Neufahrzeug Modell MAGNA-Van leasen. Die UPE brutto beträgt laut Modellpreisliste 15 700,00 EUR, der Händlereinkaufspreis brutto 13 188,00 EUR.

Berechnung der Vermittlungsprovision

UPE MAGNA-Van	15 700,00 EUR
./. Händlereinkaufspreis MAGNA-Van	13 188,00 EUR
Vermittlungsprovision	2 512,00 EUR

① Buchung der Vermittlungsprovision:
1400 Forderungen
    (UNICA-Leasing GmbH)   2 512,00 EUR

        an 8986 Vermittlungsprovisionen
            Leasing/Finanzierung   2 110,92 EUR
            1776 Umsatzsteuer   401,08 EUR

Vor dem Verkauf des MAGNA-Van muss dieser von der UNICA Importgesellschaft mbH bezogen werden. Neben dem Händlereinkaufspreis von 11 082,36 EUR netto werden noch 280,00 EUR netto Überführungskosten berechnet.

2 Buchung des Einkaufs des Leasing-Fahrzeugs:

3000 Neufahrzeuge	11 082,36 EUR
3039 Überführungskosten	
Fahrzeuge	280,00 EUR
1576 Vorsteuer	2 158,85 EUR

an 1600 Verbindlichkeiten
(UNICA-Import GmbH) 13 521,21 EUR

Die Aushilfe Heinz Becker fährt zur Zulassungsstelle und lässt den MAGNA-Van zu.
Hierfür fallen Gebühren in Höhe von 35,00 EUR an, die bar bezahlt werden.

3 Buchung der Zulassungsgebühren:

3039 Überführungskosten	
Fahrzeuge	35,00 EUR

an 1000 Kasse   35,00 EUR

4 Buchung des Verkaufs des Leasing-Fahrzeugs:

Nachdem der MAGNA-Van zugelassen wurde, wird er der UNICA-Leasing GmbH zum Händlereinkaufspreis berechnet. Die Buchung erfolgt wie alle Neufahrzeugverkäufe.

1400 Forderungen	
(UNICA-Leasing GmbH) 13 188,00 EUR	

an 8000 Neufahrzeuge   11 082,35 EUR
1776 Umsatzsteuer   2 105,65 EUR

Buchung der Lagerentnahme:

7000 Neufahrzeuge   11 082,35 EUR

an 3000 Neufahrzeuge   11 082,35 EUR

Das Autohaus Fritz übergibt das zugelassene, fahrbereite Fahrzeug an den Bevollmächtigten der Teltower Beton GmbH. Die Kosten für Überführung und Zulassung werden wie folgt in Rechnung gestellt:

Überführungskosten	350,00 EUR
+ 19 % Umsatzsteuer	66,50 EUR
Rechnungsbetrag	416,50 EUR

5 Buchung der Weiterberechnung Überführungs- und Zulassungskosten:

1400 Forderungen
(Teltower Beton GmbH)   416,50 EUR

an 8039 Überführungen   350,00 EUR
1776 Umsatzsteuer   66,50 EUR

Verrechnung der Überführungs- und Zulassungskosten:

7039 Fahrzeug Überführung
und Zulassung   315,00 EUR

an 3039 Überführungskosten
Fahrzeuge   315,00 EUR

Die UNICA-Leasing GmbH hat eine Mietsonderzahlung mit der Teltower Beton GmbH in Höhe von 2 000,00 EUR vereinbart. Diese wird vereinbarungsgemäß vom Autohaus Fritz zusammen mit den Zulassungs-/ Überführungskosten in Rechnung gestellt, was zur folgenden Buchung führt.

6 Buchung der Mietsonderzahlung:

1400 Forderungen
(Teltower Beton GmbH)   2 000,00 EUR

an 1400 Forderungen
(UNICA-Leasing GmbH)   2 000,00 EUR

Das Autohaus Fritz vereinnahmt die Mietsonderzahlung und verrechnet diese mit der offenen Forderung gegenüber der UNICA-Leasing GmbH.

In diesem Beispiel hat die UNICA-Leasing GmbH dem Autohaus Fritz jetzt noch folgenden Betrag zu zahlen:

Berechnung der Zahlung der UNICA-Leasing GmbH an das Autohaus Fritz:

Neufahrzeugverkauf	13 188,00 EUR
+ Vermittlungsprovision	2 512,00 EUR
– Mietsonderzahlung	2 000,00 EUR
= Zahlung	13 700,00 EUR

⑦ Buchung der Zahlung an das Autohaus Fritz per Banküberweisung:
1200 Bank   13 700,00 EUR

                            an 1400 Forderungen
                                   (UNICA-Leasing GmbH) 13 700,00 EUR

Die Forderungen gegenüber der Teltower Beton GmbH sind noch offen, d. h., das Autohaus Fritz bekommt noch 2 406,00 EUR von dieser Firma.

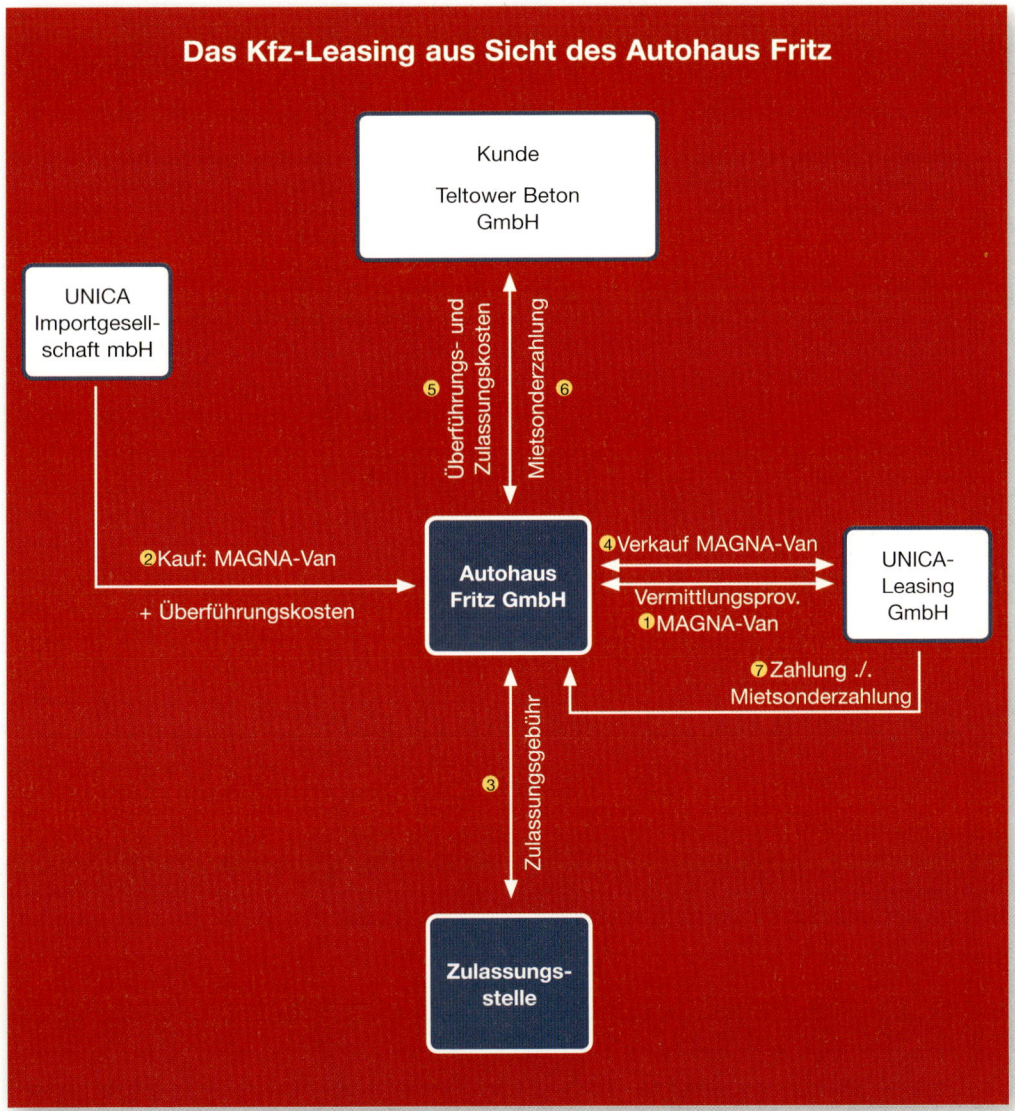

Aufgabe

1. Die Verkäuferin Anke Schäfer verleast ein Neufahrzeug Modell PRIMOS-Kombi an den neuen Kunden Frühstücks-Express Potsdam GmbH. Das Fahrzeug wird von der UNICA Importgesellschaft mbH zum Einkaufswert von 7 949,58 EUR netto zuzüglich 350,00 EUR netto Überführungsgebühren an das Autohaus Fritz geliefert. Die Zulassungskosten des PRIMOS-Kombi betragen 35,00 EUR. Das Fahrzeug wird zum Händlereinkaufspreis an die UNICA-Leasing GmbH verkauft. Die Vermittlungsprovision fällt in Höhe der Differenz zwischen UPE (= 11 000,00 EUR brutto) und Händlereinkaufspreis brutto an und wird der UNICA-Leasing GmbH vom Autohaus Fritz in Rechnung gestellt. Bei Übergabe des Fahrzeugs werden an die Frühstücks-Express Potsdam GmbH insgesamt 425,00 EUR netto Zulassungs- und Überführungsgebühren sowie eine vereinbarte Mietsonderzahlung von 1 500,00 EUR vom Autohaus Fritz in Rechnung gestellt.

   a) Stellen Sie die Zusammenhänge grafisch dar.
   b) Nehmen Sie alle erforderlichen Buchungen vor.
   c) Welchen Betrag schuldet die UNICA-Leasing GmbH noch dem Autohaus Fritz?
   d) Welchen Rohgewinn (Bruttoertrag) hat das Autohaus Fritz insgesamt erwirtschaftet?

2. Herr Fritz ruft Mario Töpfer am Ende des 3. Quartals zu sich und gibt ihm folgende Aufstellung:

Neufahrzeugbestandsliste Autohaus Fritz GmbH am 01.07. des aktuellen Jahres

Interne Nummer	Fahrgestell-nummer	Modell	Eingangs-rechnungs-datum (alle im aktuellen Jahr)	verkauft im 3. Quartal mit folgen-dem Nachlass an Kunden
1	PL345123	PRIMOS-Lim.	23.01.	13 %
2	PL346221	PRIMOS-Lim.	23.01.	12 %
3	PL346333	PRIMOS-Lim.	04.02.	12 %
4	PL349223	PRIMOS-Lim.	06.04.	13 %
5	PL349378	PRIMOS-Lim.	08.04.	11 %
6	PK226147	PRIMOS-Kombi	04.05.	15 %
7	PK226148	PRIMOS-Kombi	26.06.	12 %
8	PK226236	PRIMOS-Kombi	26.06.	12 %
9	PK226334	PRIMOS-Kombi	26.06.	8 %
10	PK226889	PRIMOS-Kombi	26.06.	10 %
11	ML332111	MAGNA-Lim.	24.01.	15 %
12	ML336112	MAGNA-Lim.	28.02.	14 %
13	ML337213	MAGNA-Lim.	04.05.	14 %
14	MK467852	MAGNA-Kombi	26.05.	12 %
15	MK467923	MAGNA-Kombi	26.05.	11 %
16	MK468223	MAGNA-Kombi	26.05.	8 %
17	MK472080	MAGNA-Kombi	26.06.	9 %
18	MV550005	MAGNA-Van	27.01.	15 %
19	MV550006	MAGNA-Van	06.04.	8 %
20	MV550007	MAGNA-Van	06.04.	10 %
21	LL661200	LUXERA-Lim.	25.05.	8 %
22	LL661790	LUXERA-Lim.	25.05.	8 %
23	LL661889	LUXERA-Lim.	25.05.	8 %
24	LC776449	LUXERA-Cabriolet	02.06.	4 %
25	LC777231	LUXERA-Cabriolet	02.06.	4 %

Diese Fahrzeuge sind alle im 3. Quartal verkauft worden, um das Volumenquartalsziel im 3. Quartal zu erreichen. Ich benötige folgende Werte zur Analyse der Geschäfte:

a) Durchschnittliche Standtage am 01.07.
b) Durchschnittlicher Nachlass in EUR
c) Durchschnittlicher Verkaufspreis brutto und netto
d) Durchschnittlicher Rohgewinn pro Fahrzeug
e) Gesamtrohgewinn ohne Boni/Verkaufshilfen
f) Gesamtrohgewinn in EUR
g) Verkaufshilfen gesamt in EUR
h) Quartalsbonus im 1. Quartal in EUR

Folgende Angaben sind noch wichtig für die Ermittlung der gefragten Werte:

1. Im 1. Quartal wurde das Volumenquartalsziel erreicht. Die Zahlung des Quartalsbonus für im 1. Quartal bezogene Neufahrzeuge in Höhe von 3 % der UPE netto für die Lagerwagen erfolgte bei Zulassung im 3. Quartal. Der Bonus für verkaufte Fahrzeuge wurde bereits gezahlt. Im 2. Quartal wurde das Volumenquartalsziel vom Autohaus Fritz verfehlt.
2. Gewährung von 800,00 EUR netto Verkaufshilfe für Fahrzeuge, die am 01.07. älter als 150 Tage waren, bei Zulassung im 3. Quartal des Jahres.
3. Gewährung von 1 000,00 EUR netto Verkaufshilfe für LUXERA-Limousinen und MAGNA-Kombis, die am 01.07. auf Lager waren, bei Zulassung im 3. Quartal des Jahres.
4. Es gilt die Preisliste auf Seite 234.

Tipp: Lösen Sie die Aufgabe mittels eines geeigneten EDV-Programms (z. B. MS Excel). Bilden Sie Gruppen und diskutieren Sie vorab den Aufbau Ihrer EDV-Lösung. Anschließend präsentieren Sie Ihr Ergebnis Ihren Mitschülerinnen und Mitschülern. Interpretieren Sie die Ergebnisse.

Lernfeld 6
Am Jahresabschluss und an der Kosten- und Leistungsrechnung mitwirken

1 Vorbereitung des Jahresabschlusses

Zum Ende des Geschäftsjahres bemerkt Mario Töpfer, dass der Buchhalter Karlheinz Thalmann und Jennifer Fritz sich über viele Geschäftsvorfälle aus dem abgelaufenen Jahr unterhalten. Auf seine Nachfrage hin wird ihm erläutert, dass das Autohaus Fritz den Jahresabschluss vorbereitet und dazu noch umfangreiche Arbeiten in der Buchhaltung erfolgen müssen.

Erarbeiten Sie aufgrund des folgenden Textes, welche Auswirkungen hohe Abschreibungen auf das Autohaus Fritz haben. Präsentieren Sie Ihr Ergebnis in ansprechender Form Ihren Mitschülern. Nutzen Sie dazu **Flipcharts**.

1.1 Vorbereitende Abschlussbuchungen

Dazu gehören:

- Buchung der Abschreibungen auf Anlagen,
- Buchung der Abschreibungen auf Forderungen,
- Bewertung der Lagervorräte (Ersatzteile/Zubehör/Neufahrzeuge/Gebrauchtfahrzeuge),
- Ausgleich von Bestandsdifferenzen zwischen Soll- und Istbeständen,
- Ermittlung der Umsatzsteuerzahllast,
- Abschluss der Unterkonten auf ihre Hauptkonten,
- zeitliche Abgrenzung von Aufwendungen und Erträgen und die
- Bildung von Rückstellungen.

1.2 Abschreibungen auf Anlagen

Jedes Unternehmen muss das **abnutzbare Anlagevermögen** zum Bilanzstichtag bewerten. Die Bewertung erfolgt nach folgendem Schema: Anschaffungs- oder Herstellkosten abzüglich planmäßiger Abschreibungen. Durch die **planmäßigen Abschreibungen** werden die Anschaffungs- oder Herstellkosten entsprechend der betriebsgewöhnlichen Nutzungsdauer des Anlagegutes auf die Jahre der wirtschaftlichen Nutzung verteilt. Die betriebsgewöhnliche Nutzungsdauer wird von der Finanzverwaltung für alle Gegenstände des Anlagevermögens in den AfA-Listen (= Absetzung für Abnutzung) bestimmt.

Unterjährige Anschaffung von Anlagen

Im Jahr der Anschaffung oder Herstellung des Wirtschaftsgutes vermindert sich für dieses Jahr der Absetzungsbetrag um jeweils ein Zwölftel für jeden vollen Monat, der dem Monat der Anschaffung oder Herstellung vorangeht (§ 7 EStG Abs. 1 Satz 4).

Beispiel Das Autohaus Fritz erwirbt am 4. April diesen Jahres ein Anlagengut. Der Anschaffungswert beträgt 24 000,00 EUR netto, die betriebsgewöhnliche Nutzungsdauer 10 Jahre.

Im Jahr der Anschaffung ist der Absetzungsbetrag nach der obigen Vorschrift zu vermindern. Dem April als Anschaffungsmonat gehen drei Monate (Januar, Februar und März) voraus. Der Abschreibungsbetrag ist somit um 3/12 zu vermindern.

Berechnung des Abschreibungsbetrages für das Jahr der Anschaffung:

Nutzungsdauer	10 Jahre	
Jährlicher linearer Abschreibungsbetrag	$\dfrac{24\ 000,00}{10}$	$= 2\ 400,00$ EUR
Verminderung des linearen Abschreibungsbetrags im Jahr der Anschaffung	$\dfrac{2\ 400,00 \cdot 3}{12}$	$=\quad 600,00$ EUR
Abschreibungsbetrag im Jahr der Anschaffung	$2\ 400,00$ EUR $-\ 600,00$ EUR $= 1\ 800,00$ EUR	

Das abnutzbare Anlagevermögen unterliegt einem ständigen Werteverlust und muss nach einer gewissen Zeit durch neue Anlagegüter ersetzt werden. Ursachen des Werteverlustes sind:

– technischer Verschleiß durch die Nutzung des Anlagegutes,

– ruhender Verschleiß durch Umwelteinflüsse,

– wirtschaftlicher Werteverlust aufgrund technischen Fortschritts.

Abschreibungen stehen für die buchmäßige Erfassung der Wertminderung des Anlagevermögens. Im Steuerrecht nennt man die Abschreibung: **Absetzung für Abnutzung**.

Durch die Buchung von Abschreibungen werden die Anschaffungs- oder Herstellkosten als Aufwand auf die Jahre der betriebsgewöhnlichen Nutzung verteilt. Im Handelsrecht nennt man diesen Aufwand planmäßige Abschreibung.

Beispiel Das Autohaus Fritz kaufte am 22. Januar diesen Jahres von der Czech KG einen neuen Diagnose-Computer für das Fahrzeugmodell UNICA-PRIMOS. Der Diagnose-Computer kostete 12 000,00 EUR netto. Die betriebsgewöhnliche Nutzungsdauer beträgt sechs Jahre.

Für die Berechnung der Abschreibungshöhe steht dem Autohaus Fritz folgende Methode zur Verfügung.

Die lineare Abschreibungsmethode: Hier werden die Anschaffungskosten mit einer jährlich gleichbleibenden Rate auf die Jahre der wirtschaftlichen Nutzung verteilt.

Die degressive Abschreibungsmethode: Im Zuge der Unternehmensteuerreform ist die degressive Abschreibung für bewegliche Wirtschaftsgüter des Anlagevermögens seit dem 01.01.2008 abgeschafft. Trotzdem soll sie noch erklärt werden, da sie in bereits laufenden Prozessen noch Anwendung findet. Hier werden die Anschaffungskosten in jährlich fallenden Beträgen auf die Jahre der wirtschaftlichen Nutzung verteilt. Dies geschieht durch die Anwendung des zweifachen linearen Abschreibungssatzes, aber maximal 20 % des linearen AfA-Satzes.

Ein Wechsel von der degressiven Abschreibungsmethode zur linearen Abschreibungsmethode ist möglich. Der optimale Zeitpunkt ist dann gegeben, wenn – bezogen auf die Restnutzungsdauer – der lineare Abschreibungsbetrag über dem degressiven Abschreibungsbetrag liegt.

Abschreibungspläne

	Linear	Degressiv	Optimal v. degr. zur lin. Abschr.
Anschaffungskosten	12 000,00 EUR	12 000,00 EUR	
Abschreibung 1. Jahr	2 000,00 EUR	2 400,00 EUR	
Buchwert	10 000,00 EUR	9 600,00 EUR	
Abschreibung 2. Jahr	2 000,00 EUR	1 920,00 EUR	
Buchwert	8 000,00 EUR	7 680,00 EUR	7 680,00 EUR
Abschreibung 3. Jahr	2 000,00 EUR	1 536,00 EUR	1 920,00 EUR
Buchwert	6 000,00 EUR	6 144,00 EUR	5 760,00 EUR
Abschreibung 4. Jahr	2 000,00 EUR	1 228,80 EUR	1 920,00 EUR
Buchwert	4 000,00 EUR	4 915,20 EUR	3 840,00 EUR
Abschreibung 5. Jahr	2 000,00 EUR	983,04 EUR	1 920,00 EUR
Buchwert	2 000,00 EUR	3 932,16 EUR	1 920,00 EUR
Abschreibung 6. Jahr	1 999,00 EUR	786,43 EUR	1 919,00 EUR
Buchwert/ Erinnerungswert*	1,00 EUR	3 145,73 EUR	1,00 EUR

* Befindet sich ein abnutzbares Anlagegut nach Ablauf der betriebsgewöhnlichen Nutzungsdauer noch im Betriebsvermögen, wird dieses üblicherweise mit einem Erinnerungswert von 1,00 EUR ausgewiesen.

Buchungssatz der Abschreibung auf den Diagnose-Computer

Das Autohaus Fritz übernimmt die lineare Abschreibungsmethode; das führt zu folgender Buchung am Jahresende:

4675 Abschreibungen auf Sachanlagen

an 0200 techn. Anlagen

und Maschinen   2 000,00 EUR

Der Wert des Sachanlagegutes wird durch die Habenbuchung vermindert. Die Gegenbuchung auf dem Konto Abschreibungen im Soll wirkt sich als Aufwand aus.

1 Lineare Abschreibungsbuchung am Jahresende
2 Abschluss des Aufwandskontos Abschreibungen über GuV
3 Abschluss des Bestandskontos Maschinen über SBK

Soll	4675 Abschreibungen auf Sachanlagen	Haben
1 Maschinen 2 000,00	GuV	2 000,00 2

Soll	0200 techn. Anlagen und Maschinen	Haben
AB 12 000,00	Abschreib. 2 000,00 1	
	SBK 10 000,00 3	

Soll	GuV	Haben
2 Abschreib. 2 000,00		

Soll	Schlussbilanzkonto (SBK)	Haben
3 Maschinen 10 000,00		

1.3 Besonderheit der Geringwertigen Wirtschaftsgüter (GWG)

Liegt der Anschaffungs- oder Herstellwert eines abnutzbaren Anlagegutes unter 150,00 EUR (netto), dann wird das Anlagegut als Aufwand gebucht.

Beispiel Der Gebrauchtfahrzeugeverkäufer Krassimir Lansky kauft einen neuen Tischrechner mit Drucker für 42,00 EUR bar.

Buchungssatz:
4803 Büromaterial   35,29 EUR
1576 Vorsteuer   6,71 EUR

an 1000 Kasse   42,00 EUR

Liegt der Anschaffungs- oder Herstellwert eines abnutzbaren Anlagegutes zwischen 150,00 EUR (netto) und 1 000,00 EUR (netto), dann kann das Anlagegut auf fünf Jahre abgeschrieben werden. Dabei sind folgende Regelungen zu berücksichtigen:

- für diese Anlagegüter wird jährlich ein Sammelposten (GWG-Pool) gebildet
- der jährliche Sammelposten wird linear über 5 Jahre abgeschrieben
- die Abschreibung beginnt generell am Anfang des Wirtschaftsjahres, unabhängig davon, wann das Anlagegut tatsächlich angeschafft wurde
- der Wert des Sammelpostens bleibt während des Abschreibungszeitraumes unverändert, auch wenn einzelne Anlagegüter durch Verkauf oder Verschrottung zwischenzeitlich abgehen

Beispiele:

Frau Jennifer Fritz aus der Verwaltung bestellt am 12.04. einen neuen Schreibtisch für den Neufahrzeuge-verkäufer Richard Miller von der „Der Büro Profi GmbH" auf Rechnung. Der Schreibtisch kostet netto 579,83 EUR und wird bei Lieferung am 14.04. bar bezahlt.

Buchungssatz:

0485 GWG-Pool (Jahr 01)	579,83 EUR		
1576 Vorsteuer	110,17 EUR		
		an 1000 Kasse	690,00 EUR

Frau Hilde Riedel bestellt am 23.06. für die Geschäftsleitung eine Espressomaschine. Die Maschine kostet netto 420,17 EUR und wird bei Lieferung am 30.06. bar bezahlt.

Buchungssatz:

0485 GWG-Pool (Jahr 01)	420,17 EUR		
1576 Vorsteuer	79,83 EUR		
		an 1000 Kasse	500,00 EUR

Im Laufe des Jahres (Jahr 01) werden keine weiteren GWG angeschafft. Das Konto GWG-Pool (Jahr 01) hat am Jahresende einen Saldo von 1 000,00 EUR. Die Anschaffungskosten müssen nun linear auf 5 Jahre abgeschrieben werden.

Jährlicher linearer Abschreibungsbetrag $\qquad \dfrac{1\,000,00\ EUR}{5} = 200,00\ EUR$

Buchung der Abschreibung am Jahresende:

4511 Abschreibung GWG	200,00 EUR		
		an 0485 GWG-Pool (Jahr 01)	200,00 EUR

Geringwertige Wirtschaftsgüter von über 150,00 EUR bis höchstens 410,00 EUR

Abnutzbare bewegliche Wirtschaftsgüter mit Anschaffungs- oder Herstellungskosten in einer Höhe von über 150,00 EUR bis höchstens 410,00 EUR, die selbstständig nutzbar sind, können ab 2010 nach der geänderten Fassung des Wachstumsbeschleunigungsgesetzes von 2009, im Jahr der Anschaffung, Herstellung oder Einlage sofort als Betriebsausgaben abgezogen werden.

Diese Neuregelung gilt für nach dem 31.12.2009 angeschaffte Wirtschaftsgüter und ist als Wahlrecht ausgestaltet. Das bedeutet, dass im Wirtschaftsjahr entweder alle geringwertigen Wirtschaftsgüter mit Nettoanschaffungskosten bis zu 410,00 EUR sofort als Betriebsausgaben abgezogen werden können oder die oben beschriebene Pool-Abschreibung vorgenommen werden kann.

1.4 Abschreibungen auf Forderungen

Zum Jahresende müssen die noch ausstehenden Kundenforderungen einer **Bonitätsprüfung** (Einbringlichkeitsprüfung) unterzogen werden. Nicht jede Forderung ist einwandfrei und mit ihrem Nennwert zu bilanzieren.

Es gibt drei Kategorien von Forderungen:

- **einwandfreie Forderungen,**
- **zweifelhafte Forderungen,**
- **uneinbringliche Forderungen.**

Einwandfreie Forderungen werden mit ihrem Nennwert in die Bilanz übernommen,
zweifelhafte Forderungen mit ihrem wahrscheinlichen Wert,
uneinbringliche Forderungen werden vollständig abgeschrieben.

Eine Forderung wird **zweifelhaft,** wenn der Kunde trotz Mahnverfahren nicht zahlt oder über
das Vermögen eines Kunden das Konkursverfahren eröffnet wurde.

Eine Forderung ist **uneinbringlich,** wenn das Mahnverfahren fruchtlos war oder ein Konkursverfahren mangels Masse eingestellt wurde.

Forderungsausfälle müssen als Abschreibungen gebucht werden. Sie wirken sich als Aufwand
Gewinn mindernd aus und werden in der Kontenklasse 2 auf dem Konto 2400 Forderungsverluste
gebucht.

Beispiel 1   Zweifelhafte Forderung

Über das Vermögen eines Kunden des Autohauses Fritz, Klaus-Dieter Grobschnitt, Potsdam, wurde das
Konkursverfahren eröffnet. Aus einer Reparaturrechnung hat das Autohaus eine Forderung gegenüber
Herrn Grobschnitt von 220,00 EUR. Frau Fritz erkundigt sich beim Konkursverwalter, wie hoch die Konkursquote sein wird. Sie erhält zur Auskunft, ca. 10 %. Für das Autohaus Fritz bedeutet das, dass es für
die Forderung von 220,00 EUR maximal mit einer Zahlung aus der Konkursmasse von 10 % = 22,00 EUR
rechnen kann. Der Forderungsausfall beträgt also 198,00 EUR. Eine Forderung setzt sich immer aus dem
Nettowert und der Umsatzsteuer zusammen. Abgeschrieben werden darf aber nur auf den Nettowert =
184,87 EUR. 10 % Konkursquote bedeutet 90 % Ausfall, das entspricht 166,39 EUR. Der Betrag, der
sich aus der Forderung gegenüber Herrn Grobschnitt ergibt, wird zum Jahresende abgeschrieben. Die
Umsatzsteuerkorrektur darf erst dann stattfinden, wenn der Ausfall konkret feststeht und das Konkursverfahren im neuen Jahr beendet ist.

Buchung der Abschreibung:

2400 Forderungsverluste	166,39 EUR		
		an 1400 Forderungen Grobschnitt	166,39 EUR

Beispiel 2   Uneinbringliche Forderung

Ein weiterer Kunde des Autohauses Fritz, die Firma Seifert Im- und Export GmbH, Potsdam, meldete
Konkurs an. Der Konkurs wurde mangels Masse eingestellt. Aus einer Reparaturrechnung hat das Autohaus Fritz eine Forderung gegenüber der Firma Seifert in Höhe von 174,00 EUR.

Buchung der Abschreibung:

2400 Forderungsverluste	146,22 EUR		
1776 Umsatzsteuer	27,78 EUR		
		an 1400 Ford. (Fa. Seifert GmbH)	174,00 EUR

1 Zweifelhafte Forderung Grobschnitt
2 Uneinbringliche Forderung Seifert GmbH
3 Abschluss des Aufwandkontos Forderungsverluste über GuV
4 Restforderung Grobschnitt

Soll	**2400 Forderungsverluste**		Haben
1 Ford. Grob.	166,39	GuV	312,61 3
2 Ford. Seifert	146,22		

Soll	**1400 Forderungen (Grobschnitt)**		Haben
AB	220,00	Ford. verl.	166,39 1
		SBK	53,61 4

Soll	**1776 Umsatzsteuer**		Haben
2 Ford. Seifert	27,78		

Soll	**1400 Forderungen (Seifert GmbH)**		Haben
AB	174,00	Ford. verl.; USt.	174,00 2

Soll	**GuV**		Haben
3 Ford. verl.	312,61		

1.5 Bewertung des Vorratsvermögens

Die Notwendigkeit der Bildung von Abschreibungen auf das Vorratsvermögen ergibt sich aus § 253 Absatz 3 Handelsgesetzbuch. Grundsätzlich muss bei der Bewertung von Vorratsvermögen zweigleisig verfahren werden. Es ist einerseits der Anschaffungswert des Vorratsvermögens zu ermitteln und alternativ der Marktwert. Der niedrigere der beiden Werte ist dann als Bilanzansatz in die Vorratsbewertung aufzunehmen (sogenanntes Niederstwertprinzip).

Das **Niederstwertprinzip** ist sowohl nach Handelsrecht als auch nach Steuerrecht zwingend vorgeschrieben. Es handelt sich hier nicht um ein Wahlrecht. Abschreibungen auf das Vorratsvermögen sind keine planmäßigen Abschreibungen, sondern außerplanmäßige Abschreibungen, deren Notwendigkeit in jedem Einzelfall dem Finanzamt nachgewiesen werden muss.

Neufahrzeuge

Die Notwendigkeit von Abschreibungen auf Neufahrzeuge ist lediglich bei einem Modellwechsel gegeben.

Beispiel   Das Autohaus Fritz hat noch ein LUXERA-Cabriolet des alten Modells auf Lager. Das neue Modell weist gegenüber dem alten Modell technische Neuerungen auf, sodass das alte Modell nur einen Marktpreis von 2 000,00 EUR unter dem Einkaufspreis hat. Diese Differenz ist der Abschreibungsbedarf.

Buchungssatz der Abschreibung zum Jahresende:

4690 Abschreibungen auf	2 000,00 EUR		
Umlaufvermögen		an 3000 Neufahrzeuge	2 000,00 EUR

Gebrauchtfahrzeuge

Bei Gebrauchtfahrzeugen lässt sich der **Marktwert** durch die Schwacke-Liste oder die DAT-Liste leicht ermitteln. Beide Listen ermitteln den Marktwert für Gebrauchtfahrzeuge und geben diesen in Händlereinkaufs- und Händlerverkaufspreis wieder. Der Händlereinkaufspreis der Gebrauchtfahrzeuge laut Liste ist mit den Anschaffungskosten der Gebrauchtfahrzeuge laut Buchhaltung zu vergleichen. Der niedrigere der beiden Werte ist dann als Bilanzansatz in die Vorratsbewertung aufzunehmen.

Beispiel   Da die Abschreibung auf Gebrauchtfahrzeuge für jeden Einzelfall vorgenommen werden muss, ist Lars Baumeister als Abteilungsleiter Gebrauchtfahrzeugverkauf des Autohauses Fritz mit dieser Aufgabe länger beschäftigt. Er erstellt sich die folgende Liste und ermittelt den Abschreibungsbedarf für Gebrauchtfahrzeuge.

Abschreibungsbedarf für Gebrauchtfahrzeuge (Auszug)

Nr.:	Gebrauchtfahrzeug	Anschaffungskosten laut Buchhaltung	Händlereinkaufspreis laut Liste	Abschreibungsbedarf
01	PRIMOS-Limousine	3 200,00 EUR	2 800,00 EUR	400,00 EUR
02	PRIMOS-Kombi	7 200,00 EUR	7 000,00 EUR	200,00 EUR
03	MAGNA-Limousine	8 000,00 EUR	8 000,00 EUR	0,00 EUR
04	MAGNA-Van	9 000,00 EUR	9 500,00 EUR	0,00 EUR
	Summe Abschreibungen			600,00 EUR

Bei den Gebrauchtfahrzeugen mit der laufenden Nummer 01 und 02 ist der Marktwert unter die Anschaffungskosten gefallen, somit ist die Differenz abzuschreiben. Beim Gebrauchtfahrzeug mit der laufenden

Nummer 03 entspricht der Marktwert den Anschaffungskosten, somit besteht kein Abschreibungsbedarf. Beim Gebrauchtfahrzeug mit der laufenden Nummer 04 ist der Marktwert höher als die Anschaffungskosten, somit ergibt sich auch hier kein Abschreibungsbedarf.

Buchungssatz der Abschreibung zum Jahresende:

4690 Abschreibungen auf	600,00 EUR		
Umlaufvermögen		an 3050 Gebrauchtfahrzeuge ohne	
		VSt.abzug	600,00 EUR

Teile und Zubehör

Bei der Inventur werden die erfassten Teile und das Zubehör mit ihren Anschaffungskosten bewertet und in die Bilanz übernommen. Häufig verlieren aber Teile/Zubehör an Wert. Auch hier gilt das Niederstwertprinzip.

Beispiel Im Autohaus Fritz findet der Lagerleiter Boris Koslowski im Teilelager noch veraltete Bremsbeläge für das Modell PRIMOS-Kombi. Diese Teile entsprechen nicht den heutigen Sicherheits- und Umweltstandards und sind somit unverkäuflich. Diese Teile müssen verschrottet werden.

Anschaffungskosten:
5 Sätze Bremsbeläge PRIMOS-Kombi 23,12 EUR/Satz = 115,60 EUR

Buchungssatz der Abschreibung:

4690 Abschreibungen auf	115,60 EUR		
Umlaufvermögen		an 3300 Teile und Zubehör	115,60 EUR

Damit die Finanzverwaltung diese Abschreibung anerkennt, muss der Verschrottungsnachweis geführt werden.

1.6 Ausgleich von Bestandsdifferenzen

Die bei der Inventur festgestellten Istwerte des Vorratsvermögens müssten eigentlich mit den Sollwerten der Buchhaltung übereinstimmen. Dieses ist oftmals nicht der Fall. Diese Differenzen müssen in der Buchhaltung für den Jahresabschluss ausgeglichen werden, damit **Sollwerte** und **Istwerte** übereinstimmen.

Beispiel 1 Minderbestand

Das Zubehör hat einen Istwert laut Inventur von 32 500,00 EUR.
Der Sollwert laut Buchhaltung beträgt allerdings 33 000,00 EUR.

Es fehlt also Zubehör im Wert von 500,00 EUR im Lager. Diese Differenz kann verschiedene Ursachen haben: Fehler bei der Entnahmebuchung aus dem Lager oder Schwund durch Diebstahl. Für den Jahresabschluss muss dieser Minderbestand ausgeglichen werden.

Buchung Korrektur des Minderbestandes:

7300 Teile und Zubehör	500,00 EUR		
		an 3300 Teile und Zubehör	500,00 EUR.

Mit dieser Buchung entspricht jetzt der Sollwert dem Istwert und der Minderbestand ist als Aufwand gebucht.

Beispiel 2 Mehrbestand

Die Schmierstoffe haben einen Istwert laut Inventur von 55 000,00 EUR.
Der Sollwert laut Buchhaltung beträgt allerdings 54 000,00 EUR.

Es sind also Schmierstoffe für 1 000,00 EUR zu viel auf dem Lager. Diese Differenz kann verschiedene Ursachen haben, z. B. Fehler bei der Entnahmebuchung aus dem Lager. Für den Jahresabschluss muss auch dieser Mehrbestand noch ausgeglichen werden.

Buchung Korrektur des Mehrbestandes:

3360 Schmierstoffe 1 000,00 EUR

an 7360 Schmierstoffe 1 000,00 EUR

Bestandsdifferenzen	Auswirkung auf den Wareneinsatz	Auswirkung auf den Gewinn
Mehrbestände	mindern buchhalterisch den Wareneinsatz	erhöhen den Gewinn
Minderbestände	erhöhen buchhalterisch den Wareneinsatz	mindern den Gewinn

1 Minderbestand bei Zubehör
2 Mehrbestand bei Schmierstoffen
3 Abschluss des Bestandskontos Zubehör über SBK
4 Abschluss des Aufwandskontos VAK Zubehör über GuV
5 Abschluss des Bestandskontos Schmierstoffe über SBK
6 Abschluss des Aufwandskontos VAK Schmierstoffe über GuV

Soll	3300 Teile und Zubehör		Haben
AB	33 000,00	VAK Zub.	500,00 1
		SBK	32 500,00 3

Soll	7300 Teile und Zubehör		Haben
1 Zubehör	500,00	GuV	500,00 4

Soll	3360 Schmierstoffe		Haben
AB	54 000,00	SBK	55 000,00 5
2 Schm.	1 000,00		

Soll	7360 Schmierstoffe		Haben
6 GuV	1 000,00	Schmierst.	1 000,00 2

Soll	GuV		Haben
4 Zub.	500,00	Schmierst.	1 000,00 6

Soll	Schlussbilanzkonto		Haben
3 Zubehör	32 500,00		
5 Schmierst.	55 000,00		

Die Bewertung von Zubehör und Schmierstoffen im Schlussbilanzkonto erfolgt zu Istwerten laut Inventur (Punkt 3 und 5).
Die Bestandsdifferenzen wurden erfolgswirksam auf dem GuV-Konto gebucht (4 und 6).

Aufgaben

1. Das Autohaus Fritz kauft im Januar eine neue Hebebühne. Anschaffungskosten 12 500,00 EUR (netto). Betriebsgewöhnliche Nutzungsdauer zehn Jahre. Erstellen Sie den linearen Abschreibungsplan sowie den degressiven Abschreibungsplan in seiner maximal zulässigen Höhe.

2. Das Autohaus Fritz hat am Bilanzstichtag eine Zweifelhafte Forderung in Höhe von 580,00 EUR. Auf diese Forderung schreibt es 90 % zum Bilanzstichtag ab.
   a) Buchen Sie die Abschreibung.
   b) Ermitteln Sie den Saldo des Forderungskontos zum Bilanzstichtag.

3. Folgende Geschäftsvorfälle liegen vor:

a) Frau Jennifer Fritz aus der Verwaltung bestellt am 04.01. einen neuen Bürostuhl für den Neu-fahrzeugeverkäufer Richard Miller von der „Der Büro Profi GmbH" auf Rechnung. Der Büro-stuhl kostet netto 373,11 EUR und wird bei Lieferung am 14.01. bar bezahlt.

b) Frau Jennifer Fritz aus der Verwaltung bestellt am 12.04. einen neuen Aktenvernichter für das Sekretariat von der „Der Büro Profi GmbH" auf Rechnung. Der Aktenvernichter kostet netto 189,18 EUR und wird bei Lieferung am 13.04. bar bezahlt.

c) Frau Hilde Riedel bestellt am 14.09. für den Besprechungsraum ein Flipchart. Das Flipchart kostet netto 153,34 EUR und wird bei Lieferung am 16.09. bar bezahlt.

d) Herr Theo Kraft vom Kundendienst bestellt am 22.11. für die Kundenannahme einen neuen Tresen. Der Tresen kostet netto 949,37 EUR und wird bei Lieferung und Aufstellung am 06.12. bar bezahlt.

e) Frau Irene Bender von der Rezeption bestellt am 04.12. Weihnachtskarten. Die Karten kosten 56,00 EUR netto. Die Weihnachtskarten werden am 05.12 geliefert und bar bezahlt.

Buchen Sie die Einkäufe und die Abschreibung zum Jahresende. Für die GWG nutzen Sie die Methode der Pool-Abschreibung.

4. Folgende Gebrauchtfahrzeuge hat das Autohaus auf dem Hof stehen:

Nr.:	Gebrauchtfahrzeug	Anschaffungskosten laut Buchhaltungspreis	Händlereinkaufspreis laut Liste
01	PRIMOS-Limousine	3 500,00 EUR	3 400,00 EUR
02	PRIMOS-Kombi	6 200,00 EUR	7 000,00 EUR
03	MAGNA-Limousine	8 000,00 EUR	8 400,00 EUR
04	MAGNA-Van	9 100,00 EUR	8 500,00 EUR

a) Ermitteln Sie für jedes Gebrauchtfahrzeug den Bilanzwert.

b) Buchen Sie die notwendigen Abschreibungen.

5. Das Autohaus Fritz kauft im Januar einen neuen Diagnosecomputer für 16 200,00 EUR netto. Die betriebsgewöhnliche Nutzungsdauer beträgt acht Jahre.
Erstellen Sie mithilfe der EDV einen Abschreibungsplan für die lineare Abschreibungsmethode.

6. Erarbeiten Sie mithilfe der EDV eine Datei, in der Sie lediglich den Anschaffungswert und die betriebsgewöhnliche Nutzungsdauer eingeben müssen, damit ein linearer Abschreibungsplan bis zum Erinnerungswert von 1,00 EUR errechnet wird.
Erarbeiten Sie die Anforderungen dieser Datei in **Gruppenarbeit**.
Benutzen Sie Flipcharts, um den Arbeitsablauf zu dokumentieren.

7. Erstellen Sie eine Datei mithilfe der EDV für Ihre Gebrauchtfahrzeugbewertung.
Nennen Sie die Datei GF-Abschreibung.

In die Datei soll

a) die laufende Nummer des Gebrauchtfahrzeugs eingegeben werden;

b) das Fahrzeugmodell mit Baujahr eingegeben werden;

c) der Buchwert eingegeben werden;

d) der Marktwert eingegeben werden.

Es soll

e) die Differenz zwischen Buchwert und Marktwert ermittelt werden;

f) der Abschreibungsbetrag errechnet werden;

g) der Restbuchwert errechnet werden;

h) die Summe der Abschreibungen ermittelt werden;

i) die Summe des Gebrauchtfahrzeuge-Bestandes ermittelt werden.

In die Datei geben Sie bitte folgende Daten ein:

Lfd. Nr.:	Modell/Bj.	Buchwert laut Buchhaltung	Händlereinkaufspreis laut DAT/Schwacke
01	PRIMOS-Limousine	9 400,00 EUR	8 600,00 EUR
02	PRIMOS-Limousine	6 800,00 EUR	6 800,00 EUR
03	PRIMOS-Limousine	6 400,00 EUR	6 800,00 EUR
04	PRIMOS-Limousine	2 600,00 EUR	2 200,00 EUR
05	MAGNA-Kombi	12 600,00 EUR	13 200,00 EUR
06	MAGNA-Kombi	12 600,00 EUR	13 200,00 EUR
07	MAGNA-Kombi	10 800,00 EUR	10 200,00 EUR
08	MAGNA-Van	13 000,00 EUR	13 400,00 EUR
09	LUXERA-Limousine	15 300,00 EUR	14 700,00 EUR
10	LUXERA-Cabriolet	15 000,00 EUR	16 200,00 EUR
11	LUXERA-Cabriolet	18 000,00 EUR	17 800,00 EUR
12	LUXERA-Cabriolet	21 000,00 EUR	22 800,00 EUR

8. Erarbeiten Sie mithilfe der EDV eine Datei, in der Sie lediglich Modell, Marktwert und Händler-Einkaufspreis laut DAT/Schwacke der Gebrauchtfahrzeuge eingeben müssen, damit der Abschreibungsbetrag ermittelt wird.
Erarbeiten Sie die Anforderungen dieser Datei in **Gruppenarbeit**.
Benutzen Sie Flipcharts, um den Arbeitsablauf zu dokumentieren.

9. Laut Inventur haben Sie einen Istbestand im Teilelager von 22 500,00 EUR. Der Sollwert laut Buchhaltung beträgt 23 400,00 EUR.
a) Nennen Sie mögliche Ursachen für diese Bestandsabweichung.
b) Welche Möglichkeiten gibt es, Bestandsabweichungen zu verhindern?
c) Korrigieren Sie in der Buchhaltung den Bestand Teilelager.

1.7 Ermittlung der Umsatzsteuerzahllast

Die Ermittlung der Umsatzsteuerzahllast wurde bereits behandelt. Da die Bilanz zum Jahresende erstellt wird, wird die Umsatzsteuerzahllast als Verbindlichkeit in die Bilanz übernommen.

[1] Abschluss des Vorsteuerkontos über das Konto Umsatzsteuer
[2] Abschluss des Umsatzsteuerkontos am Jahresende über SBK

Soll	1576 Vorsteuer		Haben
AB	120 000,00	USt.	120 000,00 [1]

Soll	1776 Umsatzsteuer		Haben
[1] VSt.	120 000,00	AB	140 000,00
[2] SBK	20 000,00		

Soll	Schlussbilanzkonto		Haben
		USt.	20 000,00 [2]

Buchungssatz: Abschluss Umsatzsteuerkonto über Schlussbilanzkonto
1776 Umsatzsteuer   20 000,00 EUR
                                    an Schlussbilanzkonto   20 000,00 EUR

1.8 Abschluss von Unterkonten (Privatkonto)

Der Unternehmer erhält in einer Einzelunternehmung oder in einer Personengesellschaft kein Gehalt. Die Kosten für die private Lebensführung muss er somit aus dem Gewinn bestreiten. Zu diesem Zweck entnimmt er regelmäßig finanzielle Mittel aus dem Kfz-Unternehmen. Dieses bezeichnet man als **Privatentnahme**. Privatentnahmen werden auf dem Privatkonto in der Kontenklasse 1 gebucht und am Jahresende direkt über das Eigenkapitalkonto abgeschlossen.

Beispiel Ein Kfz-Unternehmer entnimmt der Kasse monatlich 3 500,00 EUR für private Zwecke.

Monatliche Buchung:
1800 Privat allgemein   3 500,00 EUR
                              an 1000 Kasse   3 500,00 EUR

① Abschluss des Privatkontos über das Eigenkapitalkonto
② Abschluss des Eigenkapitalkontos am Jahresende über SBK

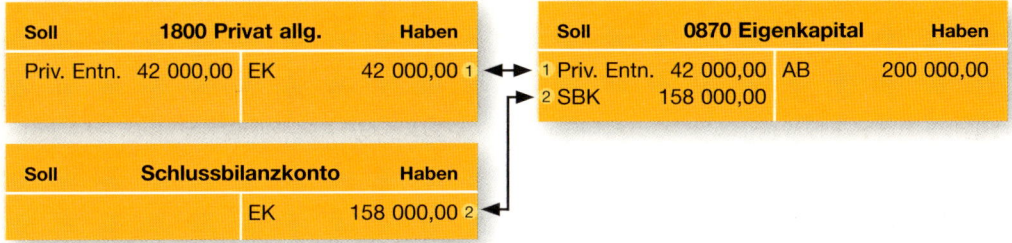

Die Privatentnahmen 12 · 3 500,00 EUR = 42 000,00 EUR haben den Bestand des Eigenkapitalkontos von 200 000,00 EUR auf 158 000,00 EUR reduziert.

1.9 Zeitliche Abgrenzung und Rückstellungen

In der GuV-Rechnung soll der Erfolg eines Wirtschaftsjahres periodengerecht ausgewiesen werden. Bei einigen erfolgswirksamen Geschäftsvorfällen fallen aber die Zahlung und die **Erfolgswirksamkeit** in unterschiedliche Wirtschaftsjahre. In solchen Fällen ist eine zeitliche **Abgrenzung** von Aufwendungen und Erträgen notwendig.

In folgenden Fällen ist eine zeitliche Abgrenzung notwendig:

Beispiel	Altes Jahr	Neues Jahr
1	Ausgabe	Aufwand
2	Einnahme	Ertrag
3	Aufwand	Ausgabe
4	Ertrag	Einnahme

Beispiel 1   Ausgabe im alten Jahr – Aufwand im neuen Jahr

Das Autohaus Fritz überweist die Kfz-Versicherung des kommenden Jahres in Höhe von 350,00 EUR für den Abschleppwagen bereits am 29.12. des alten Jahres. Dieser Aufwand gehört in das neue Wirtschaftsjahr. An die Stelle des Aufwandskontos Versicherungen tritt jetzt das Bilanzkonto „Aktive Rechnungsabgrenzungsposten"(RAP). Mit dieser Buchung wird die Zahlung der Versicherung über die Bilanz erfolgsneutral in das neue Geschäftsjahr übertragen und erst dann als Aufwand gebucht.

Buchung der Zahlung im alten Jahr:

0980 Aktive RAP	350,00 EUR		
		an 1200 Bank	350,00 EUR

Abschlussbuchung am 31.12.:

Schlussbilanzkonto	350,00 EUR		
		an 0980 Aktive RAP	350,00 EUR

Buchung im neuen Jahr:

4730 Versicherungen	350,00 EUR		
		an 0980 Aktive RAP	350,00 EUR

1 Zahlung der Kfz-Versicherung am 29.12. des alten Jahres
2 Abschlussbuchung des aktiven RAP-Kontos über das Schlussbilanzkonto

Soll	0980 Aktive RAP	Haben	
1 Bank	350,00	SBK	350,00 2

Soll	1200 Bank	Haben	
		Aktives RAP	350,00 1

Soll	Schlussbilanzkonto	Haben
2 Aktives RAP	350,00	

----

3 Buchung des Aufwands im neuen Jahr

Soll	0980 Aktive RAP	Haben	
AB	350,00	Vers.	350,00 3

Soll	4730 Versicherunugen	Haben
3 Aktives RAP	350,00	

Beispiel 2   Einnahme im alten Jahr – Ertrag im neuen Jahr
Das Autohaus Fritz vermietet Stellplätze für Wohnwagen. Am 2. Dezember wird auf das Bankkonto 300,00 EUR Miete für ein Vierteljahr im Voraus überwiesen. Von dieser Zahlung entfallen 200,00 EUR für die Monate Januar und Februar in das neue Geschäftsjahr und müssen abgegrenzt werden, während die Mieteinnahme für den Dezember als Ertrag im alten Jahr zu buchen ist.

Buchung der Zahlungseinnahme:

1200 Bank	300,00 EUR		
		an 2750 Grundstückserträge	100,00 EUR
		0990 Passive RAP	200,00 EUR

Abschlussbuchung am 31.12.:

0990 Passive RAP	200,00 EUR		
		an Schlussbilanzkonto	200,00 EUR

Buchung im neuen Jahr:

0990 Passive RAP	200,00 EUR		
		an 2750 Grundstückserträge	200,00 EUR

1 Buchung der Zahlungseinnahme im alten Jahr
2 Abschlussbuchung des Passiven RAP-Kontos über Schlussbilanzkonto
3 Abschlussbuchung des Ertragskontos Grundstückserträge über GuV

Soll	1200 Bank		Haben
1 Grund.ertr.; Passive RAP 300,00			

Soll	2750 Grundstückserträge		Haben
3 GuV	100,00	Bank	100,00 1

Soll	0990 Passive RAP		Haben
2 SBK	200,00	Bank	200,00 1

Soll	GuV		Haben
		Grund.ertr.;	100,00 3

Soll	Schlussbilanzkonto		Haben
		Passive RAP	200,00 2

---

3 Buchung des Ertrags im neuen Jahr

Soll	2750 Grundstückserträge		Haben
		Passive RAP	200,00 4

Soll	0990 Passive RAP		Haben
4 Grund.ertr.;	200,00	AB	200,00

Beispiel 3 Aufwand im alten Jahr – Ausgabe im neuen Jahr

Das Autohaus Fritz überweist die Miete der EDV-Anlage von 160,00 EUR für den Monat Dezember erst am 5. Januar des neuen Jahres. Die Mietzahlung gehört als Aufwand in das alte Jahr. Es handelt sich hier um eine tatsächliche Verbindlichkeit zum Jahresabschluss. Aus diesem Grund wird der Aufwand als „Sonstige Verbindlichkeiten Jahresabgrenzung" in der Bilanz ausgewiesen.

Buchung zum Jahresende
4400 Miete, Pacht Immobilien   160,00 EUR
                                          an 1701 Sonstige Verbindlichkeiten
                                                    Jahresabgrenzung   160,00 EUR

Am 5. Januar wird Sonstige Verbindlichkeiten Jahresabgrenzung durch die Zahlung erfolgsneutral aufgelöst.
Buchung der Zahlung:
1701 Sonstige Verbindlichkeiten
        Jahresabgrenzung   160,00 EUR
                                          an 1200 Bank   160,00 EUR

1 Abgrenzung zum Jahresende
2 Abschlussbuchung des Bestandskontos Sonstige Verbindlichkeiten Jahresabgrenzung über Schlussbilanzkonto
3 Abschlussbuchung des Aufwandskontos Mieten über das GuV-Konto

Soll	4400 Miete, Pacht Immobilien		Haben
1 Sonst. Verbindl. Jahresabgr. 160,00		GuV	160,00 3

Soll	1701 Sonstige Verbindlichkeiten, Jahresabgrenzung		Haben
2 SBK	160,00	Mieten	160,00 1

Soll	GuV		Haben
3 Mieten	160,00		

Soll	Schlussbilanzkonto		Haben
		Sonst. Verbindl. Jahresabgr.	160,00 2

---

4 Buchung der Zahlung im neuen Jahr:

Soll	1200 Bank		Haben
		Sonst. Verbindl. Jahresabgr.	4 160,00

Soll	1701 Sonstige Verbindlichkeiten, Jahresabgrenzung		Haben
4 Bank	160,00	AB	160,00

Beispiel 4 Ertrag im alten Jahr – Einnahme im neuen Jahr

Für die Vermietung der Wohnwagenstellplätze stehen am 31. Dezember noch 400,00 EUR Miete aus. Die Mieteinnahme gehört als Ertrag ins alte Jahr. Es handelt sich hier um eine tatsächliche Forderung zum Jahresabschluss. Aus diesem Grund wird der Ertrag als „Sonstige Forderungen Jahresabgrenzung" in der Bilanz ausgewiesen.

Buchung zum Jahresende:
1491 Sonstige Forderungen
      Jahresabgrenzung   400,00 EUR
                    an 2750 Grundstückserträge   400,00 EUR

Werden die ausstehenden Mieten überwiesen, wird Sonstige Forderungen Jahresabgrenzung erfolgsneutral aufgelöst.

Buchung der Zahlung:
1200 Bank   400,00 EUR
                    an 1491 Sonstige Forderungen
                          Jahresabgrenzung   400,00 EUR

① Abgrenzung zum Jahresende
② Abschlussbuchung des Bestandskontos Sonstige Forderungen Jahresabgrenzung über Schlussbilanzkonto
③ Abschlussbuchung des Aufwandskontos Mieterträge über das GuV-Konto

Soll	1491 Sonstige Forderungen Jahresabgrenzung	Haben
① Mieterträge 400,00	SBK	400,00 ②

Soll	2750 Grundstückserträge	Haben
③ GuV 400,00	Sonst. Ford. Jahresabgr.	400,00 ①

Soll	GuV	Haben
	Mieterträge	400,00 ③

Soll	Schlussbilanzkonto	Haben
② Sonst. Ford. Jahresabgr. 400,00		

④ Buchung der Zahlung im neuen Jahr:

Soll	1200 Bank	Haben
④ Sonst. Ford. Jahresabgr. 400,00		

Soll	1491 Sonstige Forderungen Jahresabgrenzung	Haben
AB 400,00	Bank	400,00 ④

Rückstellungen

Für einige Aufwendungen, die dem abgelaufenen Wirtschaftsjahr zugerechnet werden müssen, stehen am Jahresende Höhe und Fälligkeit noch nicht fest.

Dazu gehören z. B.:

- Gewährleistungsaufwendungen,
- Prozessaufwendungen,
- Gewerbesteuer und
- Kulanzen.

Für eine periodengerechte Erfolgsermittlung müssen für diese ungewissen Verbindlichkeiten **Rückstellungen** gebildet werden. Rückstellungen sind zweckgebundene reservierte Kapitalteile für Aufwendungen, deren Höhe und Fälligkeit am Bilanzstichtag noch nicht feststehen. Die Höhe der Rückstellungen ist aufgrund von Erfahrungswerten zu schätzen.

Beispiel Für Gewährleistungen wird vom Autohaus Fritz eine Rückstellung gebildet. Im letzten Geschäftsjahr wurden Reparaturleistungen von insgesamt 222 000,00 EUR verkauft. Aus den Erfahrungswerten der vorangegangenen Jahre wird ermittelt, dass Gewährleistungen in Höhe von 1 % des Gesamtumsatzes der Werkstatt anfallen.

Buchung der Rückstellung:
4963 Gewährleistung/Kulanz,
      Kd.dienst   2 220,00 EUR
                                     an 0970 Sonstige Rückstellungen 2 220,00 EUR

Auswirkung:
Mit dieser Buchung wird ein Aufwand für das abgelaufene Wirtschaftsjahr gebucht.
Der Betrag von 2 220,00 EUR wird in die Schlussbilanz übernommen.

Buchung am Jahresende:
0970 Sonstige Rückstellungen   2 220,00 EUR
                                     an Schlussbilanzkonto   2 220,00 EUR

Rückstellungen müssen nach dem HGB (§ 249 Abs. 3) aufgelöst werden, wenn der Grund für die Bildung der Rückstellung entfällt.
Im neuen Jahr wurden die Rückstellungen vom Autohaus Fritz nicht in Anspruch genommen.
Da ein Gewährleistungsanspruch nicht mehr besteht, sind die Rückstellungen aufzulösen.

Buchung Auflösung der Rückstellungen:
0970 Sonstige Rückstellungen   2 220,00 EUR
                                   an 2735 Erträge aus der
                                       Auflösung von
                                       Rückstellungen   2 220,00 EUR

Der Betrag, der im ersten Jahr zu viel Gewinn mindernd gebucht wurde, muss jetzt im zweiten Jahr Gewinn erhöhend gebucht werden.
Wurden die Rückstellungen teilweise in Anspruch genommen, so ist lediglich der Restbetrag der Rückstellung aufzulösen.

① Bildungen von Rückstellungen zum Jahresende
② Abschlussbuchung des Aufwandskontos Gewährleistung/Kulanz über GuV
③ Abschlussbuchung des Bestandskontos Sonstige Rückstellungen über SBK

Soll	4963 Gewährleistung/Kulanz	Haben
① Sonst. Rück. 2 220,00	GuV	2 220,00 ②

Soll	0970 Sonstige Rückstellungen	Haben
③ SBK 2 220,00	Gewährleistung	2 220,00 ①

Soll	GuV	Haben
② Gewährleistung 2 220,00		

Soll	Schlussbilanzkonto	Haben
	Sonst. Rück.	2 220,00 ③

Der Gewährleistungsaufwand wird im alten Jahr erfolgswirksam. Der Betrag von 2 220,00 EUR wird über das Schlussbilanzkonto in das nächste Jahr hinübergenommen.

- -

④ Auflösung der Rückstellung im neuen Jahr
⑤ Auflösung des Kontos Erträge aus der Auflösung von Rückstellungen über GuV

Soll	2735 Erträge aus der Auflösung von Rückstellungen	Haben
⑤ GuV 2 220,00	Sonst. Rück. 2 220,00 ④	

Soll	0970 Sonstige Rückstellungen	Haben
④ Erträge a. d. Aufl. Rück. 2 220,00	AB	2 220,00

Soll	GuV	Haben
	Erträge a. d. Aufl. Rück. 2 220,00 ⑤	

Die Auflösung der Rückstellungen wird im neuen Jahr erfolgswirksam. Der Betrag von 2 220,00 EUR wird über das GuV-Konto als Ertrag gebucht.

Aufgaben:

1. Folgende Geschäftsvorfälle liegen vor:
1. Steuerbescheid: Die Kfz-Steuer von 168,00 EUR für den Abschleppwagen wird am 16. Mai für den Zeitraum 1. Juni bis 31. Mai überwiesen.
2. Mietvertrag/Kontoauszug: Ein Mieter überweist uns im November 600,00 EUR Miete für einen Wohnwagenstellplatz im Voraus. Die Miete ist für die Monate November bis April.
3. Darlehensvertrag/Kontoauszug: Am 3. Januar überweist ein Autohaus vereinbarungsgemäß nachträglich 1 200,00 EUR Zinsen für die Monate November und Dezember.
4. Kontoauszug: Am 12. Januar überweist ein Mieter vereinbarungsgemäß 120,00 EUR Miete für den Monat Dezember für den Wohnwagenstellplatz.
   a) Nehmen Sie die zeitliche Abgrenzung vor.
   b) Bilden Sie alle notwendigen Buchungssätze.

2. Buchen Sie die folgenden Geschäftsvorfälle
   a) am Tag der Geldeinnahme bzw. Geldausgabe auf dem Bankkonto,
   b) beim Jahresabschluss zum 31. Dezember zur zeitlichen Abgrenzung,
   c) im neuen Jahr zur Auflösung der RAP:
1. Bankauszug: Das Autohaus Fritz überweist 880,00 EUR Feuerversicherungsprämie am 28.12. für das kommende Kalenderjahr.
2. Bankauszug: Am 29.12. überweist ein Mieter die Januarmiete in Höhe von 560,00 EUR auf das Bankkonto des Autohauses Fritz.
3. Bankauszug: Am 29.12. Überweisung von 6 500,00 EUR Hypothekenzinsen.
4. Bankauszug: Am 28.12. überweist das Autohaus Fritz die Kfz-Steuer für das Abschleppfahrzeug 96,00 EUR für das erste Halbjahr des neuen Jahres.
5. Bankauszug: Am 18.12. überweist das Autohaus Fritz die vierteljährliche Miete Dezember bis Februar für den Neufahrzeug-Lagerplatz in Höhe von 1 800,00 EUR.

3. Bilden Sie für die folgenden Geschäftsvorfälle
   a) die Buchungssätze beim Jahresabschluss am 31.12. zur zeitlichen Abgrenzung,
   b) die Buchungssätze für die Geldeinnahme bzw. Geldausgabe auf dem Bankkonto im neuen Geschäftsjahr:
1. Verpachtung eines Grundstücks; dafür vierteljährlich nachträglich Erhalt einer Pacht in Höhe von 2 400,00 EUR. Mit der Zahlung ist erst im Januar zu rechnen.
2. Die Kosten für ein Abonnement belaufen sich für die Zeit vom 01.12. bis 30.06. auf 72,00 EUR netto. Die Überweisung wird erst im Januar getätigt.
3. Die Heizkostenpauschale für den Monat Dezember in Höhe von 650,00 EUR wird erst im Januar überwiesen.
4. Ein Mieter zahlt vereinbarungsgemäß seine Miete von 530,00 EUR immer zum 10. des Folgemonats.

4. Beurteilen Sie die Richtigkeit folgender Aussagen. Bei falschen Aussagen geben Sie die richtige Antwort an.
1. Die Konten der aktiven und passiven Rechnungsabgrenzung werden über das Schlussbilanzkonto abgeschlossen.
2. Noch zu zahlende Aufwendungen werden als passive RAP erfasst.
3. Noch nicht erhaltene Zahlungen werden als sonstige Forderungen Jahresabgrenzung erfasst.
4. Im Voraus erhaltene Erträge werden als sonstige Verbindlichkeiten Jahresabgrenzung erfasst.
5. Im Voraus gezahlte Aufwendungen werden als aktive RAP erfasst.

5. Bilden Sie die Buchungssätze
  a) bei Bildung der Rückstellung am 31.12.,
  b) bei Auflösung der Rückstellung im neuen Jahr.
  1. Aufgrund eines guten Geschäftsjahres erwartet das Autohaus Fritz eine Gewerbesteuernachzahlung von 1 800,00 EUR. Der Steuerbescheid, der im neuen Jahr erfolgt, weist eine Gewerbesteuernachzahlung von 1 600,00 EUR aus.
  2. In einem zum Jahresende noch nicht abgeschlossenen Prozess werden dem Autohaus Fritz wahrscheinlich 2 300,00 EUR Prozesskosten auferlegt. Der Prozess wird im neuen Jahr verloren. Das Autohaus Fritz überweist 2 500,00 EUR Prozesskosten per Banküberweisung.
  3. Für eigene Gebrauchtfahrzeuggewährleistungen rechnet das Autohaus Fritz im neuen Jahr mit Kosten von 2 900,00 EUR. Im Januar wird eine Gewährleistungsarbeit fällig. Der interne Auftrag verursacht 900,00 EUR Kosten.

6. Für Gewährleistungen wird vom Autohaus Fritz eine Rückstellung gebildet. Im letzten Geschäftsjahr wurden Reparaturleistungen von insgesamt 268 000,00 EUR verkauft. Aus den Erfahrungswerten der vorangegangenen Jahre wird ermittelt, dass Gewährleistungen in Höhe von 1,5 % des Gesamtumsatzes der Werkstatt anfallen.
  a) Ermitteln Sie die Höhe der Rückstellung.
  b) Buchen Sie die Rückstellung zum 31.12.
  c) Am 04.01. des neuen Jahres wird eine Gewährleistung in Anspruch genommen. Kosten 104,00 EUR. Buchen Sie den internen Gewährleistungsauftrag.

7. In einem Autohaus weisen zum 31.12 die Konten folgende Bestände aus:

Konto-Nr.	Kontenbezeichnung	Soll	Haben
1576	Vorsteuer	123 000,00 EUR	
1776	Umsatzsteuer		211 000,00 EUR
0870	Eigenkapital		500 000,00 EUR
1800	Privat	120 000,00 EUR	
	GuV	2 400 000,00 EUR	2 600 000,00 EUR

  a) Ermitteln Sie die Umsatzsteuerzahllast.
  b) Erläutern Sie, an welcher Stelle der Bilanz die Umsatzsteuerzahllast geführt wird.
  c) Ermitteln Sie den Erfolg des Unternehmens im abgelaufenen Geschäftsjahr.
  d) Ermitteln Sie den Schlussbestand des Eigenkapitalkontos.

8. Beurteilen Sie die folgenden Aussagen auf ihre Richtigkeit und begründen Sie Ihre Antwort.
  1. Liegt eine Einnahme im alten Jahr vor, die im neuen Jahr erfolgswirksam wird, bildet man einen aktiven Rechnungsabgrenzungsposten.
  2. Liegt eine Ausgabe im neuen Jahr vor, die im alten Jahr erfolgswirksam war, bildet man am Jahresende eine sonstige Verbindlichkeit Jahresabschluss.
  3. Liegt eine Einnahme im alten Jahr vor, die im alten Jahr erfolgswirksam ist, bildet man einen passiven Rechnungsabgrenzungsposten.
  4. Rückstellungen werden gebildet, um den Gewinn des Geschäftsjahres möglichst genau zu ermitteln.
  5. Die Höhe der Rückstellungen kann genau ermittelt werden.
  6. Die Höhe der Rückstellungen muss geschätzt werden.
  7. Wenn der Grund für eine Rückstellung entfällt, so muss diese Gewinn erhöhend aufgelöst werden.

2 Der Jahresabschluss

Mario Töpfer wundert sich darüber, dass der Steuerberater mit Frau Fritz und Herrn Thalmann lange Gespräche über den Jahresabschluss führt. Er fragt Herrn Thalmann: „Was ist denn am Jahresabschluss so schwer, man muss doch nur die Salden der Konten nehmen, und schon ist man fertig. Schließlich wurde ja das ganze Jahr ordnungsgemäß auf den vielen Konten gebucht?!" Herr Thalmann lacht und antwortet: „Ja, Mario, für einen Außenstehenden hört sich das leicht an, aber in der Praxis ist ein Jahresabschluss mehr als nur das Ordnen von Salden."

Was muss noch alles beim Jahresabschluss eines Unternehmens beachtet werden?

Nachdem alle den **Jahresabschluss** vorbereitenden Arbeiten erledigt sind, ist jetzt der Jahresabschluss durchzuführen. Ein Kfz-Unternehmen muss innerhalb einer angemessenen Zeit einen Jahresabschluss erstellen und ggf. prüfen lassen. Der Jahresabschluss muss den gesetzlichen Vorschriften nach HGB und den Grundsätzen ordnungsmäßiger Buchführung (GoB) entsprechen.

2.1 Bestandteile des Jahresabschlusses

Der Jahresabschluss besteht aus der Bilanz, der Gewinn- und Verlustrechnung und dem Anhang.

Die **Bilanz** stellt zum Bilanzstichtag das Vermögen dem Kapital in anschaulicher Form gegenüber.

Die **Gewinn- und Verlustrechnung** ermittelt den Gewinn oder Verlust des Geschäftsjahres durch Gegenüberstellung von Aufwendungen und Erträgen aus dem abgelaufenen Geschäftsjahr.

Im **Anhang** werden die Positionen der Bilanz und der GuV-Rechnung erläutert. Ein Anhang ist nur bei Kapitalgesellschaften vorgeschrieben, der außerdem durch einen Lagebericht zu ergänzen ist. Der Lagebericht erweitert den Anhang im Jahresabschluss um Informationen über Stand und Entwicklung des Unternehmens, wobei besonderes Augenmerk auf die zukünftige Entwicklung gelegt wird.

2.2 Abschlussgrundsätze

Der Jahresabschluss muss die tatsächliche Vermögens-, Finanz- und Ertragslage des Unternehmens aufzeigen. Dabei müssen einige Grundsätze beachtet werden.

Grundsatz der Klarheit

Der Jahresabschluss muss klar und übersichtlich gegliedert sein. Die Gliederungspunkte und die Bezeichnungen in der Bilanz und der GuV richten sich nach dem Gesetz. Bei Besonderheiten des Unternehmens oder der Branche sind diese bei den Bezeichnungen der Posten zu berücksichtigen. Die Verrechnung von Forderungen mit Verbindlichkeiten oder von Aufwendungen und Erträgen ist nicht erlaubt.

Grundsatz der Stetigkeit

Die einmal gewählte Darstellungsform ist bei aufeinanderfolgenden Jahresabschlüssen beizubehalten. Die Wertansätze der Schlussbilanz sind als Anfangsbestand in das neue Geschäftsjahr zu übernehmen. Bewertungsmethoden dürfen nicht willkürlich von Jahr zu Jahr verändert werden.

Grundsatz der Vollständigkeit und Richtigkeit

Im Jahresabschluss müssen Vermögenswerte, Verbindlichkeiten, Rückstellungen, Rechnungsabgrenzungsposten (RAP), Eigenkapital, Aufwendungen und Erträge nach den Grundsätzen ordnungsmäßiger Buchführung ausgewiesen werden.

Grundsatz der periodengerechten Abgrenzung

Es sind nur Aufwendungen und Erträge in den Jahresabschluss zu übernehmen, die – unabhängig vom Zeitpunkt der Zahlung – wirtschaftlich in das abzuschließende Geschäftsjahr gehören.

2.3 Gliederungsvorschriften

Das HGB enthält für Einzelunternehmungen oder Personengesellschaften nur grobe Hinweise zur Gliederung der **Bilanz** und der **GuV**. So müssen lediglich nach § 247 HGB in der Bilanz das Anlagevermögen, das Umlaufvermögen, das Eigenkapital, die Schulden sowie die Rechnungsabgrenzungsposten gesondert ausgewiesen und ausreichend gegliedert sein. In der Praxis orientieren sich aber auch Einzelunternehmungen und Personengesellschaften an den Gliederungsvorschriften für Kapitalgesellschaften. Diese müssen nach §§ 266–275 die Bilanz und die GuV-Rechnung bezeichnen und gliedern. Für kleine Kapitalgesellschaften hat der Gesetzgeber eine Erleichterung vorgesehen. Sie müssen lediglich eine verkürzte Bilanz aufstellen, die mit Großbuchstaben und römischen Ziffern nach § 266 HGB zu gliedern ist.

Aktiva	Bilanz (§ 266 HGB)	Passiva

A. Ausstehende Einlagen auf das gezeichnete Kapital	A. Eigenkapital
	  I. Gezeichnetes Kapital
	  II. Kapitalrücklagen	

B. Anlagevermögen
  I. Immaterielle Vermögensgegenstände
  II. Sachanlagen
   1. Grundstücke und Bauten
   2. technische Anlagen und Maschinen
   3. andere Anlagen, Betriebs- und Geschäftsausstattung
   4. Vorführfahrzeuge
   5. geleistete Anzahlungen
  III. Finanzanlagen
	III. Gewinnrücklagen
	  IV. Gewinnvortrag
	  V. Jahresüberschuss
	
	B. Rückstellungen
	
	C. Verbindlichkeiten
	   1. Verbindlichkeiten aus Lieferungen und Leistungen
	   2. Sonstige Verbindlichkeiten
	
	D. Rechnungsabgrenzungsposten	

C. Umlaufvermögen
  I. Vorräte
  II. Forderungen
  III. Wertpapiere
  IV. Schecks, Kassenbestand, Bundesbank- und Postgiroguthaben, Guthaben bei Kreditinstituten
 	
D. Rechnungsabgrenzungsposten		

Die GuV-Rechnung stellt die Ertragslage des Unternehmens dar. Bei Einzelunternehmungen oder Personengesellschaften kann die GuV-Rechnung in Form eines T-Kontos erstellt werden. Nach den vorbereitenden Abschlussbuchungen werden die Aufwendungen auf die Sollseite des GuV-Kontos gebucht, die Erträge auf die Habenseite. Der sich ergebende Saldo ist dann direkt auf das Eigenkapitalkonto zu übertragen:

- in einer **Gewinnsituation**: GuV an Eigenkapital,
- in einer **Verlustsituation**: Eigenkapital an GuV.

Bei Kapitalgesellschaften schreibt das Gesetz die Staffelform vor.

Das Gliederungsschema gemäß § 275 Abs. 2 HGB verdeutlicht die untereinander angeordneten, unterschiedlichen Erfolgsquellen und die Zuordnung der Aufwandsarten und Ertragsarten zu den Positionen der Gewinn- und Verlustrechnung.

Positionen der Gewinn- und Verlustrechnung	RO	Kontengruppen des ZDK-Kontenrahmens
1. Umsatzerlöse		8000 folgende
2. Erhöhung oder Verminderung des Bestandes an fertigen und unfertigen Erzeugnissen[1] (Reparaturleistungen)	+	8600
3. andere aktivierte Eigenleistungen	+	8990
4. sonstige betriebliche Erträge	+	8900
= als Zwischensumme kann zur Erleichterung der Erfolgsanalyse die „Gesamtleistung" ausgewiesen werden	=	
5. Materialaufwand a) Aufwendungen für Roh-, Hilfs- und Betriebsstoffe, Energie[2] b) Aufwendungen für bezogene Leistungen	– –	7000 7000
= als Zwischenergebnis kann der Saldo aus der Gesamtleistung und dem Materialaufwand vermerkt werden, der als „Rohergebnis" bezeichnet wird	=	
6. Personalaufwand a) Löhne und Gehälter b) soziale Abgaben	– –	4100 folgende 4300 folgende
7. Abschreibungen auf a) immaterielle Vermögensgegenstände und Sachanlagen b) Umlaufvermögen	– –	4510, 4675 4690
8. sonstige betriebliche Aufwendungen	–	4400 folgende 4500 folgende
= als Zwischensumme kann der Saldo aus den Erträgen und den Aufwendungen als „Betriebsergebnis" ausgewiesen werden	=	
9. Erträge aus Beteiligungen	+	2600
10. Erträge aus anderen Wertpapieren und Ausleihungen des Finanzanlagevermögens	+	2620
11. sonstige Zinsen und ähnliche Erträge	+	2650
12. Abschreibungen auf Finanzanlagen und auf Wertpapiere des Umlaufvermögens	–	4680

---

[1] Im Handelsbetrieb Autohaus werden die Warenbestandsveränderungen mit dem Aufwand für Waren verrechnet (vgl. Pos. 5).
[2] Im Handelsbetrieb Autohaus enthält diese Position den Aufwand für Waren (Wareneinsatz) nach Verrechnung.

13. Zinsen und ähnliche Aufwendungen	–	2100
= als Zwischensumme kann der Saldo aus den Finanzierungserträgen und -aufwendungen, das sogenannte „Finanzergebnis", ausgewiesen werden	=	
14. Ergebnis der gewöhnlichen Geschäftstätigkeit		
15. außerordentliche Erträge	+	2500 folgende
16. außerordentliche Aufwendungen	–	2000 folgende
17. = außerordentliches Ergebnis	=	
18. Steuern vom Einkommen und vom Ertrag	–	4710
19. sonstige Steuern	–	4711
20. Jahresüberschuss/Jahresfehlbetrag	=	

Der **Jahresüberschuss** oder **Jahresfehlbetrag** wird wegen der unterschiedlichen Haftungsverhältnisse im Gegensatz zu Einzelunternehmen oder Personengesellschaften nicht direkt auf das Konto Eigenkapital übertragen, sondern getrennt unter der Position Jahresüberschuss/-fehlbetrag in der Bilanz ausgewiesen.

Größenabgrenzung der Kapitalgesellschaften (vgl. § 267 HGB)

1. Kleine Kapitalgesellschaften sind solche, die mindestens zwei der drei nachstehenden Merkmale nicht überschreiten:

- 4 840 000,00 EUR Bilanzsumme nach Abzug eines auf der Aktivseite ausgewiesenen Fehlbetrags (§ 268 Abs. 3).

- 9 860 000,00 EUR Umsatzerlöse in den zwölf Monaten vor dem Abschlussstichtag.

- Im Jahresdurchschnitt fünfzig Arbeitnehmer.

2. Mittelgroße Kapitalgesellschaften sind solche, die mindestens zwei der drei in Absatz 1 bezeichneten Merkmale überschreiten und jeweils zwei der drei nachstehenden Merkmale nicht überschreiten:

- 19 250 000,00 EUR Bilanzsumme nach Abzug eines auf der Aktivseite ausgewiesenen Fehlbetrags (§ 268 Abs. 3).

- 38 500 000,00 EUR Umsatzerlöse in den zwölf Monaten vor dem Abschlussstichtag.

- Im Jahresdurchschnitt zweihundertfünfzig Arbeitnehmer.

3. Große Kapitalgesellschaften sind solche, die mindestens zwei der drei in Absatz 2 bezeichneten Merkmale überschreiten. Eine Kapitalgesellschaft gilt stets als groß, wenn sie einen organisierten Markt im Sinne des § 2 Abs. 5 des Wertpapierhandelsgesetzes durch von ihr ausgegebene Wertpapiere im Sinne des § 2 Abs. 1 Satz 1 des Wertpapierhandelsgesetzes in Anspruch nimmt oder die Zulassung zum Handel an einem organisierten Markt beantragt worden ist.

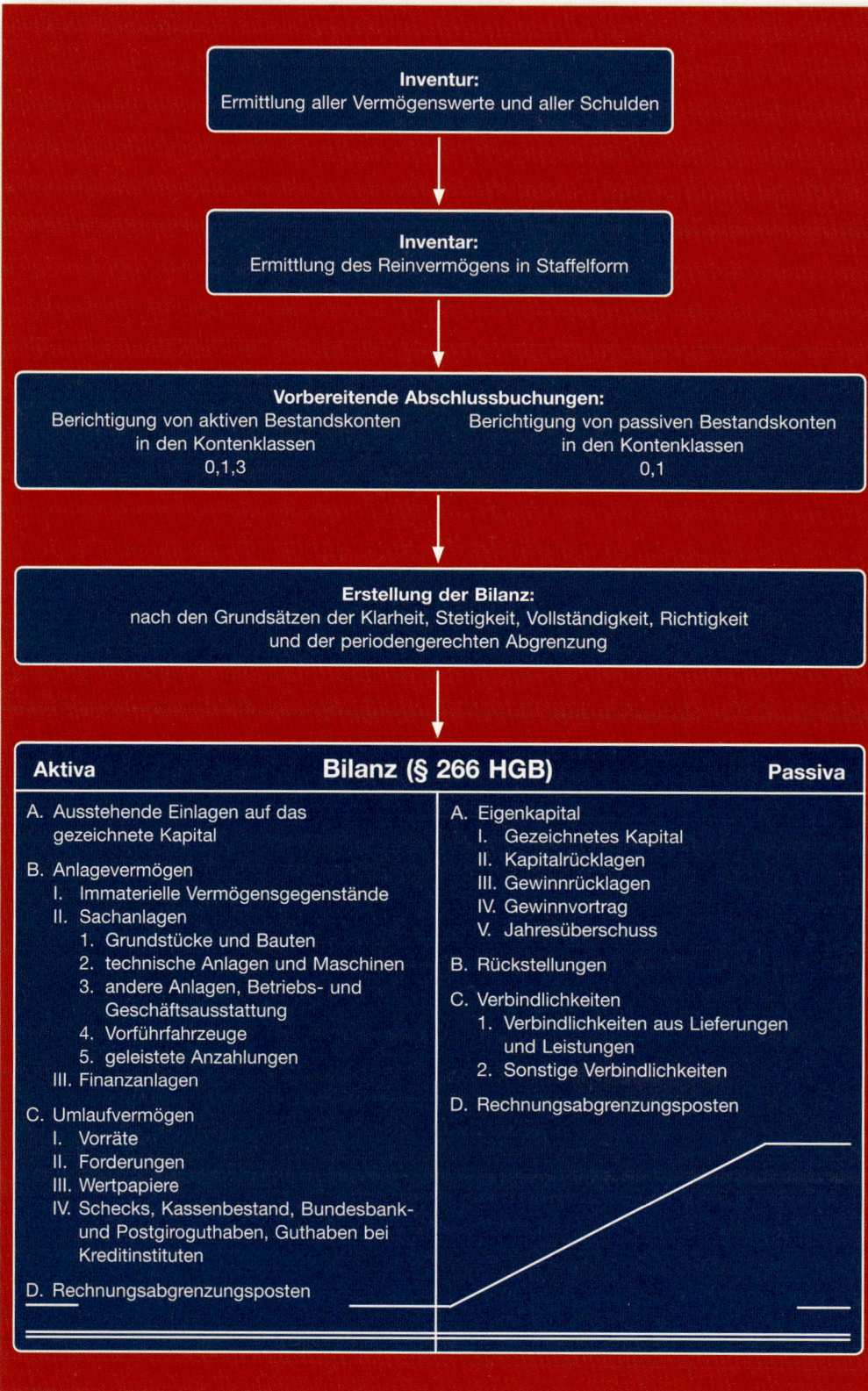

Inventur:
Ermittlung aller Vermögenswerte und aller Schulden

Inventar:
Ermittlung des Reinvermögens in Staffelform

Vorbereitende Abschlussbuchungen:
Berichtigung von aktiven Bestandskonten in den Kontenklassen 0,1,3

Berichtigung von passiven Bestandskonten in den Kontenklassen 0,1

Erstellung der Bilanz:
nach den Grundsätzen der Klarheit, Stetigkeit, Vollständigkeit, Richtigkeit und der periodengerechten Abgrenzung

Aktiva	Bilanz (§ 266 HGB)	Passiva

Aktiva

A. Ausstehende Einlagen auf das gezeichnete Kapital

B. Anlagevermögen
  I. Immaterielle Vermögensgegenstände
  II. Sachanlagen
    1. Grundstücke und Bauten
    2. technische Anlagen und Maschinen
    3. andere Anlagen, Betriebs- und Geschäftsausstattung
    4. Vorführfahrzeuge
    5. geleistete Anzahlungen
  III. Finanzanlagen

C. Umlaufvermögen
  I. Vorräte
  II. Forderungen
  III. Wertpapiere
  IV. Schecks, Kassenbestand, Bundesbank- und Postgiroguthaben, Guthaben bei Kreditinstituten

D. Rechnungsabgrenzungsposten

Passiva

A. Eigenkapital
  I. Gezeichnetes Kapital
  II. Kapitalrücklagen
  III. Gewinnrücklagen
  IV. Gewinnvortrag
  V. Jahresüberschuss

B. Rückstellungen

C. Verbindlichkeiten
  1. Verbindlichkeiten aus Lieferungen und Leistungen
  2. Sonstige Verbindlichkeiten

D. Rechnungsabgrenzungsposten

Aufgaben

1. Erstellen Sie für eine kleine Kapitalgesellschaft eine Gewinn- und Verlustrechnung in Staffelform nach § 275 HGB aufgrund folgender Salden:

Konto-Nr.	Kontenbezeichnung	Soll	Haben
8000	Neufahrzeuge		2 300 500,00
8300	Teile und Zubehör		560 000,00
8600	Lohnerlöse/Instandsetzung		450 000,00
7000	Neufahrzeuge	1 950 000,00	
7300	Teile und Zubehör	495 000,00	
4101	Produktive Löhne	95 000,00	
4110	unproduktiv Kundendienst	63 000,00	
4300	Sozialaufwand gesetzlich	30 000,00	
4200	Gehälter Fixum	32 000,00	
4400	Miete, Pacht Immobilien	16 000,00	
4821	Werbekosten	2 500,00	
4950	Sachmängelhaftung Verkauf Neufahrzeuge	600,00	
4803	Büromaterial	1 200,00	
4710	Gewerbesteuer	26 000,00	
2600	Erträge aus Beteiligungen		78 000,00
2100	Zinsen	150 000,00	
2500	Außerordentliche Erträge		65 000,00
2620	Wertpapiererträge		9 800,00

Ermitteln Sie:
a) das Betriebsergebnis,
b) das Finanzergebnis,
c) das außerordentliche Ergebnis.

2. Erstellen Sie aufgrund der folgenden Salden die Bilanz einer kleinen Kapitalgesellschaft gemäß § 266 HGB:

Konto-Nr.	Kontenbezeichnung	Soll	Haben
0065	Unbebaute Grundstücke	300 000,00	
0080	Geschäftsbauten	320 000,00	
0200	Technische Anlagen	230 000,00	
0410	Vorführfahrzeuge	168 000,00	
0490	Betriebs- und Geschäftsausstattung	26 000,00	
0525	Wertpapiere des Anlagevermögens	47 000,00	
0550	Darlehen		800 000,00
0800	Gezeichnetes Kapital		?
0860	Gewinnvortrag v.V.		125 500,00
1000	Kasse	22 300,00	
1200	Bank	34 600,00	
1400	Forderungen	140 000,00	
1600	Verbindlichkeiten aus Lieferung und Leistung		600 000,00
1700	Sonstige Verbindlichkeiten		280 000,00
3000	Neufahrzeuge	430 000,00	
3050	Gebrauchtfahrzeuge ohne Vst.abzug	167 000,00	
3300	Teile und Zubehör	64 000,00	
3360	Schmierstoffe	5 600,00	

3 Kosten- und Leistungsrechnung (KLR) im Autohaus

Mario Töpfer fragt Herrn Thalmann: „Der Gewinn oder der Verlust des Autohauses Fritz wird in der GuV-Rechnung ermittelt. Woher weiß Herr Fritz jetzt aber, in welchen Abteilungen Gewinn oder Verlust gemacht wurde?" Herr Thalmann antwortet: „Dafür gibt es die Kostenrechnung im Autohaus, die genau nachweist, wo Gewinn oder Verlust erwirtschaftet wurde."

Der Finanzbuchhalter Karlheinz Thalmann hat den Saldo des GuV-Kontos ermittelt. Herr Fritz möchte wissen, welche Abteilung mit welchem Anteil zum Gesamtergebnis beigetragen hat. Überlegen Sie, wie Herr Thalmann diese Information Herrn Fritz liefern kann.

3.1 Aufgaben der Kosten- und Leistungsrechnung

Die Finanzbuchhaltung stellt durch die Gegenüberstellung von Aufwendungen und Erträgen des Geschäftsjahres in der GuV das Gesamtergebnis des Unternehmens fest. Der scharfe Konkurrenzkampf im Kfz-Gewerbe fordert aber die Ergänzung der Finanzbuchhaltung durch eine leistungsfähige **Kosten- und Leistungsrechnung**, um zu verfeinerten Aussagen über die Ergebnisse einzelner Abteilungen zu gelangen.

3.2 Kosten

Der Begriff **Kosten** ist relativ einfach zu definieren.

> **Unter Kosten versteht man den in Geld bewerteten Verbrauch von Gütern und Dienstleistungen. Dieser Verbrauch muss durch die ordentliche betriebliche Tätigkeit hervorgerufen und in der laufenden Periode verursacht sein.**

Beispiel   Das Autohaus Fritz hatte im letzten Halbjahr folgende Aufwendungen zu verzeichnen:

1. Fertigungslöhne für die Monteure
2. Energiekosten für die Werkstatt
3. Geldspende an das Rote Kreuz
4. Verlust eines nicht versicherten Diagnosecomputers durch einen Brandschaden
5. Gewerbesteuernachzahlung
6. Prozesskosten, die die im letzten Jahr dafür gebildeten Rückstellungen überschreiten

Unter den o. g. Positionen erfüllen lediglich die Fertigungslöhne (1) und die Energiekosten (2) alle Merkmale des Kostenbegriffs. Alle weiteren Positionen stellen **neutralen Aufwand** dar.

Betriebsfremder Aufwand steht in keinem Zusammenhang mit dem unmittelbaren Betriebszweck, dazu gehören die Spenden (3).

Periodenfremder Aufwand steht zwar im Zusammenhang mit dem Betriebszweck, aber er erfolgte für die betriebliche Tätigkeit eines vorangegangenen Wirtschaftsjahres, dazu gehören die Gewerbesteuernachzahlungen (5) und die Prozesskosten (6).

Außerordentlicher Aufwand gehört zwar in die laufende Periode und ist betrieblich verursacht, aber von außerordentlicher Art, dazu gehört der Brandschaden des Diagnosecomputers (4).

In der Finanzbuchhaltung werden die Kosten (Buchung in der Kontenklasse 4) von den neutralen Aufwendungen (Buchung in der Kontenklasse 2) bereits abgegrenzt.

3.3 Leistungen

> Unter Leistungen versteht man das in Geld bewertete Ergebnis der betrieblichen Tätigkeit. Diese Leistung muss durch die ordentliche betriebliche Tätigkeit hervorgerufen und in der laufenden Periode verursacht sein. In einem Handelsunternehmen ist die betriebliche Leistung der Umsatz.

Beispiel Das Autohaus Fritz verzeichnete im letzten Halbjahr folgende Erträge:

1. Erlöse aus dem Neufahrzeugverkauf

2. Erlöse aus dem Gebrauchtfahrzeugverkauf

3. Erlöse aus dem Teileverkauf

4. Erlöse aus Werkstattleistungen

5. Erträge aus dem Verkauf einer gebrauchten Auswuchtmaschine

6. Erträge aus der Rückerstattung von Versicherungsprämien für ein vorangegangenes Jahr

7. Erträge aus der Vermietung einer Wohnung

Unter den o. g. Positionen erfüllen nur die Erlöse aus Neufahrzeugverkauf (1), Erlöse aus Gebrauchtfahrzeugverkauf (2), Erlöse aus Teileverkauf (3) und Erlöse aus Werkstattleistungen (4) alle Merkmale des Leistungsbegriffs. Alle weiteren Positionen stellen **neutralen Ertrag** dar.

Betriebsfremder Ertrag steht in keinem direkten Zusammenhang mit der betrieblichen Leistung, dazu gehört die Mieteinnahme (7).

Periodenfremder Ertrag steht zwar im Zusammenhang mit dem Betriebszweck, aber er erfolgte für die betriebliche Tätigkeit eines vorangegangenen Wirtschaftsjahres, dazu gehört die Rückerstattung von Versicherungsprämien (6).

Außerordentlicher Ertrag gehört zwar in die laufende Periode und ist betrieblich verursacht, aber von außerordentlicher Art, dazu gehört der Verkauf der Auswuchtmaschine (5).

In der Finanzbuchhaltung werden die Erlöse (Buchung in der Kontenklasse 8) von den neutralen Erträgen (Buchung in der Kontenklasse 2) bereits abgegrenzt.

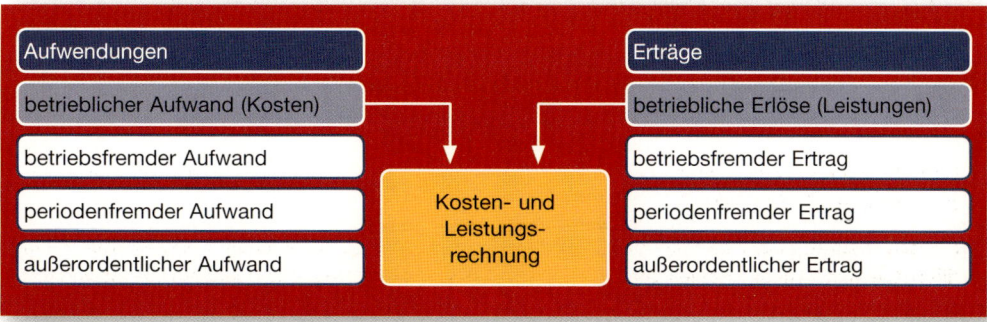

3.4 Kalkulatorische Kosten

Kalkulatorische Kosten sollen eine von der Rechtsform unabhängige Kalkulation ermöglichen. Durch die Erfassung des gesamten Verbrauchs von Gütern und Dienstleistungen nach betriebswirtschaftlichen Gesichtspunkten wird sichergestellt, dass alle Kosten in der Kosten- und Leistungsrechnung erfasst werden.

In einer Einzelunternehmung stellt der Unternehmer neben seiner Arbeitskraft auch noch Kapital und Gebäude zur Verfügung. Dafür erhält er von der Unternehmung keine Gegenleistung. Würde er aber seine Arbeitskraft einem anderen Unternehmen zur Verfügung stellen, so bekäme er ein Gehalt; würde er sein eingesetztes Kapital zur Bank bringen, bekäme er dafür Zinsen, würde er sein Gebäude vermieten, bekäme er dafür Miete.

Kalkulatorischer Unternehmerlohn

Bei einer Kapitalgesellschaft (GmbH) bekommt der Geschäftsführer ein Gehalt. Dieses findet durch die Buchung in der Kontenklasse 4 als Kosten Eingang in die Kostenrechnung. Bei einer Einzelunternehmung ist dieses nicht der Fall. Der Unternehmer bestreitet seine Aufwendungen für die private Lebensführung durch Privatentnahmen aus der Unternehmung, d. h., die Entlohnung für die Geschäftsführung geht nicht in die Kostenrechnung ein. Aus diesem Grund ist hier der Ansatz eines kalkulatorischen Unternehmerlohnes notwendig. Es muss ein kalkulatorischer Unternehmerlohn angesetzt werden, den ein Geschäftsführer in einer vergleichbaren Tätigkeit erhält. Oftmals berechnet sich der kalkulatorische Unternehmerlohn in Abhängigkeit des Umsatzes. Die Hersteller/Importeure geben dazu Listen heraus, aus denen die Höhe des kalkulatorischen Unternehmerlohnes ersichtlich ist.

Beispiel

Umsatz in EUR	Prozentsatz des kalkulatorischen Unternehmerlohnes	Kalkulatorischer Unternehmerlohn
4,8 Mio	1,2 %	57 600,00 EUR

In die Kostenrechnung gehen 57 600,00 EUR als kalkulatorischer Unternehmerlohn ein.

Kalkulatorische Zinsen

Für ein aufgenommenes Darlehen müssen laut Darlehensvertrag Zinsen bezahlt werden. Für das Kapital, das der Unternehmer selbst dem Unternehmen zur Verfügung stellt, entfällt eine Zinszahlung, d. h., die zur Verfügungstellung von Eigenkapital geht nicht in die Kostenrechnung ein. Aus diesem Grund ist hier der Ansatz von kalkulatorischen Zinsen notwendig. Der Kfz-Betrieb muss nur das Kapital verzinsen, das er für die betriebliche Tätigkeit nutzt. Zur Berechnung wird das betriebsnotwendige Kapital ermittelt und mit einem banküblichen Zinssatz verzinst.

Beispiel Berechnung von kalkulatorischen Zinsen

Summe des Vermögens (AKTIVA)		
(Restbuchwerte im Anlagevermögen)		
(Jahresdurchschnittswerte im Umlaufvermögen)		470 000,00 EUR
Kürzungen		
Gebäudewerte		
(berücksichtigt durch kalkulatorische Mieten)	112 000,00 EUR	
nicht betriebsnotwendige Vermögenswerte	9 900,00 EUR	– 121 900,00 EUR
Hinzurechnungen		
Stille Reserven im Anlagevermögen		+ 1 500,00 EUR
Betriebsnotwendiges Vermögen		= 349 600,00 EUR

Zinsfreies Kapital

Zinsfrei vom Hersteller/Importeur finanzierte

Neufahrzeuge – 120 000,00 EUR

Betriebsnotwendiges Kapital = **229 600,00 EUR**

Formel:

$$\text{Kalk. Zinsen} = \frac{\text{betriebsnotwendiges Kapital} \cdot \text{Kalk. Zinssatz}}{100}$$

Der bankübliche Zinssatz beträgt z. B. 6,5 % p. a.

$$\text{Kalk. Zinsen} = \frac{229\,600 \cdot 6,5}{100} = 14\,924,00 \text{ EUR}$$

In die Kostenrechnung gehen 14 924,00 EUR als kalkulatorische Zinsen ein.

Kalkulatorische Miete

Für gemietete Räume müssen Mieten bezahlt werden. Für die Gebäude, die der Unternehmer selbst dem Unternehmen zur Verfügung stellt, entfällt eine Mietzahlung, d. h., die zur Verfügungstellung von Räumlichkeiten geht nicht in die Kostenrechnung ein. Aus diesem Grund ist hier der Ansatz einer kalkulatorischen Miete notwendig. Der Kfz-Betrieb soll als Gegenleistung für die Nutzung mindestens den Betrag erwirtschaften, den eine Fremdvermietung erbringen würde. Aus diesem Grund ist hier die ortsübliche Miete für gewerbliche Räume anzusetzen.

Beispiel Die ortsübliche Miete für die zur Verfügung gestellten Räumlichkeiten beträgt 18 600,00 EUR im Monat. Dementsprechend wird der Kfz-Betrieb mit 18 600,00 EUR kalkulatorischer Miete belastet.

Kalkulatorische Abschreibungen

Bilanzielle Abschreibungen werden in der Finanzbuchhaltung erfasst. Ihre Höhe orientiert sich am Herstell- oder Anschaffungswert. Sie beeinflussen über die GuV-Rechnung den Gewinn des Kfz-Unternehmens und somit die zu zahlenden Steuern. Aus diesem Grund wird die Höhe der bilanziellen Abschreibungen eher von der Unternehmenspolitik bezüglich Erfolgs- und Vermögensausweis beeinflusst als vom tatsächlichen Werteverzehr der Anlagen.

Darum sind die bilanziellen Abschreibungen für die KLR nicht geeignet. Für die KLR sind nur die Abschreibungen der Anlagen zu erfassen, die dem Betriebszweck dienen und darum betriebsnotwendig sind.

Die Berechnung der **kalkulatorischen Abschreibungen** erfolgt nach:

- der betriebsindividuellen Nutzungsdauer,
- dem Wiederbeschaffungswert,
- der Abschreibungsmethode.

Die **betriebsindividuelle Nutzungsdauer** gibt die Zeit wieder, die eine Anlage tatsächlich im Kfz-Betrieb genutzt wird. Wird sie beispielsweise zu kurz eingeschätzt, wird das Betriebsergebnis verfälscht, da den einzelnen Wirtschaftsperioden zu hohe Kosten angerechnet werden.

Der Anschaffungswert einer Anlage ist für die Ermittlung der kalkulatorischer Abschreibungen wenig geeignet, da er die zukünftigen (erhöhten) Wiederbeschaffungskosten nicht berücksichtigt. Durch die im Verkaufspreis berücksichtigten Abschreibungen sollen dem Kfz-Betrieb liquide Mittel zufließen, die es ermöglichen sollen, nach dem Ende der Nutzung einer Anlage eine

Ersatzbeschaffung zu finanzieren. Durch die Kaufkraftentwertung und die allgemeine Preissteigerung wäre die Ansetzung von Abschreibungen aufgrund der Anschaffungskosten hierzu nicht angemessen, der Kfz-Betrieb würde an Substanz verlieren. Soll die Substanz erhalten werden, so muss eine kalkulatorische Abschreibung die erhöhten Wiederbeschaffungskosten als Grundlage der Berechnung heranziehen.

Da im Kfz-Betrieb die Nutzung der Anlagen nicht wesentlich von Rechnungsperiode zu Rechnungsperiode schwankt, wird die lineare Abschreibungsmethode für die Berechnung der kalkulatorischen Abschreibungen angewendet.

Beispiel Das Autohaus Fritz kaufte am 22. März diesen Jahres von der Czech KG einen neuen Diagnose-Computer für das Fahrzeugmodell UNICA-PRIMOS. Der Diagnose-Computer kostete 10 000,00 EUR netto. Die betriebsgewöhnliche Nutzungsdauer laut AfA-Liste beträgt fünf Jahre.

Für die Zwecke der KLR wird eine betriebsindividuelle Nutzungsdauer von acht Jahren angenommen. Der Wiederbeschaffungswert wird mit 14 000,00 EUR festgelegt und als Abschreibungsmethode die lineare Abschreibung angewendet.

$$\text{Kalkulatorischer Abschreibungsbetrag} = \frac{\text{Wiederbeschaffungswert}}{\text{betriebsind. Nutzungsdauer}}$$

$$\frac{14\ 000,00\ \text{EUR}}{8} = 1\ 750,00\ \text{EUR}$$

In die Kostenrechnung gehen 1 750,00 EUR als kalkulatorische Abschreibung ein.

Aufgaben

1. Die Konten des Autohauses Fritz weisen u. a. folgende Salden auf:

VAK (gesamter Wareneinsatz)	100 002,00 EUR
Erlöse aus Gebrauchtfahrzeugverkäufen	163 500,00 EUR
Forderungen	6 500,00 EUR
Gehälter	27 000,00 EUR
Energiekosten	10 500,00 EUR
Wertpapiergewinne	19 200,00 EUR
Gewerbesteuern	6 200,00 EUR
Spenden	600,00 EUR
Minus-Kassendifferenzen	17,00 EUR
Verbindlichkeiten	27 550,00 EUR
Erlöse aus Neufahrzeugverkäufen	220 000,00 EUR
Mieteinnahmen	4 200,00 EUR
Vorschüsse an Mitarbeiter	850,00 EUR
Eigenkapital	300 000,00 EUR
Forderungsverluste	980,00 EUR
Kfz-Steuer	192,00 EUR
EDV-Kosten	430,00 EUR

Bestimmen Sie, in welchen Kontenklassen die Konten geführt werden.

2. Eine Richtbank, die für 45 000,00 EUR angeschafft wurde, ist in den ersten beiden Nutzungsjahren folgendermaßen abgeschrieben worden:

Bilanzielle Abschreibung:	20 % degressiv
Kalkulatorische Abschreibung:	20 % vom geschätzten Wiederbeschaffungswert in Höhe von 60 000,00 EUR

Ermitteln Sie den Buchwert am Ende des dritten Nutzungsjahres aufgrund der bilanziellen Abschreibung der Finanzbuchhaltung sowie der kalkulatorischen Abschreibung der Kostenrechnung.

3. Aus den folgenden Angaben sind die kalkulatorischen Zinsen in Höhe von 8 % zu ermitteln.

Anlagevermögen	300 000,00 EUR
davon verpachtetes Grundstück	20 000,00 EUR
davon eigenes Gebäude	60 000,00 EUR
Umlaufvermögen	700 000,00 EUR
Verbindlichkeiten Hersteller/Importeur	350 000,00 EUR

4. Ein Hersteller/Importeur berechnet den kalkulatorischen Unternehmerlohn nach dem Umsatz.

Umsatz in EUR	Prozentsatz des kalkulatorischen Unternehmerlohnes
bis 3,9 Mio EUR	1,1 %
4,0 bis 5,9 Mio EUR	1,3 %
ab 6,0 Mio EUR	1,4 %

Unternehmen A erzielte einen Jahresumsatz von 2,8 Mio EUR, Unternehmen B erzielte einen Jahresumsatz von 4,6 Mio EUR und Unternehmen C erzielte einen Jahresumsatz von 8,3 Mio EUR.

Ermitteln Sie für jedes Unternehmen:
a) die Höhe des jährlichen kalkulatorischen Unternehmerlohnes und
b) die maximalen monatlichen Privatentnahmen.

5. Ein Diagnose-Computer wurde am 2. Januar für 16 200,00 EUR netto angeschafft. Die betriebsgewöhnliche Nutzungsdauer beträgt laut Afa-Liste acht Jahre. Die betriebsindividuelle Nutzungsdauer wird mit zehn Jahren angenommen, die Wiederbeschaffungskosten werden auf 19 200,00 EUR geschätzt.

Ermitteln Sie:
a) den linearen bilanziellen Abschreibungsbetrag,
b) den maximalen degressiven bilanziellen Abschreibungsbetrag für das erste Jahr,
c) den kalkulatorischen linearen Abschreibungsbetrag für das erste Jahr,
d) die kalkulatorischen Kosten, die monatlich in die Kostenrechnung eingehen.

6. Ein Kfz-Unternehmer stellt dem Betrieb folgende Räume zur Verfügung:

Verwaltungsgebäude	320,00 qm
Neufahrzeugausstellungshalle	400,00 qm
Werkstatt	300,00 qm

Die ortsübliche Miete für gewerblich genutzte Büroräume beträgt 10,20 EUR/qm, für andere gewerblich genutzte Räume 8,60 EUR/qm.

Ermitteln Sie:
a) die jährliche kalkulatorische Miete,
b) die kalkulatorische Miete, die monatlich in die Kostenrechnung eingeht.

4 Vollkostenrechnung

4.1 Aufgaben der Vollkostenrechnung

Die Vollkostenrechnung bezieht **alle** im Betrieb anfallenden Kosten, d. h. variable und fixe Bestandteile, in die Analyse ein. Aufgaben der Vollkostenrechnung sind:

1. die Ermittlung der Selbstkosten

2. die Kontrolle der Wirtschaftlichkeit

3. die Ergebnisanalyse

4. die Schaffung von Entscheidungs- und Planungsgrundlagen

5. die Kalkulation von Verkaufspreisen

Die Vollkostenrechnung stellt drei prinzipielle Fragen:

Frage	
Welche Kosten sind überhaupt entstanden?	Kosten**arten**rechnung
Wo, in welcher Abteilung, sind die Kosten verursacht worden?	Kosten**stellen**rechnung
Welche betriebliche Leistung muss die Kosten tragen?	Kosten**träger**rechnung

Kostenartenrechnung

Die **Kostenartenrechnung** unterscheidet in **Einzel- und Gemeinkosten**. Einzelkosten sind einem Kostenträger direkt zuzuordnen, beispielsweise der Einkaufspreis eines Zubehörteiles oder die Fertigungslöhne. Gemeinkosten sind einem Kostenträger nur indirekt zuzuordnen, beispielsweise der Werkstattstrom oder die Abschreibungen von Maschinen. Können Gemeinkosten einer Abteilung vollständig zugeordnet werden, nennt man sie Kostenstelleneinzelkosten. Müssen Gemeinkosten auf mehrere Kostenstellen verteilt werden, nennt man sie Kostenstellengemeinkosten.

Kostenstellenrechnung

Die **Kostenstellenrechnung** unterscheidet in **Hauptkostenstellen** und **Hilfskostenstellen**. Hauptkostenstellen sind produktiv tätig; das bedeutet im Kfz-Betrieb, es werden Umsätze erzielt. Das sind im Kfz-Betrieb der Neufahrzeugverkauf, der Gebrauchtfahrzeugverkauf, das Ersatzteillager und der Kundendienst. Hilfskostenstellen erzielen keine Umsätze. Sie sind aber notwendig, um die Hauptkostenstellen zu unterstützen. Das ist im Kfz-Betrieb die Abteilung Verwaltung.

Kostenträgerrechnung

Die **Kostenträgerrechnung** verrechnet die Kosten auf die einzelnen betrieblichen Leistungen. Das heißt, welche Kosten müssen z. B. mit dem Verkaufspreis eines Zubehörteiles oder dem Stundenverrechnungssatz der Werkstatt abgedeckt werden?

In einem Autohaus ist die Vollkostenrechnung ein wichtiges Instrument zur Unternehmensführung. Mit ihr lässt sich feststellen, welche Abteilungen wirtschaftlich und welche Abteilungen unwirtschaftlich gearbeitet haben. Sie gibt damit der Unternehmensleitung wichtige Informationen für zukünftige Entscheidungen.

4.2 Der Betriebsabrechnungsbogen (BAB)

Das organisatorische Instrument für die Ermittlung der Selbstkosten und der Wirtschaftlichkeitskontrolle der Abteilungen ist der **BAB**. Führt man sich die Struktur eines Autohauses vor Augen, so sieht man, dass es unterschiedliche Abteilungen gibt. Zum einen produktiv tätige (Umsatz) Abteilungen (Neufahrzeugverkauf, Gebrauchtfahrzeugverkauf, Werkstatt, Lager), zum anderen selbstständige Abteilungen (Verwaltung), in denen nicht produktiv (kein Umsatz) gearbeitet wird, aber andere Abteilungen unterstützt werden.

Lösung des Problems:

① Einteilung in Hilfskostenstellen und Hauptkostenstellen

② Übertragung der einzelnen Kostenarten und deren angefallenen Summen in den BAB

③ Übertragung der Einzelkosten und der Kostenstelleneinzelkosten auf die entsprechenden Kostenstellen

④ Verteilung der Kostenstellengemeinkosten nach den festgelegten Schlüsseln

Verteilung der Gemeinkosten

Nachdem die Kosten auf die Kostenstellen verteilt wurden, bleibt das Problem der Verteilung der Kosten von Hilfskostenstellen.

Vorgehensweise:

⑤ Man verteilt die Kosten der Hilfskostenstelle auf die restlichen Abteilungen oder Kostenstellen nach einem Schlüssel, der der Kostenverursachung entsprechen soll (**Kostenverursachungsprinzip**).

⑥ Man bildet die Summe der angefallenen Gemeinkosten je Hauptkostenstelle.

Berechnung von Gemeinkostenzuschlägen

Nachdem alle Kosten auf diejenigen Abteilungen verteilt wurden, die Umsatz erwirtschaften und direkt mit dem Kunden in Verbindung stehen, können jetzt die **Gemeinkostenzuschläge** ermittelt werden.

⑦ Da die entstandenen Gemeinkosten für die angefallenen Einzelkosten erbracht wurden, ergibt das Verhältnis beider Werte in Prozent ausgedrückt den Zuschlag, mit dem man hätte rechnen müssen, um alle Gemeinkosten zu decken.

⑧ Vergleicht man diesen Zuschlag, den **Sollzuschlag**, mit dem Durchschnitt der vergangenen drei, sechs oder zwölf Monate, also mit dem **Normalzuschlag**, zeigt die Abweichung die Unterdeckung oder die Überdeckung der Gemeinkosten. Der Kfz-Unternehmer muss nun entscheiden, ob diese Abweichung zu einer Neukalkulation führen muss.

Der **Normalzuschlag** ist der Zuschlagsatz, der für einen längeren Zeitraum als Durchschnittssatz angesetzt wurde.

Die Aufteilung der Gemeinkosten nach Verteilungsschlüsseln hat den wirtschaftlichen Vorteil, dass sie sehr einfach zu handhaben ist, aber den Nachteil, dass Ungerechtigkeiten bei der Verteilung der Gemeinkosten nicht ausgeschlossen werden können. Das bedeutet, dass einer Abteilung zu hohe, anderen Abteilungen zu niedrige Gemeinkosten zugeteilt werden. Aus diesem Grund müssen die Verteilungsschlüssel der Gemeinkosten sehr genau berechnet werden.

Einen Muster-BAB der Autohaus Fritz GmbH finden Sie im Anhang.

4.3 Ermittlung der Selbstkosten der Abteilungen

Beispiel Autohaus Fritz

Die Selbstkosten setzen sich aus den Einzelkosten und den Gemeinkosten zusammen.

Abteilung	Entstandene Einzelkosten	Entstandene Gemeinkosten	Selbstkosten
NF-Verkauf	5 198 400,00	548 182,00	5 746 582,00
GF-Verkauf	5 503 680,00	449 940,00	5 953 620,00
Lager	516 953,00	166 940,00	683 893,00
Kundendienst	88 800,00	270 500,00	359 300,00

4.4 Die Überprüfung der Wirtschaftlichkeit

Für die Überprüfung der **Wirtschaftlichkeit** der einzelnen Abteilungen wird verglichen, welche Gemeinkosten angefallen sind und in welcher Höhe vom Kunden Gemeinkosten durch die Verkaufspreise im letzten Jahr abgedeckt wurden. Wurden den Kunden höhere Gemeinkosten in Rechnung gestellt als tatsächlich angefallen sind, ergibt sich eine **Kostenüberdeckung** und die Abteilung arbeitete wirtschaftlich. Wurden den Kunden geringere Gemeinkosten in Rechnung gestellt als tatsächlich angefallen sind, so ergibt sich eine **Kostenunterdeckung** und die Abteilung arbeitete unwirtschaftlich.

Beispiel

Abteilung	Entstandene GMK	den Kunden in Rechnung gestellte GMK	Aussage
NF-Verkauf	548 182,00	519 840,00	Unwirtschaftlich gearbeitet
GF-Verkauf	449 940,00	550 368,00	Wirtschaftlich gearbeitet
Lager	166 940,00	155 086,00	Unwirtschaftlich gearbeitet
Kundendienst	270 500,00	248 640,00	Unwirtschaftlich gearbeitet

Nur die Abteilung Gebrauchtfahrzeugverkauf arbeitete wirtschaftlich. Es wurden den Kunden insgesamt 550 368,00 EUR Gemeinkosten in Rechnung gestellt, d. h., über die Verkaufspreise der Gebrauchtfahrzeuge wurden 100 428,00 EUR Erlöse über die geplante Gemeinkostenhöhe erzielt. Diese Kostenüberdeckung stellt zusätzlichen Gewinn der Abteilung Gebrauchtfahrzeugverkauf dar.

Der Geschäftsführer muss nun entscheiden, ob die Analyse der Wirtschaftlichkeit eine Neuberechnung der Gemeinkostenzuschläge der Abteilungen und somit der Verkaufspreise notwendig macht.

Ergebnisanalyse

Die Finanzbuchhaltung ermittelt nur das Gesamtergebnis des Kfz-Betriebes in der GuV-Rechnung. Mithilfe der Kostenrechnung kann ermittelt werden, in welcher Höhe die einzelnen Abteilungen zum Gesamtergebnis beigetragen haben. Für die **Ergebnisanalyse** wird jetzt noch der Umsatz der einzelnen Abteilungen benötigt. Diese Werte liefert die Finanzbuchhaltung in der Kontenklasse 8, Umsatzerlöse.

Erfolgsrechnung

Bezeichnung	Gesamt-unternehmen	NF-Verkauf	GF-Verkauf	Lager	Kunden-dienst
Erlöse	12 973 106,00	5 776 000,00	6 048 000,00	795 312,00	353 794,00
Selbstkosten	12 743 395,00	5 746 582,00	5 953 620,00	683 893,00	359 300,00
Gesamt- bzw. Abteilungs-ergebnis	229 711,00	29 418,00	94 380,00	111 419,00	– 5 506,00

Die Ergebnisanalyse zeigt, dass lediglich die Abteilung Kundendienst ein Minus erwirtschaftet hat. Alle anderen Abteilungen haben einen Gewinn erwirtschaftet. Dieser ist aber im Neufahrzeugverkauf und im Lager niedriger als geplant, da die entstandenen Gemeinkosten im Vergleich zu den berechneten Gemeinkosten zu hoch waren und beide Abteilungen eine Kostenunterdeckung ausweisen.

Kostenrechnung als Entscheidungs- und Planungshilfe

Aufgrund der ermittelten Selbstkosten und der Ergebnisanalyse kommt die Geschäftsführung zu der Überlegung, dass die unwirtschaftlich arbeitenden Abteilungen Lager und Kundendienst überprüft werden müssen. Eine Kosteneinsparung ist allerdings kaum möglich, sodass die Verkaufspreise für das kommende Jahr neu kalkuliert werden müssen. Erst der BAB und die Ergebnisanalyse ermöglichen es, die **Schwachstellen im Autohaus** eindeutig zu bestimmen. Die Geschäftsführung sieht Handlungsbedarf im Lager und im Kundendienst und plant die neuen Verkaufspreise.

In einem Autohaus ist die Kostenrechnung ein Instrument zur Unternehmensführung. Die Vollkostenrechnung liefert der Geschäftsleitung Daten und Fakten. Auf dieser Basis müssen nun unternehmerische Entscheidungen getroffen werden. Keine Auskunft gibt die Kostenrechnung über die Durchsetzbarkeit von neu kalkulierten Verkaufspreisen am Markt. Hier spielen Faktoren wie die Konkurrenzsituation am Markt, das Kundenpotenzial im Marktgebiet und das Firmenimage eine wesentliche Rolle.

Erst wenn der Unternehmer alle Faktoren berücksichtigt, kann ein **marktgerechter Verkaufspreis** kalkuliert und am Markt auch durchgesetzt werden.

4.5 Kalkulation der Verkaufspreise

Die Kalkulation der Verkaufspreise im Ersatzteillager bezieht sich nur auf die frei bezogenen Teile und auf das Zubehör. Originalersatzteile vom Hersteller/Importeur haben eine Unverbindliche Preisempfehlung (UPE), sodass hier die Verkaufskalkulation entfällt.

Der Verkaufspreis eines Zubehör- oder eines Ersatzteiles muss folgende Positionen abdecken:

- den Wareneinstandspreis,

- die anteiligen Gemeinkosten,

- den Gewinn.

Im letzten Jahr wurde im Lager mit einem Gemeinkostenzuschlag von 30 % kalkuliert. Auf den **Einstandspreis** kommen somit noch einmal 30 %, um die Kosten für die Bereitstellung der Vorräte am Markt abzudecken. Damit sind aber lediglich die Selbstkosten abgedeckt. Der Kfz-Unternehmer betreibt sein Geschäft aber wegen des Gewinns, sodass auf die Selbstkosten noch ein frei wählbarer (je nach Marktlage) **Gewinnzuschlag** kommt. Im letzten Jahr betrug dieser 12 % im Ersatzteillager.

Kalkulationsschema letztes Jahr

Beispiel Ein Dachgepäckträger wurde für 89,00 EUR netto bezogen.

RO	Text	EUR
	Einstandspreis (VAK)	89,00
+	Gemeinkostenzuschlag 30 %	26,70
=	Selbstkosten	115,70
+	Gewinnzuschlag 12 %	13,88
=	Netto-Verkaufspreis	129,58

Ermittlung der Gemeinkosten

Formel:

$$\frac{\text{Einstandspreis} \cdot \text{Gemeinkostenzuschlag}}{100}$$

$$\frac{89,00 \cdot 30}{100} = 26,70 \text{ EUR}$$

Ermittlung des Gewinnzuschlags

Formel:

$$\frac{\text{Selbstkosten} \cdot \text{Gewinnzuschlag}}{100}$$

$$\frac{115,70 \cdot 12}{100} = 13,88 \text{ EUR}$$

Im vergangenen Jahr wurde der Dachgepäckträger für 129,58 EUR netto verkauft.

Kalkulationsschema für das neue Jahr

Laut BAB hätte der Gemeinkostenzuschlag (Sollzuschlag) im letzten Jahr 32,29 % betragen müssen, um die Kosten zu decken. Für das neue Jahr beschließt die Geschäftsführung, den Gemeinkostenzuschlagsatz auf 35 % zu erhöhen, damit eventuelle Kostensteigerungen berücksichtigt werden.

RO	Text	EUR
	Einstandspreis (VAK)	89,00
+	Gemeinkostenzuschlag 35 %	31,15
=	Selbstkosten	120,15
+	Gewinnzuschlag 12 %	14,42
=	Netto-Verkaufspreis	134,57

Im neuen Jahr steigt der Netto-Verkaufspreis des Dachgepäckträgers auf 134,57 EUR netto.

4.6 Kalkulation des Stundenverrechnungssatzes

Auch der Kundendienst hat im abgelaufenen Jahr nicht wirtschaftlich gearbeitet und sogar einen Verlust von 5 506,00 EUR erlitten. Damit das im nächsten Jahr nicht mehr vorkommt, beschließt die Geschäftsführung, den Stundenverrechnungssatz der Werkstatt neu zu kalkulieren.

Die Kalkulation des **Stundenverrechnungssatz der Werkstatt** erfolgt in folgenden fünf Schritten:

1. **Ermittlung der zukünftigen produktiven Stunden**
2. **Ermittlung der Lohnsummen**
3. **Ermittlung der zukünftigen, vom Kundendienst zu deckenden Gemeinkosten**
4. **Ermittlung des neuen Gemeinkostenzuschlagsatzes**
5. **Kalkulation des neuen Stundenverrechnungssatzes der Werkstatt mit Gewinnzuschlag**

Folgende Angaben gelten für das Autohaus Fritz im neuen Jahr:

Der durchschnittliche Stundenlohn der Monteure beträgt 12,00 EUR.

Produktives Werkstattpersonal:	ein Meister	Theo Kraft (80 % unproduktiv)
	vier Monteure	Fillipos Padros
		Tim Möller
		Frank Kleister
		Uwe Lewandowski
	ein Auszubildender 1. Lj.	Yusuf Ozgür
	ein Auszubildender 2. Lj.	Thomas Weyer
	ein Auszubildender 3. Lj.	Frauke Matthes

Für das nächste Jahr plant Herr Fritz mit folgenden Angaben (Durchschnittswerte):

9 Feiertage

30 Urlaubstage

6 Krankheitstage

4 Schulungstage für die Monteure/

10 Schulungstage für den Meister

365 Jahrestage (kein Schaltjahr)

37,5-Stunden-Woche

unproduktive Anwesenheitszeit der Monteure 8,5 %

Kostensteigerung 8 %

Gewinnzuschlag 6,5 %

Ermittlung der zukünftigen produktiven Stunden

Für die Monteure gelten folgende Werte:

Aufteilung	Berechnung	Tage/Stunden
Tägliche Arbeitszeit in Stunden (Durchschnitt)	37,5/5	7,5
Kalendertage		365
– Samstage und Sonntage		104
= mögliche Wochentage		261
– Feiertage		9
= mögliche Arbeitstage		252
– Urlaubstage (Durchschnitt)		30
– Krankheitstage (Durchschnitt)		6
– Schulungstage (Durchschnitt)		4
= mögliche Anwesenheitstage		212
– unproduktive Anwesenheit (Durchschnitt)	212 x 8,5 %	18
= mögliche produktive Tage pro Monteur		194
Gesamt unproduktive Tage pro Monteur	**261–194**	**67**

Die möglichen produktiven Stunden je Monteur ergeben sich aus der Multiplikation

> **Mögliche produktive Tage · tägliche Arbeitszeit in Stunden**
> **194 · 7,5 = 1 455 produktive Stunden je Monteur**

Die möglichen unproduktiven Stunden je Monteur ergeben sich aus der Multiplikation

> **Gesamt unproduktive Tage · tägliche Arbeitszeit in Stunden**
> **67 · 7,5 = 503 unproduktive Stunden je Monteur**

Für den Meister gelten folgende Werte:

Aufteilung	Berechnung	Tage/Stunden
Tägliche Arbeitszeit in Stunden (Durchschnitt)	37,5/5	7,5
Kalendertage		365
– Samstage und Sonntage		104
= mögliche Wochentage		261
– Feiertage		9
= mögliche Arbeitstage		252
– Urlaubstage (Durchschnitt)		30
– Krankheitstage (Durchschnitt)		6
– Schulungstage (Durchschnitt)		10
= mögliche Anwesenheitstage		206
– unproduktive Anwesenheit (Durchschnitt)	206 x 80 %	165
= mögliche produktive Tage		41
Gesamt unproduktive Tage	**261–41**	**220**

Die möglichen produktiven Stunden des Meisters ergeben sich aus der Multiplikation

> **Mögliche produktive Tage · tägliche Arbeitszeit in Stunden**
> **41 · 7,5 = 308 produktive Stunden des Meisters**

Die möglichen unproduktiven Stunden des Meisters ergeben sich aus der Multiplikation

> **Gesamt unproduktive Tage · tägliche Arbeitszeit in Stunden**
> **220 · 7,5 = 1 650 unproduktive Stunden des Meisters**

Der hohe unproduktive Stundenanteil begründet sich mit der Leitungsfunktion des Meisters, der Ausbildung, der Reparaturannahme sowie weiteren administrativen Tätigkeiten.

Für die Auszubildenden gelten folgende Werte:

Aufteilung	1. Lehrjahr Yusuf Ozgür	2. Lehrjahr Thomas Weyer	3. Lehrjahr Frauke Matthes
Tägliche Arbeitzeit	7,5	7,5	7,5
Mögliche Wochentage	261	261	261
Mögliche Arbeitsstunden	(261 · 7,5) = 1 958	(261 · 7,5) = 1 958	(261 · 7,5) = 1 958
Unproduktiver Stundenanteil in %	100 %	90 %	70 %
Unproduktive Stunden	1 958	1 762	1 371
Produktive Stunden	**0**	**196**	**587**

In der Angabe des unproduktiven Stundenanteils der Auszubildenden sind alle unproduktiven Zeiten wie Urlaub, Krankheit, Feiertage und Schulbesuch in einem Wert berücksichtigt.

Übersicht über die gesamten Stundenanteile der Werkstatt

Übersicht Stundenanteile	Mitarbeiter Anzahl	Produktive Stunden	Unproduktive Stunden	Stunden gesamt
Monteure	4	5 820	2 012	7 832
Meister	1	308	1 650	1 958
Azubi 1. Lehrjahr	1	0	1 958	1 958
Azubi 2. Lehrjahr	1	196	1 762	1 958
Azubi 3. Lehrjahr	1	587	1 371	1 958
Summe	**8**	**6 911**	**8 753**	**15 664**

Ermittlung der Lohnsummen

Für die Monteure

Die **produktive Lohnsumme** aller Monteure ergibt sich aus der Multiplikation der gesamten produktiven Stunden der Monteure und dem durchschnittlichen Stundenlohn der Monteure.

Druchschnittlicher Stundenlohn	Produktive Lohnsumme	Unproduktive Lohnsumme
12,00 EUR	(5 820 prod.Std. x 12,00 EUR) **69 840,00 EUR**	(2 012 unprod.Std. x 12,00 EUR) **24 144,00 EUR**

Für den Meister

Der produktive Lohnanteil des Meisters ergibt sich, wenn man das Jahresgehalt des Meisters auf eine Stunde herunterrechnet. Dieser Wert ist mit dem geplanten produktiven Stundenanteil zu multiplizieren.

Jahresentgelt	Gehalt pro Stunde	Produktive Lohnsumme	Unproduktive Lohnsumme
(laut Gehaltsliste) **27 300,00 EUR**	(27 300/1 958) **13,94 EUR**	(308 prod.Std. x 13,94 EUR) **4 294,00 EUR**	(27 300 − 4 294) **23 006,00 EUR**

Für die Auszubildenden

Der produktive Lohnanteil der Auszubildenden ergibt sich, wenn man das Jahresentgelt der Azubis mit dem geplanten produktiven Stundenanteil multipliziert.

Lehrjahr	Jahresentgelt laut Gehaltsliste	Produktive Lohnsumme	Unproduktive Lohnsumme
1. Lehrjahr	3 500,00 EUR	0,00 EUR	3 500,00 EUR
2. Lehrjahr	4 200,00 EUR	420,00 EUR	3 780,00 EUR
3. Lehrjahr	5 100,00 EUR	1 530,00 EUR	3 570,00 EUR
Summe	**12 800,00 EUR**	**1 950,00 EUR**	**10 850,00 EUR**

Übersichtstabelle produktive und unproduktive Lohnsummen

Mitarbeiter	Produktive Lohnsumme	Unproduktive Lohnsumme
Monteure	69 840,00 EUR	24 144,00 EUR
Meister	4 294,00 EUR	23 006,00 EUR
Auszubildende	1 950,00 EUR	10 850,00 EUR
Summe	**76 084,00 EUR**	**58 000,00 EUR**

Berechnung des Werkstattschnittlohnes

Der **Werkstattschnittlohn** ist ein Durchschnittswert, der den Fertigungslohn pro Stunde angibt, wobei die unterschiedliche Entlohnung der Monteure, des Meisters und der Auszubildende anteilig berücksichtigt wird. Er errechnet sich durch Division der gesamten produktiven Lohnsumme durch die gesamten produktiven Stunden.

Produktive Lohnsumme	Produktive Stunden	Produktiver Schnittlohn
76 084,00 EUR	**6 911 Stunden**	(76 084 : 6 911) **11,00 EUR**

Ermittlung der zukünftigen vom Kundendienst zu tragenden Gemeinkosten

Um die zukünftigen vom Kundendienst zu tragenden **Gemeinkosten** zu ermitteln, muss man die im BAB ausgewiesenen Gemeinkosten betrachten. Herr Fritz plant mit einer allgemeinen Kostensteigerung von 8 % im Kundendienst. Diese Kostensteigerung bezieht sich auf alle Gemeinkosten der Werkstatt, mit Ausnahme der unproduktiven Lohnsumme, da diese konkret neu berechnet wurde.

Gesamtgemeinkosten Werkstatt

Für die Ermittlung der geplanten Gemeinkosten der Werkstatt wird die Summe Gemeinkosten nach Umlage der Verwaltungskosten aus dem BAB herangezogen (Zelle H33). Von dieser Summe muss die alte unproduktive Lohnsumme abgezogen werden (Zellen H9 und H10). Dieser ermittelte Wert unterliegt in unserem Beispiel einer Steigerung von 8,0 %. Der Wert wird mit der Steigerungsrate multipliziert und ergibt in der Addition mit der neuen konkret berechneten unproduktiven Lohnsumme die neuen geplanten Gemeinkosten der Werkstatt.

Gemeinkosten Planung	Laut BAB	Steigerung	Planwert
Neue unproduktive Lohnsumme			58 000,00 EUR
Sonstige Gemeinkosten (Summe Gemeinkosten – unproduktive Lohnsumme) (H33 – H9 – H10)	213 600,00 EUR	8,0 %	230 688,00 EUR
Geplante Gesamt-gemeinkosten Werkstatt			**288 688,00 EUR**

Ermittlung des neuen Gemeinkostenzuschlages

Der **Gemeinkostenzuschlag** bezieht sich auf die Einzelkosten, also stellen die Einzelkosten – die produktive Planlohnsumme – die Basis für die prozentuale Ermittlung des Gemeinkostenzuschlagsatzes dar.

Berechnung Gemeinkostenzuschlag	EUR	%
Produktive Planlohnsumme	76 084,00 EUR	100,00 %
Plangesamtgemeinkosten	**288 688,00 EUR**	**379,43 %**

$$\text{Gemeinkostenzuschlag} = \frac{\text{Plangesamtgemeinkosten} \cdot 100}{\text{Produktive Planlohnsumme}} = 379,43\ \%$$

Der neue Gemeinkostenzuschlag des Kundendienst beträgt 379,43 %. Mit diesem Zuschlagsatz kann jetzt der neue Stundenverrechnungssatz der Werkstatt ermittelt werden.

Kalkulation des Stundenverrechnungssatzes

Die **Kalkulation des neuen Stundenverrechnungssatzes der Werkstatt** kann jetzt durchgeführt werden. Es fehlt lediglich noch der **Gewinnaufschlag**, den Herr Fritz aufgrund der Marktlage mit 6,5 % annimmt.

Stundenverrechnungssatzkalkulation	%	EUR
Produktiver Werkstattschnittlohn	100,00 %	11,00 EUR
Gemeinkostenzuschlag	379,43 %	41,74 EUR
Selbstkosten Planung	100,00 %	52,74 EUR
Gewinnzuschlag	6,5 %	3,43 EUR
Stundenverrechnungssatz netto	100,00 %	**56,17 EUR**
Umsatzsteuer	19 %	10,67 EUR
Stundenverrechnungssatz brutto		66,84 EUR

Der neue Stundenverrechnungssatz der Werkstatt beträgt 56,17 EUR netto = 66,84 EUR brutto und wird nun im Kundendienst-Büro, gut sichtbar für den Kunden, ausgehängt.

Die Kalkulation bezieht sich auf Vergangensheitwerte aus dem BAB. Herr Fritz versieht diese Werte mit einer möglichen zukünftigen Entwicklung der Kostenhöhe und kommt so zu konkreten Planwerten, die im neuen Jahr auf ihre Richtigkeit zu kontrollieren sind.

Bruttoertragsplanung

Der **Bruttoertrag** ist eine wichtige Kennzahl im Kfz-Betrieb. Sie sagt aus, wie viel vom erzielten Umsatz nach Abzug des Einstandspreises noch übrig bleibt, um alle weiteren Kosten abzudecken und darüber hinaus einen Gewinn zu erzielen. Praktiker bezeichnen den Bruttoertrag als ersten Wirtschaftlichkeitsparameter, der Auskunft über die Qualität der getätigten Geschäfte gibt.

> **Bruttoertrag = Erlöse – Einstandspreis**

Planerlös (geplante prod. Std. x neuer Stundenverrechnungssatz) 6 911 Std. x 56,17	388 191,00 EUR
Produktive Planlohnsumme	76 084,00 EUR
Bruttoertrag Werkstatt	312 107,00 EUR
Bruttoertrag in % vom Planerlös $\dfrac{312\ 107 \cdot 100}{388\ 191}$	80,4 %

Der geplante Bruttoertrag der Werkstatt beträgt 80,4 %. Ein guter Wert. Der Wert soll in der Kfz-Branche nicht unter 70 % fallen, da sonst kaum mit einem positiven Ergebnis im Kundendienst gerechnet werden kann.

Herr Fritz ist mit seiner Planung zufrieden und überlegt sich, die monatlichen Ergebnisse der Werkstatt anhand von Werkstattindexwerten zu beurteilen. Diese lassen sich leicht grafisch darstellen und ermöglichen so auf einen Blick eine Beurteilung des Werkstattgeschäfts.

Werkstattindexwerte

Die **Werkstattindexrechnung** bezieht sich auf zwei Indexpaare, zum einen die **Planwerte**, zum anderen die erreichten **Istwerte** der Monate.

- **Planindexwerte**

Lohnindex (LI)
Der **Lohnindex** gibt an, wie viel Umsatz pro eingesetztem produktiven EUR erwirtschaftet werden muss, um die Selbstkosten abzudecken und den geplanten Gewinn (in unserem Beispiel von 6,5 %) zu erzielen.

Formel:

$$\text{Lohnindex} = \frac{\text{neuer Stundenverrechnungssatz netto}}{\text{geplanter produktiver Werkstattschnittlohn}}$$

$$\text{Lohnindex (LI)} = \frac{56{,}17\ \text{EUR}}{11{,}00\ \text{EUR}} = 5{,}11$$

Ein Lohnindex von 5,11 bedeutet, dass pro eingesetztem produktiven EUR in der Werkstatt ein Umsatz von 5,11 EUR geplant ist, um die Selbstkosten abzudecken und einen Gewinn (in unserem Beispiel von 6,5 %) zu erwirtschaften.

Selbstkostenindex (SKI Plan)
Der **Selbstkostenindex** gibt an, wie viel Umsatz pro eingesetztem produktiven EUR erwirtschaftet werden muss, um die Selbstkosten abzudecken.

Formel:

$$\frac{\text{geplante Selbstkosten}}{\text{geplanter produktiver Werkstattdurchschnittslohn}}$$

$$\text{Selbstkostenindex (SKI Plan)} = \frac{52{,}74 \text{ EUR}}{11{,}00 \text{ EUR}} = 4{,}79$$

Ein Selbstkostenindex von 4,79 bedeutet, dass pro eingesetztem produktiven EUR in der Werkstatt ein Umsatz von 4,79 EUR nötig ist, um die Selbstkosten abzudecken.

Der Lohnindex und der Selbstkostenindex gelten für den geplanten Zeitraum, in unserem Beispiel für ein Jahr.

Sollten im Planungszeitraum außergewöhnliche Umstände absehbar sein, z. B. eine Erweiterung der Werkstatt, müssen kürzere Planungszeiträume betrachtet werden.

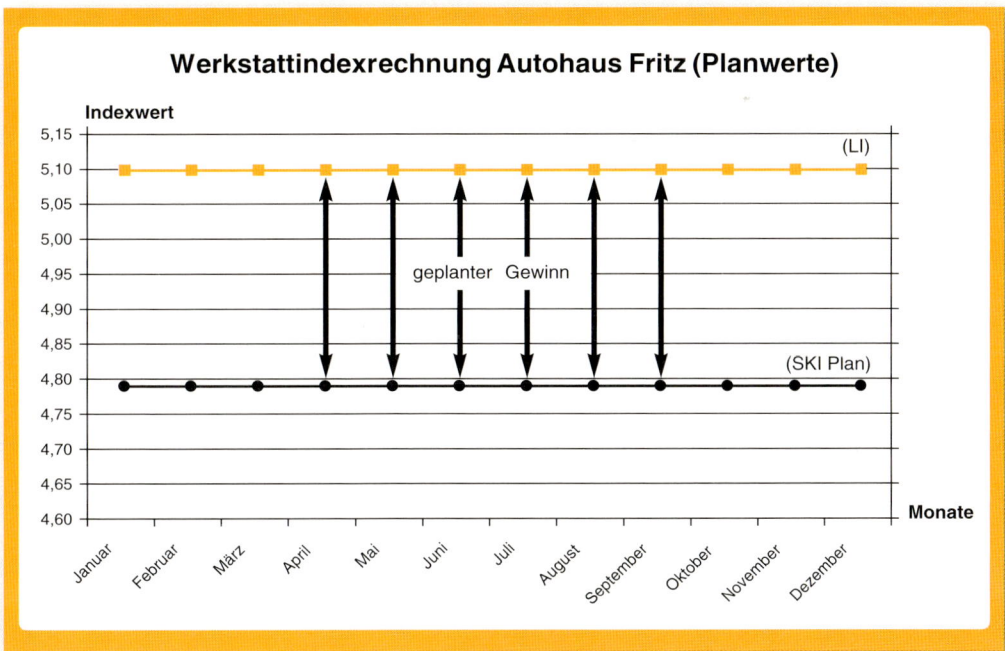

Die Fläche zwischen dem Lohnindex und dem Selbstkostenindex (Plan) stellt den **geplanten Gewinn** dar.

Die einzelnen Monatsergebnisse können jetzt mit den Planwerten verglichen und bewertet werden.

- **Istindexwerte des Betrachtungszeitraumes**

Erlösindex (EI)

Der **Erlösindex (EI)** gibt an, wie viel Umsatz pro eingesetztem produktiven EUR im Betrachtungszeitraum (Monat) erwirtschaftet wurde.

Formel

$$\frac{\text{Monatsumsatz}}{\text{gesamter produktiver Lohn des Monats}}$$

Selbstkostenindex (SKI Ist)

Der **Selbstkostenindex** gibt an, wie viel Umsatz pro eingesetztem produktiven EUR im Betrachtungszeitraum (Monat) benötigt wurde, um die Selbstkosten abzudecken.

Formel

$$\frac{\text{Selbstkosten des Monats}}{\text{gesamter produktiver Lohn des Monats}}$$

Ende Juni liegen folgende Ergebnisse für die ersten sechs Monate des neuen Jahres vor.

Tabelle der erreichten Monatswerte

Text	Januar	Februar	März	April	Mai	Juni
Erlöse	28 951	29 556	30 916	26 888	28 454	28 556
Prod. Lohn	5 790	6 158	6 050	5 721	6 052	5 711
Selbstkosten	27 792	28 943	28 980	26 888	27 839	27 127
EI	5,00	4,80	5,11	4,70	4,70	5,00
SKI (Ist)	4,80	4,70	4,79	4,70	4,6	4,75

$$\text{EI Januar} = \frac{\text{Erlöse}}{\text{Prod. Lohn}} \quad \frac{28\ 951}{5\ 790} = 5{,}00$$

$$\text{SKI (Ist) Januar} = \frac{\text{Selbstkosten}}{\text{Prod. Lohn}} \quad \frac{27\ 792}{5\ 790} = 4{,}80$$

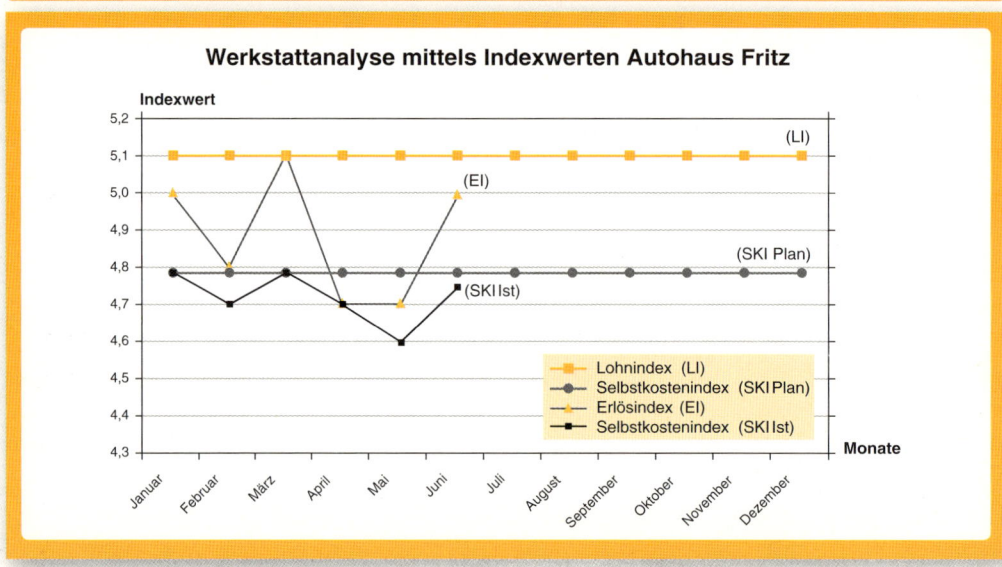

Werkstattanalyse mittels Indexwerten Autohaus Fritz

Die Grafik zeigt auf einen Blick, dass die Planwerte nur im Monat März erreicht wurden. In diesem Monat entsprechen sich LI und EI sowie SKI Plan und SKI Ist. Herr Fritz muss nun nach sechs Monaten entscheiden, ob seine Planwerte beibehalten werden oder ob eine neue Kalkulation durchgeführt werden muss.

Eine weitere Möglichkeit der Analyse des Werkstattergebnisses ist die **Durchschnittsbetrachtung** der sechs abgelaufenen Monate Januar bis Juni.

Erlöse Jan – Jun	173 260,00 EUR
Prod. Lohn Jan – Jun	35 482,00 EUR
Selbstkosten Jan – Jun	167 569,00 EUR
Durchschnittswerte EI	173 260,00/35 482,00 = 4,88
SKI (Ist)	167 569,00/35 482,00 = 4,72

Aufgaben

1. Folgende Kosten sind in der abgelaufenen Wirtschaftsperiode angefallen:

Konto	Kostenart	Gesamt in EUR	Neufahr-zeugver-kauf	Gebraucht-fahrzeug-verkauf	Lager	Kunden-dienst	Verwal-tung
7000	Neufahrzeuge	4 883 912	100 %				
7040	Gebrauchtfahrzeuge	4 442 443		100 %			
7300	Teile und Zubehör	633 556			100 %		
4101	Produktive Löhne Summe Einzelkosten	102 000				100 %	
4110	unprod.Löhne	34 990				100 %	
4200	Gehalt/Fixa	318 400	8 %	8 %	18 %	10 %	56 %
4300	Sozialaufwand ges.	61 200	8 %	8 %	18 %	10 %	56 %
4500	Reparaturen/ Instandhaltung	63 000			2 %	95 %	3 %
4600	Hilfs- und Betriebsmittel	6 200				100 %	
4401–4405	Heizung/Energie	26 500	10 %	10 %	10 %	35 %	35 %
4803	Büromaterial	21 440					100 %
4710	Gewerbesteuer	100 000	30 %	30 %	20 %	20 %	
4720	Beiträge	4 200					100 %
4730	Versicherungen	15 600	20 %	20 %	20 %	20 %	20 %
4805	Rechts- und Beratungskosten	8 700	30 %	30 %		30 %	10 %
4801–4802	Porto/Fax/Telefon	12 300	40 %	40 %			20 %
4825	Bewirtungskosten	2 800					100 %
4826	Reisekosten	17 200	25 %	25 %			50 %
4821	Werbekosten	220 000	60 %	20 %	10 %	10 %	
4811	sonstige Kosten	178 000	20 %	20 %	20 %	40 %	
4890–4893	Kalkulatorische Kosten	120 000	10 %	10 %	30 %	50 %	

Konto	Kostenart	Gesamt in EUR	Neufahr- zeugver- kauf	Gebraucht- fahrzeug- verkauf	Lager	Kunden- dienst	Verwal- tung
4921– 4922	Verkaufsprovisionen	204 998	55 %	45 %			
4942	Ablieferungs- durchsicht	7 200	100 %				
4950– 4951	Gewährleistungen/ Sachmängelhaftung	69 500	70 %	30 %			
4965	Kulanzen	8 700	30 %	70 %			

a) Erstellen Sie mithilfe eines geeigneten EDV-Programms einen Betriebsabrechnungsbogen nach dem Muster des Autohauses Fritz.

b) Tragen Sie die Gesamtkosten in die Spalte Gesamt in EUR ein.

c) Verteilen Sie die Kosten gemäß den obigen Prozentangaben auf Hilfskosten- und Hauptkostenstellen.

d) Verteilen Sie die Verwaltungskosten mit folgendem Schlüssel auf die Hauptkostenstellen: NF-Verkauf 35 %, GF-Verkauf 30 %, Lager 15 %, Kundendienst 20 %.

e) Ermitteln Sie die Summe Gemeinkosten je Hauptkostenstelle nach der Umlage der Verwaltungskosten.

f) Ermitteln Sie den Sollzuschlag.

g) Ermitteln Sie die Kostenüber- bzw. Kostenunterdeckung, wenn mit folgenden Normalzuschlägen gerechnet wurde: NF-Verkauf 10 %, GF-Verkauf 10 %, Lager 30 %, Kundendienst 300 %.

2. Ein Spoiler hat einen Einkaufspreis von 124,50 EUR netto. Sie wollen im neuen Jahr den Sollzuschlag im Lager aus dem obigen BAB für die Kalkulation der Verkaufspreise benutzen. Erstellen Sie mithilfe eines geeigneten EDV-Programmes ein Kalkulationsschema.

a) Wie hoch ist der neue Netto-Verkaufspreis, wenn ein Gewinnzuschlag von 8 % angenommen wird?

b) Wie hoch war der alte Netto-Verkaufspreis, wenn ein Gewinnzuschlag von 8 % angenommen wurde?

c) Um wie viel EUR hat sich der Netto-Verkaufspreis erhöht?

3. Sie wollen den Stundenverrechnungssatz der Werkstatt neu kalkulieren.
Folgende Angaben sind dafür relevant:
Produktives Werkstattpersonal:

ein Meister 90 % unproduktiv	Jahresgehalt	31 900,00 EUR
fünf Monteure	Durchschnittlicher Stundenlohn	11,85 EUR
ein Azubi 1. Lj. 100 % unproduktiv	Jahresentgelt	3 600,00 EUR
ein Azubi 2. Lj. 90 % unproduktiv	Jahresentgelt	4 400,00 EUR
ein Azubi 3. Lj. 70 % unproduktiv	Jahresentgelt	5,600,00 EUR

Für das nächste Jahr planen Sie mit folgenden Angaben (Durchschnittswerte):

8 Feiertage	365 Jahrestage (kein Schaltjahr)
30 Urlaubstage	37,5-Stunden-Woche
10 Krankheitstage	unproduktive Anwesenheitszeit der Monteure 8,5 %
4 Schulungstage für die Monteure/	Kostensteigerung 4 %
5 Schulungstage für den Meister	Gewinnzuschlag 6 %.

Für den Gemeinkostenzuschlag sind die Werte aus dem BAB aus Aufgabe 1 maßgeblich.

4. Nehmen Sie die Werkstattplanung mittels der Indexrechnung vor.
Maßgeblich sind die Werte aus Aufgabe 3.

a) Ermitteln Sie den Lohnindex (LI).
b) Ermitteln Sie den geplanten Selbstkostenindex (SKI Plan).
c) Nehmen Sie die Umsatzplanung vor.
d) Ermitteln Sie den geplanten Bruttoertrag in EUR und Prozent.
e) Stellen Sie die Indexplanung mit geeigneter Software für ein Jahr grafisch dar.

5. Nehmen Sie eine Werkstattanalyse vor.

a) Ermitteln Sie aus den folgenden Angaben den Erlösindex und den Selbstkostenindex für die Monate Januar bis Juni des neuen Jahres. Erstellen Sie mit geeigneter Software eine Ergebnistabelle.

Text	Januar	Februar	März	April	Mai	Juni
Erlöse	41 200	38 700	43 660	42 160	35 790	34 212
Prod. Lohn	7 923	7 515	8 238	8 030	6 883	6 708
Selbstkosten	40 407	38 700	40 366	40 070	34 759	34 212

b) Stellen Sie die Ist-Indexwerte mit geeigneter Software grafisch dar.
c) Erstellen Sie eine Grafik mit den geplanten (LI und SKI Plan) aus Aufgabe 4 und den erreichten (EI und SKI Ist) Indexwerten.
d) Beurteilen Sie die erzielten Ergebnisse.
e) Interpretieren Sie die Kurvenverläufe.
f) Interpretieren Sie sechs Ihrer Meinung nach markante Punkte der Kurven.

6. Nehmen Sie eine Werkstattanalyse vor. Der Lohnindex (LI) beträgt 5,15, der geplante Selbstkostenindex (SKI Plan) beträgt 4,95.

a) Ermitteln Sie aus den folgenden Angaben den Erlösindex (EI) und den Selbstkostenindex (SKI Ist) für die Monate Januar bis Juni des neuen Jahres sowie den durchschnittlichen EI und SKI Ist.

Text	Januar	Februar	März	April	Mai	Juni
Erlöse	81 200	78 500	89 900	87 400	81 200	82 012
Prod. Lohn	16 240	15 243	18 347	16 971	15 615	16 081
Selbstkosten	80 388	75 300	89 533	79 763	76 203	79 117

b) Stellen Sie die Ist-Indexwerte mit geeigneter Software grafisch dar.
c) Erstellen Sie eine Grafik mit den geplanten (LI und SKI Plan), den erreichten (EI und SKI Ist) und den durchschnittlichen Indexwerten.
d) Beurteilen Sie die erzielten Ergebnisse.
e) Interpretieren Sie die Kurvenverläufe.
f) Interpretieren Sie sechs Ihrer Meinung nach markante Punkte der Kurven.
g) Erläutern Sie drei Gründe, warum der EI den LI nicht erreicht.

7. Kalkulieren Sie aufgrund der folgenden Angaben den Stundenverrechnungssatz der Werkstatt neu.

Produktives Werkstattpersonal:

ein Meister 85 % unproduktiv	Jahresgehalt	30 900,00 EUR
fünf Monteure	Durchschnittlicher Stundenlohn	12,01 EUR
ein Azubi 1. Lj. 100 % unproduktiv	Jahresentgelt	3 800,00 EUR
ein Azubi 2. Lj. 90 % unproduktiv	Jahresentgelt	4 500,00 EUR
ein Azubi 3. Lj. 70 % unproduktiv	Jahresentgelt	5 650,00 EUR

Für das nächste Jahr planen Sie mit folgenden Angaben (Durchschnittswerte):

9 Feiertage — 365 Jahrestage (kein Schaltjahr)

30 Urlaubstage — 37,5-Std.-Woche

11 Krankheitstage — unproduktive Anwesenheitszeit der Monteure 9,5 %

6 Schulungstage für die Monteure/ — Gewinnzuschlag 6,2 %

10 Schulungstage für den Meister

Die Kostenrechnung hat die Höhe der geplanten Gemeinkosten der Werkstatt ohne unproduktive Löhne mit 225 000,00 EUR ermittelt.

5 Teilkostenrechnung

5.1 Mangel der Vollkostenrechnung

Aufgabe des Rechnungswesens ist es, ständig Daten als Entscheidungshilfen zu liefern. Eine unternehmerische Entscheidung, ob eine neues Produkt vertrieben oder ein Auftrag angenommen wird, hängt davon ab, inwieweit sich dieses Geschäft für den Kfz-Betrieb lohnt.

Beispiel aus dem Autohaus Fritz:

Ein Kunde möchte den Einbau eines Glashubdaches an seinem Pkw. Er hat sich bereits mehrere Angebote eingeholt und ist bereit, für den Einbau 320,00 EUR netto zu zahlen. Die Werkstatt des Autohauses Fritz ist nur zu 80 % ausgelastet.

Herr Fritz kalkuliert den Preis für den Werkstattauftrag wie folgt:

Einstandspreis des Glashubdaches	170,00 EUR
+ Gemeinkostenzuschlag 32,29 %	54,89 EUR
= Materialkosten	224,89 EUR

Für den Einbau benötigt der Monteur zwei Stunden:

2 Std. Arbeitszeit x 56,17 EUR Stundenverrechnungssatz	112,34 EUR
Die Selbstkosten betragen für das Autohaus Fritz	337,23 EUR

Herr Fritz lehnt diesen Auftrag ab, da er nach der Kalkulation der **Vollkostenrechnung** für das Autohaus Fritz unwirtschaftlich ist.

Hier hat das Rechnungswesen falsche Daten zur Entscheidungsfindung bereitgestellt.

In der Planung ging Herr Fritz davon aus, dass durch den zusätzlichen Auftrag auch die Gemeinkosten ansteigen. Dieses ist nicht der Fall, da viele Kostenarten umsatzunabhängig (fix) sind und durch den zusätzlichen Auftrag nicht erhöht werden.

5.2 Aufteilung der Kosten in fixe und variable Kosten

Variable Kosten sind umsatzabhängige Kosten. Das sind z. B. der Fertigungslohn der Monteure, der Einstandspreis von Ersatzteilen und Zubehör, Neufahrzeugen und Gebrauchtfahrzeugen. Diese Kosten entstehen erst durch den Verkauf.

Fixe Kosten sind umsatzunabhängige Kosten. Das sind z. B. die Miete für Gebäude, die Heizkosten oder die Gehälter. Egal, ob das Autohaus einen Umsatz tätigt oder nicht, die genannten Kosten fallen trotzdem an.

Damit das Rechnungswesen für eine unternehmerische Entscheidung korrekte Plandaten zur Verfügung stellen kann, dürfen nur die Kostenanteile in die Entscheidung einbezogen werden, die durch die Entscheidung auch tatsächlich verändert werden. Man nennt dies **„Prinzip der Kostenrelevanz"**. Somit wird nur ein Teil aller anfallenden Kosten (Teilkostenrechnung) des Autohauses in die Entscheidung einbezogen, ob das Glashubdach für den geforderten Preis eingebaut wird.

In unserem Beispiel sind die relevanten Kosten die variablen Kosten:

- der Einstandspreis für das Glashubdach und
- der Fertigungslohn des Monteurs.

Variable Kosten:

Glashubdach		170,00 EUR
Fertigungslohn	2 Std. x 12,00 EUR Stundenlohn	+ 24,00 EUR
Summe der variablen Kosten		= 194,00 EUR

Weitere fixe Kosten werden durch den zusätzlichen Werkstattauftrag nicht wesentlich verändert. Die Heizkosten der Werkstatt fallen in gleicher Höhe an, die Gehälter und die Mieten müssen weiterhin in gleicher Höhe gezahlt werden. Die fixen Kosten werden also durch die Entscheidung, den Auftrag anzunehmen, nicht verändert.

5.3 Der Deckungsbeitrag

In der Teilkostenrechnung werden nicht alle Kosten in eine unternehmerische Entscheidung einbezogen. Somit kann der Unternehmer nicht mehr ermitteln, wie hoch seine Selbstkosten sind und eine Verkaufskalkulation ist ebenfalls nicht möglich. Die Teilkostenrechnung ermittelt lediglich den Differenzbetrag zwischen Erlös und variablen Kosten. Diese Differenz nennt man **Deckungsbeitrag**. Der Ausgangspunkt der unternehmerischen Entscheidung ist der Marktpreis.

Allgemeine Formel

> **Deckungsbeitrag (DB) = Umsatzerlös – variable Kosten**

Der Deckungsbeitrag des Werkstattauftrages „Einbaus eines Glashubdaches" lässt sich wie folgt berechnen:

Erlös	320,00 EUR
– variable Kosten	194,00 EUR
= Deckungsbeitrag	126,00 EUR

Durch die Annahme des Auftrages erzielt das Autohaus Fritz einen zusätzlichen Deckungsbeitrag in Höhe von 126,00 EUR. Dieser Deckungsbeitrag wird dazu genutzt, die sowieso anfallenden fixen Kosten abzudecken. **Kurzfristig** ist jeder Auftrag wirtschaftlich, der einen positiven Deckungsbeitrag erwirtschaftet. **Langfristig** muss die Summe aller Deckungsbeiträge so hoch sein, dass die fixen Kosten abgedeckt werden und darüber hinaus ein Gewinn erwirtschaftet wird.

In unserem Beispiel ist es betriebswirtschaftlich sinnvoll, den Auftrag anzunehmen und das Glashubdach für 320,00 EUR einzubauen. Das gilt allerdings nur bei Unterbeschäftigung. In unserem Beispiel ist die Werkstatt nur zu 80 % ausgelastet. Wäre sie zu 100 % ausgelastet, bedeutete die Auftragsannahme den Verlust eines Werkstattauftrages mit einem höheren Deckungsbeitrag.

Eine marktorientierte Unternehmensführung verlangt vom Kfz-Betrieb eine flexible Preisgestaltung in besonderen Marktsituationen, um Aufträge zu erhalten. Dabei muss auf die Abdeckung eines Teils der Gesamtkosten verzichtet werden, die von der Kostenrechnung ermittelt wurden.

Die Teilkostenrechnung betrachtet ein Autohaus als ein Unternehmen, das ein Bündel von Leistungen anbietet (Fahrzeug-, Teileverkauf und Kundendienst). Die **Summe aller erwirtschafteten Deckungsbeiträge** muss die Gesamtkosten des Autohauses abdecken.

Beispiele von besonderen Marktsituationen

- Mitkonkurrenten bieten Neufahrzeuge zu einem niedrigeren Preis an.

- Ein „Fast Fitter" (das ist ein Kettenbetrieb, der nur über ein eingeschränktes Werkstattangebot verfügt, in der Regel Verschleißreparaturen) hat sich im Marktgebiet niedergelassen und wirbt mit sehr niedrigen Preisen für seine Werkstattleistungen.

- Sonderangebote zu verschiedenen Anlässen, z. B. Wintercheck, Sommercheck oder der Verkauf von Auslaufmodellen bei den Neufahrzeugen.

In solchen Fällen stellt sich die Frage nach der **Preisuntergrenze**. Würde in diesen Fällen die Vollkostenrechnung angewendet werden, käme es zu Wettbewerbsnachteilen, da den einzelnen Produkten oder Leistungen Kosten angelastet würden, die zwar der Gesamtbetrieb, aber nicht direkt das einzelne Produkt oder die einzelne Leistung verursacht hat. Ein großer Teil der Gemeinkosten fällt auch dann an, wenn das einzelne Produkt oder die einzelne Leistung nicht angeboten würde.

5.4 Kostendeckungspunkt (Break-even-Punkt)

Die Teilkostenrechnung ermöglicht es, den **Kostendeckungspunkt** der einzelnen Abteilungen zu ermitteln. Durch die Unterteilung in fixe und variable Kosten können die Deckungsbeiträge der einzelnen Geschäfte ermittelt werden. Ist die Summe der erwirtschafteten Deckungsbeiträge so hoch wie die fixen Kosten der Abteilung, ist der Kostendeckungspunkt oder auch der **Break-even-Punkt** der Abteilung erreicht.

Dieser Zusammenhang mit den fixen und variablen Kosten soll im Folgenden grafisch am Beispiel der Werkstatt dargestellt werden.

Die direkt der Werkstatt zurechenbaren fixen Kosten setzen sich im Autohaus Fritz aus den unproduktiven Löhnen der Monteure = 29 600,00 EUR, dem Gehalt des Werkstattmeisters = 27 300,00 EUR, dem gesetzlichen sozialen Aufwand 5 460,00 EUR, den Reparaturen 78 000,00 EUR,

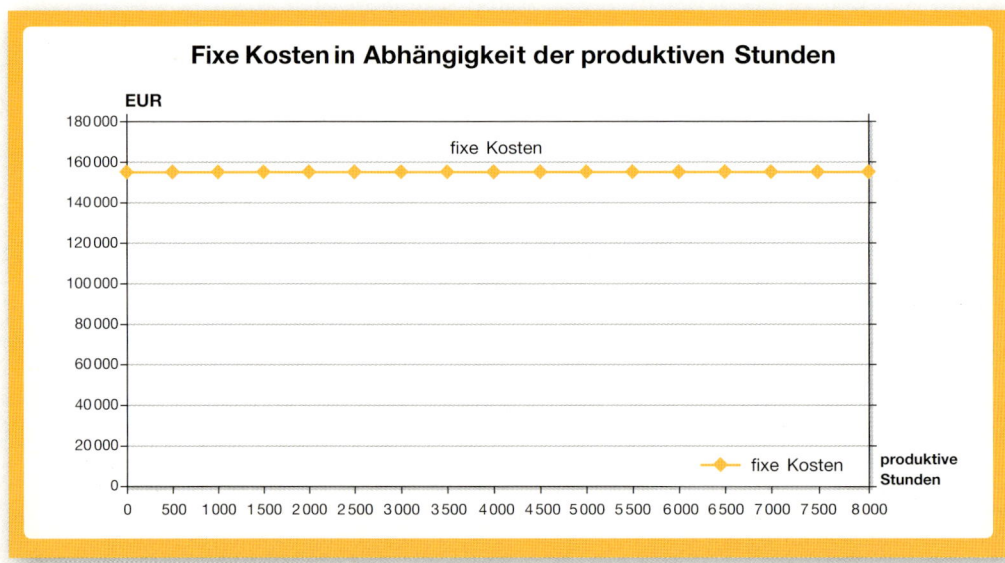

den Hilfsmitteln 5 800,00 EUR und der Werbung 10 000,00 EUR zusammen (siehe BAB). Die Summe ergibt 156 160,00 EUR. Die fixen Kosten ändern sich in Abhängigkeit der produktiven Stunden nicht. Die grafische Darstellung ergibt eine Gerade.

Die variablen Kosten erhöhen sich mit zunehmender Beschäftigung in der Werkstatt. Die Monteure erhalten 12,00 EUR pro Stunde. Multipliziert man den Stundenlohn mit der Anzahl der produktiven Stunden, erhält man die variablen Kosten.

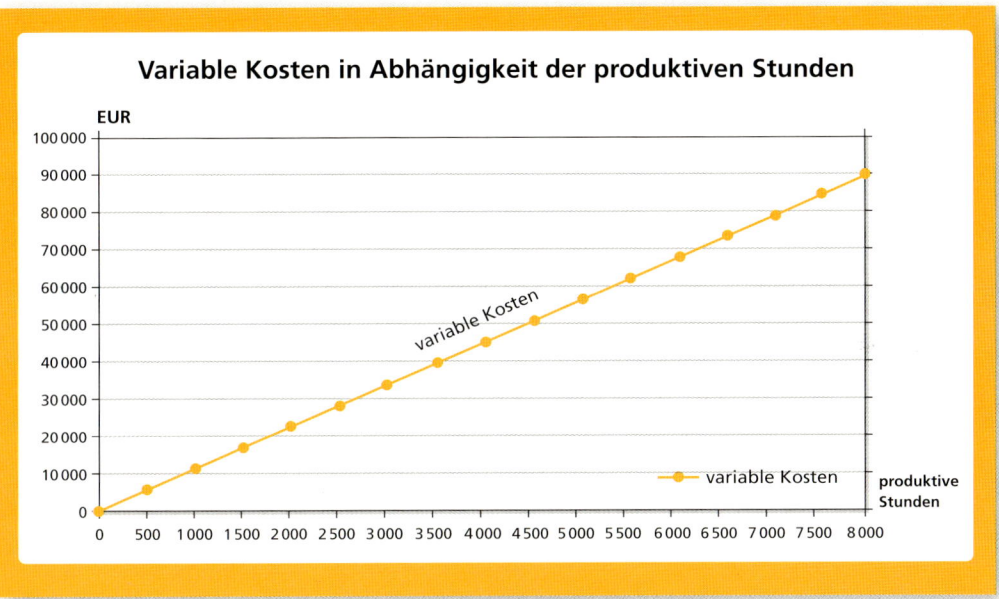

Die Gesamtkosten ergeben sich aus der Addition der fixen und der variablen Kosten.

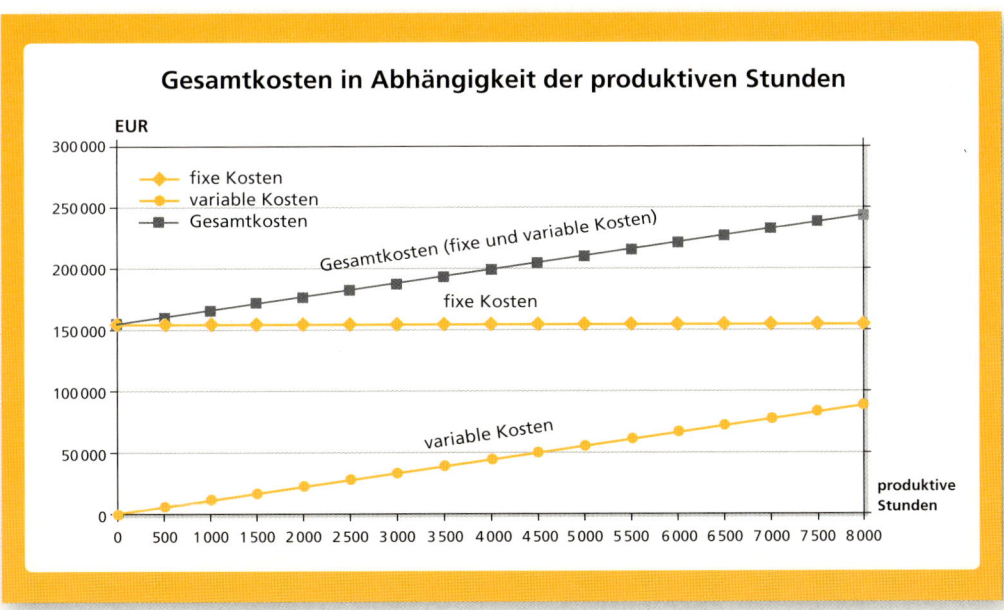

Die folgende Tabelle beinhaltet auch die Umsatzerlöse in Abhängigkeit der produktiven Stunden. Multipliziert man die produktiven Stunden mit dem Stundenverrechnungssatz von 47,81 EUR, erhält man die Umsatzerlöse in der Werkstatt.

produktive Stunden	fixe Kosten	variable Kosten	Gesamtkosten	Umsatzerlöse
0	156 160,00 EUR	0,00 EUR	156 160,00 EUR	0,00 EUR
500	156 160,00 EUR	6 000,00 EUR	162 160,00 EUR	23 905,00 EUR
1 000	156 160,00 EUR	12 000,00 EUR	168 160,00 EUR	47 810,00 EUR
1 500	156 160,00 EUR	18 000,00 EUR	174 160,00 EUR	71 715,00 EUR
2 000	156 160,00 EUR	24 000,00 EUR	180 160,00 EUR	95 620,00 EUR
2 500	156 160,00 EUR	30 000,00 EUR	186 160,00 EUR	119 525,00 EUR
3 000	156 160,00 EUR	36 000,00 EUR	192 160,00 EUR	143 430,00 EUR
3 500	156 160,00 EUR	42 000,00 EUR	198 160,00 EUR	167 335,00 EUR
4 000	156 160,00 EUR	48 000,00 EUR	204 160,00 EUR	191 240,00 EUR
4 500	156 160,00 EUR	54 000,00 EUR	210 160,00 EUR	215 145,00 EUR
5 000	156 160,00 EUR	60 000,00 EUR	216 160,00 EUR	239 050,00 EUR
5 500	156 160,00 EUR	66 000,00 EUR	222 160,00 EUR	262 955,00 EUR
6 000	156 160,00 EUR	72 000,00 EUR	228 160,00 EUR	286 860,00 EUR
6 500	156 160,00 EUR	78 000,00 EUR	234 160,00 EUR	310 765,00 EUR
7 000	156 160,00 EUR	84 000,00 EUR	240 160,00 EUR	334 670,00 EUR
7 500	156 160,00 EUR	90 000,00 EUR	246 160,00 EUR	358 575,00 EUR

Der **Break-even-Punkt** ist erreicht, wenn die Umsatzgerade die Summe der fixen und variablen Kosten schneidet.

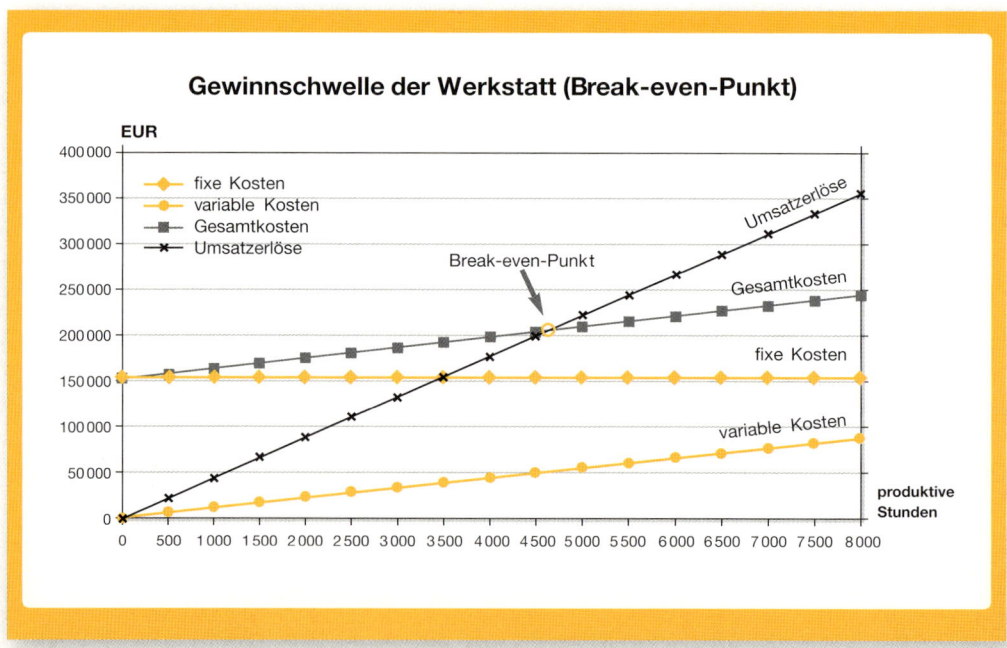

Gewinnschwelle der Werkstatt (Break-even-Punkt)

5.5 Kurzfristige Erfolgsrechnung

Die Deckungsbeitragsrechnung wird durch die „**Kurzfristige Erfolgsrechnung**" in die Praxis umgesetzt. Den markengebundenen Autohäusern stellen die Hersteller/Importeure die kurzfristige Erfolgsrechnung zur Verfügung. Für das Autohaus Fritz sieht die kurzfristige Erfolgsrechnung für den Monat März wie folgt aus:

	A	B	C	D	E	F	G
1 2	**Kurzfristige Erfolgsrechnung Autohaus Fritz GmbH** Monat März						
3	Konto	Text	Gesamt	Neu-fahrzeug-verkauf	Gebraucht-fahrzeug-verkauf	Lager	Kunden-dienst
4	8 ...	Umsatzerlöse	1 131 159	521 000	504 000	76 676	29 483
5	7000	Neufahrzeuge	443 000	443 000			
6	7040	Gebrauchtfahrzeuge	458 640		458 640		
7	7300	Teile und Zubehör	43 079			43 079	
8	4101	Produktive Löhne	7 400				7 400
9		Bruttoertrag (Deckungsbeitrag 1)	179 040	78 000	45 360	33 597	22 083
10	4921–4922	Verkaufsprovisionen	16 300	9 800	6 500		
11	4941	Fertigmachen	612	612			
12	4950–4951	Gewährleistungen/ Sachmängelhaftung	8 070	4 200	3 870		0
13	4965	Kulanzen	752	420	332		
14		Deckungsbeitrag 2	153 306	62 968	34 658	33 597	22 083
15	4110	unprod. Löhne	2 450				2 450
16	4200	Gehalt/Fixa	12 050	2 400	2 850	4 200	2 600
17	4300	Sozialaufwand gesetzlich	3 598	480	570	2 028	520
18	4500	Reparaturen/Instandh.	6 200				6 200
19	4600	Hilfsmittel/Betriebsm.	480				480
20	4821	Werbekosten	22 000	10 000	9 800	1 000	1 200
21		Deckungsbeitrag 3	106 528	50 088	21 438	26 369	8 633
22	4401–4405	Heizung/Energie	2 100				
23	4803	Büromaterial	1 800				
24	4710	Gewerbesteuer	10 000				
25	4720	Beiträge	580				
26	4730	Versicherungen	1 600				
27	4805	Rechts- u. Beratungskst.	1 260				
28	4801–4802	Porto/Fax/Telefon	1 120				
29	4825	Bewirtungskosten	580				
30	4826	Reisekosten	970				
31	4811	sonstige Kosten	18 700				
32		Summe indirekte fixe Kosten (Blockkosten)	38 710				
33		Betriebsergebnis vor kalkulatorischen Kosten	67 818				
34	4890–4893	Kalkulatorische Kosten	10 000				
35		Betriebsergebnis	57 818				

Schema einer kurzfristigen Erfolgsrechnung

Erlöse

./. variable Kosten (VAK und Fertigungslohn)

= Bruttoertrag (Deckungsbeitrag 1)

./. weitere variable Kosten (Provisionen usw.)

= Deckungsbetrag 2

./. direkte fixe Kosten

= Deckungsbetrag 3

./. indirekte fixe Kosten (Blockkosten)

= Betriebsergebnis vor kalkulatorischen Kosten

./. kalkulatorische Kosten

= Betriebsergebnis

Die variablen Kosten werden den Abteilungen zugeordnet, in denen sie angefallen sind. Die direkten fixen Kosten sind alle umsatzunabhängigen Kosten, die einer Abteilung direkt ohne Schlüsselung zugeordnet werden konnten. Alle Kosten, die nicht direkt einer Abteilung zugeordnet werden konnten, gehen in die **indirekten fixen Kosten** ein.

Die Erfolgsrechnung hat **drei Deckungsbeitragsebenen.** In der Praxis gibt es bei den Herstellern/ Importeuren davon abweichende Regelungen. Das obige Grundschema wird jedoch in allen Fällen eingehalten. Die direkte Zuordnung der Kosten hat den Nachteil, dass die Kostenkonten tief gegliedert sein müssen. Beispielsweise reicht dem Vollkostenrechner ein Konto Werbung, während im System der Teilkostenrechnung hierfür vier Konten benötigt werden, für jede Abteilung eines. Würde man diese Unterteilung nicht vornehmen, müssten die Kosten für Werbemaßnahmen gänzlich in die **indirekten fixen Kosten** eingehen.

Die kurzfristige Erfolgsrechnung ermöglicht der Geschäftsführung, jeden Monat eine Analyse der getätigten Geschäfte vorzunehmen. Sollte es Schwachstellen im Kfz-Betrieb geben, kann die Geschäftsleitung kurzfristig darauf reagieren.

Den markengebundenen Autohäusern wird die kurzfristige Erfolgsrechnung vom Hersteller/ Importeur zur Verfügung gestellt. Sie enthält neben den Informationen zum abgelaufenen Monat weitere Vergleichszahlen. Das sind z. B. die eigenen Ergebnisse des Vormonats, die eigenen kumulierten Jahreswerte, Durchschnittszahlen von Autohäusern der gleichen Marke mit vergleichbarer Größe und eventuell die Zahlen der Topgruppe (z. B. die Ergebnisse der besten zehn Händler) der Händler gleicher Marke und vergleichbarer Größe. Darüber hinaus werden die variablen und fixen Kosten sowie die unterschiedlichen Deckungsbeiträge stets auch in Prozentwerten des Umsatzes (= 100 %) ausgedrückt, damit eine bessere Vergleichbarkeit gegeben ist.

5.6 Rechnerische Ermittlung des Break-even-Punktes

Für das Autohaus Fritz sieht die Jahresergebnisrechnung wie folgt aus:

	A	B	C	D	E	F	G
1							
2	**Erfolgsrechnung Autohaus Fritz GmbH**						
3	Konto	Text	Gesamt	Neu-fahrzeug-verkauf	Gebraucht-fahrzeug-verkauf	Lager	Kunden-dienst
4	8 …	Umsatzerlöse	12 973 106	5 776 000	6 048 000	795 312	353 794
5	7000	Neufahrzeuge	5 198 400	5 198 400			
6	7040	Gebrauchtfahrzeuge	5 503 680		5 503 680		
7	7300	Teile und Zubehör	516 953			516 953	
8	4101	Produktive Löhne	88 800				88 800
9		Bruttoertrag (Deckungsbeitrag 1)	1 665 273	577 600	544 320	278 359	264 994
10	4921–4922	Verkaufsprovisionen	206 268	103 968	102 300		
11	4941	Fertigmachen	6 840	6 840			
12	4950–4951	Gewährleistungen/ Sachmängelhaftung	78 000	38 000	30 000		10 000
13	4965	Kulanzen	6 000	5 200	800		
14		Deckungsbeitrag 2	1 368 165	423 592	411 220	278 359	254 994
15	4110	unprod. Löhne	29 600				29 600
16	4200	Gehalt/Fixa	140 400	28 600	33 800	50 700	27 300
17	4300	Sozialaufwand gesetzlich	69 334	26 514	27 220	10 140	5 460
18	4500	Reparaturen/Instandh.	78 000				78 000
19	4600	Hilfsmittel/Betriebsm.	5 800				5 800
20	4821	Werbekosten	198 000	120 000	58 000	10 000	10 000
21		Deckungsbeitrag 3	847 031	248 478	292 200	207 519	98 834
22	4200	Gehalt, Fixa, Aushilfslohn	171 600				
23	4300	Sozialaufwand gesetzlich.	34 320				
24	4401–4405	Heizung/Energie	26 800				
25	4803	Büromaterial	23 000				
26	4710	Gewerbesteuer	120 000				
27	4720	Beiträge	6 800				
28	4730	Versicherungen	19 200				
29	4805	Rechts- u. Beratungskst.	15 200				
30	4801–4802	Porto/Fax/Telefon	13 600				
31	4825	Bewirtungskosten	6 300				
32	4826	Reisekosten	8 500				
33	4811	sonstige Kosten	52 000				
34		Betriebsergebnis vor kalkulatorischen Kosten	349 711				
35	4890–4893	Kalkulatorische Kosten	120 000				
36		Betriebsergebnis	229 711				

Die Ermittlung des **Break-even-Punktes** (ausgedrückt in EUR) ermöglicht es, den Punkt festzustellen, ab welchem Umsatz die einzelnen Abteilungen die eigenen direkten fixen Kosten abgedeckt haben. Ab dieser Umsatzhöhe erwirtschaftet die Abteilung Deckungsbeitragsmasse, die dafür benötigt wird, die anfallenden indirekten fixen Kosten (Blockkosten) abzudecken. Langfristig muss die Summe aller Deckungsbeiträge größer sein als die fixen Kosten. Erst dann erwirtschaftet der Kfz-Betrieb in der Betrachtung der Teilkostenrechnung einen Gewinn.

Das Autohaus Fritz erwirtschaftete in den Abteilungen Neufahrzeugverkauf, Gebrauchtfahrzeugverkauf, Lager und Kundendienst insgesamt einen Deckungsbeitrag 3 von 847 031,00 EUR (Zelle C21). Mit dieser **Deckungsbeitragsmasse** müssen die Blockkosten abgedeckt werden, um einen Gewinn zu erzielen. Die Summe der Blockkosten beträgt 497 320,00 EUR. Das Autohaus Fritz hat damit einen Gewinn von 349 711,00 EUR erwirtschaftet. Werden von diesem Gewinn noch die kalkulatorischen Kosten abgezogen, die den tatsächlichen Werteverzehr in der Kosten- und Leistungsrechnung wiedergeben, so hat das Autohaus Fritz im abgelaufenen Jahr insgesamt einen Gewinn von 229 711,00 EUR erwirtschaftet.

Allgemeine Formel für die Ermittlung des Break-even-Punktes

$$BEP = \frac{\text{Fixe Kosten}}{1 - \left(\frac{\text{variable Kosten}}{\text{Erlös}} \right)}$$

Für den Neufahrzeugverkauf

$$\frac{175\,114}{1 - \left(\frac{5\,352\,408}{5\,776\,000} \right)} = \frac{175\,114}{0{,}0733366}$$

= 2 387 812,00 EUR

Bei einem Umsatz im Neufahrzeugverkauf von 2 387 812,00 EUR waren im abgelaufenen Jahr die direkten fixen Kosten der Abteilung abgedeckt.

Für den Gebrauchtfahrzeugverkauf

$$\frac{119\,020}{1 - \left(\frac{5\,636\,780}{6\,048\,000} \right)} = \frac{119\,020}{0{,}0679927}$$

= 1 750 482,00 EUR

Bei einem Umsatz im Gebrauchtfahrzeugverkauf von 1 750 482,00 EUR waren im abgelaufenen Jahr die direkten fixen Kosten der Abteilung abgedeckt.

Für das Lager

$$\frac{70\,840}{1 - \left(\frac{516\,953}{795\,312} \right)} = \frac{70\,840}{0{,}3499997}$$

= 202 400,00 EUR

Bei einem Umsatz im Lager von 202 400,00 EUR waren im abgelaufenen Jahr die direkten fixen Kosten der Abteilung abgedeckt.

Für den Kundendienst

$$\frac{156\,160}{1 - \left(\frac{98\,800}{353794} \right)} = \frac{156\,160}{0{,}7207414}$$

= 216 666,00 EUR

Bei einem Umsatz im Kundendienst von 216 666,00 EUR waren im abgelaufenen Jahr die direkten fixen Kosten der Abteilung abgedeckt.

Sind die Kostenarten in der Buchführung nicht ausführlich genug in direkt zurechenbare fixe Kosten und indirekte fixe Kosten unterteilt, werden viele Kosten in die Blockkosten eingehen und die Break-even-Punkte der Abteilungen schnell erreicht. Die Formel für die Ermittlung der Break-even-Punkte kann nur die direkt zurechenbaren fixen Kosten berücksichtigen. Aus diesem Grund kann es in der Praxis zu Fehleinschätzungen kommen. Langfristig muss jeder Kfz-Betrieb seine gesamten fixen Kosten abdecken, um überleben zu können.

Aufgaben

1. Ein Kunde möchte den Anbau eines Spoilers an seinem Pkw. Er hat sich bereits mehrere Angebote eingeholt und ist bereit, für den Einbau 160,00 EUR netto zu zahlen. Die Werkstatt des Autohauses ist nur zu 90 % ausgelastet.

   a) Ermitteln Sie den Verkaufspreis nach der Vollkostenrechnung, wenn der Spoiler im Einkauf 102,00 EUR netto kostet, der Anbau in 1,5 Arbeitsstunden möglich ist und der Stundenverrechnungssatz 42,00 EUR netto beträgt. Der Gemeinkostenzuschlag des Lagers beträgt 32 %. Der Gewinnzuschlag beträgt 8 %.

   b) Ermitteln Sie nach der Teilkostenrechnung den Deckungsbeitrag dieses Auftrages, wenn der Stundenlohn der Monteure 10,80 EUR beträgt.

   c) Erläutern Sie Ihre Entscheidung, den Auftrag anzunehmen oder abzulehnen.

2. Folgende Angaben liegen vor:

Fixe Kosten der Werkstatt	49 500,00 EUR
Stundenlohn der Monteure	11,50 EUR
Stundenverrechnungssatz (netto)	46,00 EUR

   a) Erstellen Sie eine Tabelle, die die fixen, variablen und Gesamtkosten in Abhängigkeit der produktiven Stunden zeigt. Ergänzen Sie diese Tabelle mit den Erlösen in Abhängigkeit der produktiven Stunden.

   b) Ermitteln Sie grafisch den Break-even-Punkt der Werkstatt.
   Benutzen Sie für die Lösung der Aufgabe ein geeignetes EDV-Programm.

3. Ermitteln Sie aus der kurzfristigen Erfolgsrechnung des Autohauses Fritz, Monat März (s. S. 189), die Break-even-Punkte der Abteilungen.

4. Folgende Salden liegen der Finanzbuchhaltung vor:

Text	Gesamt in EUR
Umsatzerlöse NF	5 880 000,00
Umsatzerlöse GF	3 455 000,00
Umsatzerlöse Teile/Zubehör	712 000,00
Umsatzerlöse Kundendienst	375 000,00
VAK NF	5 350 800,00
VAK GF	3 005 850,00
VAK Teile/Zubehör	484 160,00
Produktive Löhne	93 750,00
Verkaufsprovisionen NF	105 000,00
Verkaufsprovisionen GF	92 000,00
Ablieferungsdurchsicht NF	6 200,00
Gewährleistungen/Sachmängelhaftung NF	43 000,00
Gewährleistungen/Sachmängelhaftung GF	28 000,00
Kulanzen NF	2 400,00
Kulanzen GF	1 200,00
unprod. Löhne Werkstatt	31 200,00
Gehalt/Fixa NF	30 000,00
Gehalt/Fixa GF	25 000,00
Gehalt/Fixa Lager	35 000,00

Text	Gesamt in EUR
Gehalt/Fixa Kundendienst	28 000,00
Ges.soz. Aufwand NF	27 200,00
Ges.soz. Aufwand GF	20 500,00
Ges.soz. Aufwand Lager	7 000,00
Ges.soz. Aufwand Kundendienst	5 600,00
Reparaturen/Instands. Kundendienst	6 500,00
Hilfsmittel/Betriebsmittel Kundendienst	4 200,00
Werbung NF	52 000,00
Werbung GF	31 000,00
Werbung Lager	0,00
Werbung Kundendienst	12 000,00
Heizung/Energie	23 000,00
Büromaterial	11 200,00
Gehälter Verwaltung	112 000,00
Gewerbesteuer	100 000,00
Beiträge	5 400,00
Versicherungen	6 800,00
Rechts- u. Beratungskosten	9 800,00
Porto/Fax/Telefon	14 100,00
Bewirtungskosten	2 300,00
Reisekosten	3 600,00
sonstige Kosten	48 000,00
Kalkulatorische Kosten	115 000,00

a) Erstellen Sie mithilfe geeigneter Software eine Erfolgsübersicht auf Basis der Teilkostenrechnung mit drei Deckungsbeitragsebenen (siehe Beispiel Autohaus Fritz).
b) Ermitteln Sie das Betriebsergebnis vor und nach den kalkulatorischen Kosten.
c) Ermitteln Sie die Gewinnschwellen der einzelnen Abteilungen.

5. Folgende Angaben der Werkstatt liegen vor:
   – Die direkten fixen Kosten betragen 43 500,00 EUR.
   – Der Werkstattschnittlohn beträgt 11,60 EUR.
   – Der Stundenverrechnungssatz liegt bei 45,62 EUR netto.
   – Die Werkstatterlöse betragen 180 062,00 EUR.
   Ermitteln Sie:
   a) die Anzahl der verkauften produktiven Stunden der Werkstatt,
   b) den BEP der Werkstatt grafisch und rechnerisch,
   c) den BEP der Werkstatt in verkauften produktiven Stunden,
   d) die erwirtschaftete Deckungsbeitragsmasse der Werkstatt zur Deckung der indirekten fixen Kosten.

Lernfeldaufgabe: Durchführung eines Jahresabschlusses beim Autohaus Fritz

Das Autohaus Fritz führt den Jahresabschluss durch.
Vor den vorbereitenden Abschlussbuchungen weisen die Konten folgende Salden auf.

Kontenklasse 0 Anlage und Kapitalkonten

Grundstücke und Bauten	Vorläufiger Saldo
0050 Grundstücke	340 000,00 EUR
0080 Bauten auf eigenen Grundstücken	400 000,00 EUR
0140 Wohnbauten	180 000,00 EUR

Technische Anlagen	Vorläufiger Saldo
0200 Technische Anlagen und Maschinen	51 000,00 EUR

Andere Anlagen, Betriebs- und Geschäftsausstattung	Vorläufiger Saldo
0440 Werkzeuge	62 000,00 EUR
0400 Fahrzeuge	16 500,00 EUR
0410 Vorführfahrzeuge	210 000,00 EUR
0420 Büroeinrichtung	17 000,00 EUR
0485 GWG-Pool	3 200,00 EUR
0490 Sonstige Betriebs- und Geschäftsausstattung	20 620,00 EUR

Verbindlichkeiten	Vorläufiger Saldo
0630 Verbindlichkeiten gegenüber Kreditinstituten	860 000,00 EUR
0650 Langfristige Verbindlichkeiten (Hypotheken)	125 000,00 EUR

Kapital Kapitalgesellschaften	Vorläufiger Saldo
0800 Gezeichnetes Kapital	530 000,00 EUR

Gewinn/Verlust	Vorläufiger Saldo
0860 Gewinnvortrag	
0868 Verlustvortrag	

Rückstellungen	Vorläufiger Saldo
0955 Steuerrückstellungen	0,00 EUR
0970 Sonstige Rückstellungen	0,00 EUR

Rechnungsabgrenzungsposten	Vorläufiger Saldo
0980 Aktive RAP	0,00 EUR
0990 Passive RAP	0,00 EUR

Kontenklasse 1 Finanzkonten

Kassenbestand/Guthaben bei Kreditinstituten	Vorläufiger Saldo
1000 Kasse	12 600,00 EUR
1200 Bank	132 000,00 EUR

Forderungen und sonstige Vermögensgegenstände	Vorläufiger Saldo
1400 Forderungen aus Lieferung und Leistungen	744 000,00 EUR
1460 Zweifelhafte Forderungen	0,00 EUR
1576 Vorsteuer	180 000,00 EUR

Verbindlichkeiten	Vorläufiger Saldo
1600 Verbindlichkeiten aus Lieferungen und Leistungen	1 410 000,00 EUR
1700 sonstige Verbindlichkeiten	0,00 EUR
1776 Umsatzsteuer	210 000,00 EUR

Kontenklasse 2 Neutrale Aufwendungen/Erträge und Abgrenzungskonten

Außerordentliche Aufwendungen	Vorläufiger Saldo
2000 Außerordentliche Aufwendungen	130 000,00 EUR

Zinsen und ähnliche Aufwendungen	Vorläufiger Saldo
2100 Zinsen u. ähnliche Aufwendungen	240 000,00 EUR
2180 Kundenskonti	0,00 EUR

Forderungsverluste	Vorläufiger Saldo
2400 Forderungsverluste	0,00 EUR

Außerordentliche Erträge	Vorläufiger Saldo
2500 Außerordentliche Erträge	140 000,00 EUR

Zinserträge	Vorläufiger Saldo
2650 Sonstige Zinsen und ähnliche Erträge	0,00 EUR
2690 Liefererskonti	0,00 EUR

Kontenklasse 3 Wareneingangs- und Bestandskonten

Bestände	Vorläufiger Saldo
3000 Neufahrzeuge	860 000,00 EUR
3040 Gebrauchtfahrzeuge	418 000,00 EUR
3050 Gebrauchtfahrzeuge ohne VSt.-Abzug	0,00 EUR
3300 Teile und Zubehör	274 000,00 EUR
3350 Reifen	9 800,00 EUR
3360 Schmierstoffe	3 200,00 EUR

Kontenklasse 4 Betriebliche Aufwendungen = Kosten

Personalaufwendungen	Vorläufiger Saldo
4101 Produktive Löhne	88 500,00 EUR
4110 Löhne unproduktiv Kundendienst	78 000,00 EUR
4150 Ausbildungsbeihilfe	17 200,00 EUR
4200 Gehalt/Fixa, Aushilfslohn	313 000,00 EUR
4300 Sozialaufwand gesetzlich	104 000,00 EUR

Raumkosten	Vorläufiger Saldo
4400 Miete/Pacht Immobilien	0,00 EUR

Reparaturen, Instandhaltung	Vorläufiger Saldo
4500 Reparaturen	12 600,00 EUR

Kosten des Fuhrparks	Vorläufiger Saldo
4520 Kosten des Fuhrparks	12 000,00 EUR

Werkzeuge	Vorläufiger Saldo
4530 Werkzeuge	0,00 EUR

Hilfs- und Betriebsmittel	Vorläufiger Saldo
4401 Heizung	16 000,00 EUR
4402 Strom	8 000,00 EUR
4404 Wasser	4 200,00 EUR
4405 Sonstige Raumkosten	0,00 EUR
4803 Büromaterial	23 000,00 EUR
4804 Zeitschriften	1 250,00 EUR

Abschreibungen	Vorläufiger Saldo
4675 Abschreibungen auf Sachanlagen	0,00 EUR
4690 Abschreibungen auf Umlaufvermögen	0,00 EUR

Steuern, Gebühren, Versicherungen, EDV	Vorläufiger Saldo
4700 Steuern und Gebühren	6 800,00 EUR
4710 Gewerbesteuer	120 000,00 EUR
4711 Sonstige Betriebssteuern	0,00 EUR
4730 Versicherungen	19 200,00 EUR
4752 EDV-Kosten	4 300,00 EUR

Verschiedene Kosten	Vorläufiger Saldo
4800 Verschiedene Kosten	0,00 EUR
4801 Porto	2 300,00 EUR
4802 Telefon, Fax	11 200,00 EUR
4808 Abfallbeseitigung	17 200,00 EUR
4809 Nebenkosten des Geldverkehrs	650,00 EUR

Werbekosten	Vorläufiger Saldo
4821 Werbekosten	180 000,00 EUR

Sonstige Kosten	Vorläufiger Saldo
4811 Sonstige Kosten	51 000,00 EUR

Provisionen	Vorläufiger Saldo
4921 Verkäuferprovision	204 000,00 EUR

Vermittlungsprovisionen	Vorläufiger Saldo
4931 Vermittlungsprovisionen Neufahrzeuge	4 600,00 EUR

Ablieferungsdurchsicht	Vorläufiger Saldo
4941 Fertigmachen	6 900,00 EUR

Gewährleistung	Vorläufiger Saldo
4950 Sachmängelhaftung Verkauf	19 200,00 EUR

Gewährleistung, Kulanz, TÜV u. a., Zulassungskosten	Vorläufiger Saldo
4965 Gewährleistung, Kulanz, Kundendienst	2 200,00 EUR
4981 Zulassungskosten Verkauf	12 600,00 EUR

Kontenklasse 7 Verrechnete Anschaffungskosten (VAK)

Verrechnete Anschaffungskosten	Vorläufiger Saldo
7000 Neufahrzeuge	5 200 000,00 EUR
7040 Gebrauchtfahrzeuge	0,00 EUR
7050 Gebrauchtfahrzeuge Differenzbesteuerung	4 900 000,00 EUR
7300 Teile und Zubehör	490 000,00 EUR
7350 Reifen	12 000,00 EUR
7360 Schmierstoffe	14 600,00 EUR

Kontenklasse 8 Erlöse

Erlöse	Vorläufiger Saldo
8000 Neufahrzeuge	5 909 000,00 EUR
8040 Gebrauchtfahrzeuge	0,00 EUR
8050 Gebrauchtfahrzeuge Differenzbesteuerung	5 630 000,00 EUR
8300 Teile und Zubehör	701 000,00 EUR
8350 Reifen	14 600,00 EUR
8360 Schmierstoffe	21 000,00 EUR
8600 Lohnerlöse	790 000,00 EUR

Folgende vorbereitende Abschlussarbeiten müssen noch durchgeführt werden:
– Abschreibungen auf Anlagen
– Abschreibungen GWG
– Abschreibungen auf Forderungen
– Abschreibungen auf Gebrauchtfahrzeuge
– Ermittlung der Umsatzsteuerzahllast
– Zeitliche Abgrenzung von Aufwendungen und Erträgen
– Rückstellungen

a) Aus dem Anlagenverzeichnis des Autohauses Fritz sind für folgende Vermögensgegenstände die maximalen Abschreibungsbeträge noch zu buchen.

Vermögens-gegenstand	Anschaffungs-wert in EUR	Betriebs-gewöhnliche Nutzungsdauer	bisherige Nutzungsdauer	bisherige Abschrei-bungsart
Diagnosecomputer	12 500,00	8 Jahre	5 Jahre	linear
Auswuchtmaschine	2 400,00	8 Jahre	2 Jahre	degressiv
Hochdruckreiniger	1 500,00	8 Jahre	5 Jahre	degressiv
PC-System	2 400,00	3 Jahre	Neuanschaffung im Januar	
Alarmanlage	4 400,00	10 Jahre	Neuanschaffung im Januar	

b) Der Saldo des Kontos GWG-Pool ist zum Jahresende abzuschreiben.
c) Bei der Bonitätsprüfung der Forderungen wurde eine Forderung als zweifelhaft eingestuft. Der Forderungsbetrag lautet über 1 200,00 EUR. Der Forderungsausfall wird auf 90 % geschätzt. Ermitteln Sie die Höhe des Forderungsausfalls und nehmen Sie die vorbereitende Abschluss-buchung zum Bilanzstichtag vor.
d) Folgende Fahrzeuge befinden sich im Gebrauchtfahrzeugbestand des Autohaus Fritz:

Nr.:	Gebrauchtfahrzeug	Anschaffungskosten laut Buchhaltung	Händlereinkaufspreis laut Liste
01	PRIMOS-Limousine 3-türig	3 600,00 EUR	3 500,00 EUR
02	PRIMOS-Kombi	6 100,00 EUR	7 200,00 EUR
03	MAGNA-Limousine	8 200,00 EUR	8 500,00 EUR
04	MAGNA-Van	9 200,00 EUR	8 700,00 EUR

   da) Ermitteln Sie für jedes Gebrauchtfahrzeug den Bilanzwert.
   db) Buchen Sie die notwendigen Abschreibungen zum Bilanzstichtag.
e) Ermitteln Sie die Umsatzsteuerzahllast des Autohauses Fritz und nehmen Sie die dafür not-wendigen Buchungen zum Bilanzstichtag vor.
f) Nehmen Sie die zeitlichen Abgrenzungen des Autohauses Fritz vor und buchen Sie zum Bilanzstichtag.
   1. Bankauszug: Am 29.12. überwies das Autohaus Fritz 5 500,00 EUR Hypothekenzinsen per Banküberweisung.
   2. Bankauszug: Am 29.12. überwies ein Mieter des Autohauses Fritz die Januarmiete in Höhe von 820,00 EUR aufs Bankkonto.
   3. Bankauszug: Das Autohaus Fritz überwies 1 880,00 EUR Feuerversicherungsprämie am 28.12. für das kommende Kalenderjahr per Banküberweisung
   4. Bankauszug: Am 28.12. überwies das Autohaus Fritz die Kfz-Steuer für das Abschleppfahr-zeug von 252,00 EUR für das erste Halbjahr des neuen Jahres per Banküberweisung.
   5. Bankauszug: Am 18.12. überwies das Autohaus Fritz die vierteljährliche Miete Dezember bis Februar für den Neufahrzeug-Lagerplatz in Höhe von 2 400,00 EUR per Banküberweisung.
g) Bilden Sie die Rückstellungen und nehmen Sie die Buchungen zum Bilanzstichtag vor.
   1. Aufgrund eines guten Geschäftsjahres erwartet das Autohaus Fritz eine Gewerbesteuer-nachzahlung von 2 800,00 EUR.
   2. Für eigene Gebrauchtfahrzeuggewährleistungen rechnet das Autohaus Fritz im neuen Jahr mit Kosten von 3 500,00 EUR.
   3. In einem zum Jahresende noch nicht abgeschlossenen Prozess werden dem Autohaus Fritz wahrscheinlich 4 300,00 EUR Prozesskosten auferlegt.

4. Für notwendige Reparaturen und Instandhaltungen an Gebäuden, die im letzten Jahr nicht mehr ausgeführt werden konnten, bildet das Autohaus Fritz eine Rückstellung von 10 000,00 EUR.

h) Ermitteln Sie die endgültigen Salden aller Konten der Autohaus Fritz GmbH und erstellen Sie eine GuV-Rechnung sowie eine Bilanz.

Lösungstipp:

Bilden Sie ein **Team mit Gruppensprecher** und maximal vier Teammitgliedern. Erstellen Sie einen Zeitplan und teilen Sie die Arbeit auf (z. B. ein EDV-Team, ein Buchhaltungsteam).

1. Führen Sie die vorbereitenden Abschlussarbeiten durch und ermitteln Sie die endgültigen Salden der Konten.

2. Erstellen Sie mithilfe der EDV eine Tabelle, die die Konten mit ihren endgültigen Abschlusssalden ausweist.

3. Erstellen Sie weiterhin mithilfe der EDV eine GuV-Rechnung, gegliedert nach § 275 Abs. 2 HGB, und eine Bilanz für eine kleine Kapitalgesellschaft, gegliedert nach § 266 HGB.

4. Verknüpfen Sie die Saldentabelle mit der GuV-Rechnung und der Bilanz.

5. Drucken Sie Ihr Ergebnis aus und stellen Sie einen Ausdruck Ihren Mitschülern zur Verfügung.

6. Präsentieren Sie Ihr Ergebnis zusätzlich auf einem Flipchart.

Lernfeld 10
Erfolgskontrollen durchführen und Kennzahlen für betriebliche Entscheidungen aufbereiten

1 Controlling im Autohaus

Mario Töpfer ist im Gespräch mit Babette Harnack, Assistentin der Geschäftsleitung. Er fragt sie: „Was ist eigentlich die Aufgabe einer Assistentin der Geschäftsleitung?" Sie antwortet: „Hauptaufgabe ist das Controlling." „Hat das etwas mit Kontrolle zu tun?", fragt Mario. „Das auch, aber nicht ausschließlich." „Wie wird man eigentlich Assistent(in) der Geschäftsleitung", möchte Mario noch wissen. Frau Harnack antwortet: „Wenn du deine Ausbildung zum Automobilkaufmann erfolgreich abschließt, dann hast du die besten Voraussetzungen, in einem größeren Autohaus als Assistent der Geschäftsleitung anzufangen."

Entwickeln Sie einen Katalog von Maßnahmen zur Überwachung und Kontrolle der Wirtschaftlichkeit der Abteilungen und einzelner Angebotssegmente. Betrachten Sie dabei insbesondere den Neufahrzeugverkauf.

1.1 Aufgaben des Controllings

Die Übersetzung des Begriffs **„Controlling"** mit Kontrolle ist eine nicht weit genug reichende Definition. Controlling umfasst die Planung von Unternehmenszielen (Gewinn je Abteilung, Kostenhöhe je Abteilung), die Einleitung von Maßnahmen zur Erreichung von Unternehmenszielen (Mitarbeitergespräche über die maximale Nachlasshöhe bei Neufahrzeugverkäufen, Kostenbudgetplanung je Abteilung), Überwachung und Kontrolle der erreichten Ziele (durch Analyse der KER und anderer Vergleichszahlen) und die Kommunikation mit der Unternehmensführung (durch ein optimales Berichtswesen).

Während die Definition von Unternehmenszielen sowie die Einleitung von Maßnahmen zur Erreichung dieser Ziele Aufgabe der Unternehmensleitung ist, muss der **Controller** den Zielerreichungsgrad überwachen und diesen der Geschäftsleitung durch ein optimales **Berichtswesen** mitteilen.

Das Berichtswesen analysiert zum einen das **operative Geschäft** in den vier Geschäftsfeldern Neufahrzeugverkauf, Gebrauchtfahrzeugverkauf, Ersatzteillager und Kundendienst; zum anderen muss das Unternehmen als **Ganzes** einer Analyse unterzogen werden.

Damit die Analyse aussagekräftig ist, werden aus den absoluten Zahlen **Kennzahlen** des Kfz-Betriebes gebildet, die

- im Vergleich zu vorangegangenen Rechnungsperioden (Zeitvergleich),

- im Vergleich zu Betrieben derselben Branche (Betriebsvergleich),

- im Vergleich zur Planung (Soll-Ist-Vergleich)

zu interpretieren sind.

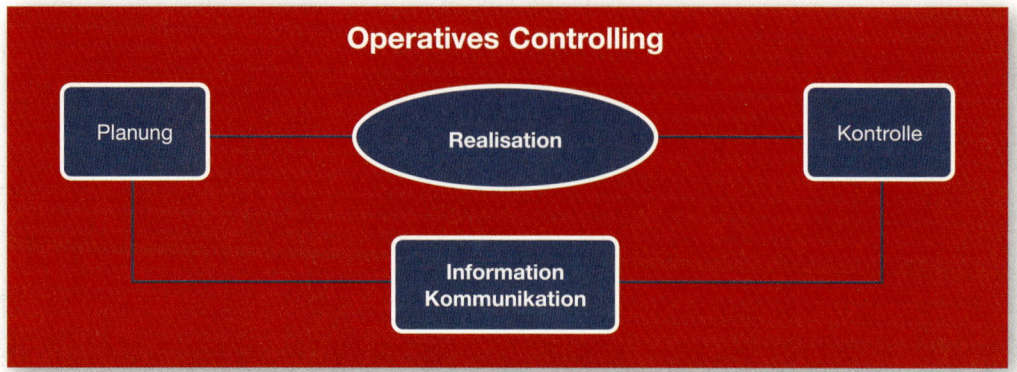

1.2 Controlling im Neufahrzeugverkauf

Kennzahlen Abteilung Neufahrzeugverkauf

Aufteilung	Bundesdurchschnitt	Händlerspitzengruppe
Anteil am Gesamtumsatz	47 %	42 %
NF-Absatz nach Abnehmergruppen		
Verbraucher	53 %	63 %
Großkunden	19 %	17 %
Angeschlossene Händler	28 %	20 %
Bruttoertrag der Abteilung	10,5 %	12,0 %
NF-Einheiten pro Verkäufer und Jahr	114	119
Bruttoertrag pro NF	1 609,00 EUR	1 696,00 EUR
Deckungsbeitrag pro NF und Jahr	497,00 EUR	762,00 EUR
Werbeaufwand pro NF	133,00 EUR	135,00 EUR

Beispiel Kennzahlen des Autohauses Fritz Neufahrzeugverkauf
Frau Harnack vergleicht den Bundesdurchschnitt und die Händlerspitzengruppe mit den vom Autohaus Fritz erreichten Werten.

Im Autohaus Fritz wurden von drei Verkäufern im letzten Jahr 380 Neufahrzeuge verkauft.

Aufteilung	Werte der Abrechnungsperiode	Werte der vorangegangenen Abrechnungsperiode
Anteil am Gesamtumsatz	64 %	63 %
NF-Absatz nach Abnehmergruppen		
Verbraucher	78 %	75 %
Großkunden	22 %	25 %
Angeschlossene Händler	0 %	0 %
Bruttoertrag der Abteilung	10,0 %	9,1 %
NF-Einheiten pro Verkäufer und Jahr	126	110
Bruttoertrag pro NF	1 520,00 EUR	1 530,00 EUR
Deckungsbeitrag pro NF und Jahr	420,00 EUR	450,00 EUR
Werbeaufwand pro NF	315,00 EUR	295,00 EUR

Mithilfe des Berichtswesens ist Herr Fritz in der Lage, das Ergebnis seiner Abteilung Neufahrzeugverkauf zu analysieren. Die Zielsetzung für den Abrechnungszeitraum wurde von ihm wie folgt gesetzt: Das Autohaus Fritz soll im Abrechnungszeitraum die Branchensollwerte bzw. die Durchschnittswerte der Branche erreichen.

Analyse:

Der Umsatzanteil des NF-Verkaufs am Gesamtumsatz liegt mit 64 % im Abrechnungszeitraum weit über dem Bundesdurchschnitt. Der Vergleich zum Vorjahr zeigt, dass der Umsatzanteil noch leicht um 1 % ausgeweitet wurde. Der Fokus im Autohaus Fritz liegt eher im Fahrzeugverkauf als im Werkstattbereich.

Der Absatz an unterschiedliche Abnehmergruppen weist die Besonderheit auf, dass Umsätze an angeschlossene Händler nicht ausgewiesen sind. Das Autohaus Fritz hat keine angeschlossenen Händler, damit auch keine Umsätze an diese Abnehmergruppe.

Der Bruttoertrag der Abteilung (1. Wirtschaftlichkeitsparameter) erreichte einen Wert von 10 % im Abrechnungszeitraum. Das ist ein unterdurchschnittlicher Wert. Im Vergleich zum Vorjahr konnte der Bruttoertrag im NF-Geschäft von 9,1 % auf 10 % ausgeweitet werden, trotzdem ist der erreichte Wert betriebswirtschaftlich betrachtet unbefriedigend. Der Bruttoertrag gibt Auskunft über die Qualität der getätigten Geschäfte; je mehr Bruttoertrag erwirtschaftet wird, umso positiver wirken sich die getätigten Fahrzeugverkäufe auf das Abteilungsergebnis aus. Der Maximalwert des Bruttoertrages entspricht der Marge, die der Händler für den Verkauf von Neufahrzeugen vom Hersteller/Importeur erhält. Dieser Maximalwert ist nur erreichbar, wenn alle Neufahrzeuge zur Unverbindlichen Preisempfehlung (UPE) verkauft werden. Eine Zielsetzung, die in der Markt- und Konkurrenzsituation des Kfz-Gewerbes zurzeit kaum realisierbar ist.

Die NF-Verkäufe pro Verkäufer liegen mit 126 Einheiten über dem Bundesdurchschnitt und über den Werten der Händlerspitzengruppe. Der Vergleich mit dem Vorjahr zeigt eine positive Entwicklung von 110 Einheiten auf 126 Einheiten. Die Verkäufer haben durch die konsequente Nutzung der EDV-Programme ihre verkaufsaktive Zeit optimiert und damit das Marktpotenzial besser ausgeschöpft.

Die bessere Ausschöpfung des Marktpotenzials ging allerdings zulasten der Qualität der getätigten Geschäfte. Der Bruttoertrag pro NF liegt mit 1 520,00 EUR leicht unter dem Bundesdurchschnitt. Begründungen hierfür kann der Modellmix der verkauften NF sein. Die überdurchschnittlich hohe Verkaufszahl von Fahrzeugen des unteren Preissegmentes mit niedrigen Verkaufspreisen führt zu einem durchschnittlich geringeren Bruttoertrag in EUR. Ein weiterer Grund kann eine unterdurchschnittliche Qualifikation der Verkäufer sein, die zu einem hohen Nachlassverhalten oder zur Nichtberücksichtigung von aktuellen Verkaufsförderungsprogrammen der Hersteller/Importeure führt.

Der Deckungsbeitrag pro verkauftem NF liegt mit 420,00 EUR unter dem Bundesdurchschnitt und weit unter dem Wert der Händlerspitzengruppe. Der Deckungsbeitrag (2. Wirtschaftlichkeitsparameter) gibt an, wie viel Deckungsbeitragsmasse eine Abteilung erwirtschaftet hat, um die anfallenden indirekten Kosten (Blockkosten) des Unternehmens abzudecken. Neben der Qualität wird auch die Quantität der getätigten Geschäfte durch die Berücksichtigung der direkten fixen (umsatzunabhängigen) Kosten der Abteilung einbezogen. Da bereits der Bruttoertrag je NF unterdurchschnittlich ist, kommt im Abrechnungszeitraum auch noch eine ungünstige Kostenstruktur der Abteilung Neufahrzeugverkauf zum Tragen. Beide Faktoren bedingen den unterdurchschnittlichen Bruttoertrag je NF. Im Vergleich zum Vorjahr lässt sich ein negativer Trend ablesen.

Der Werbeaufwand ist im AH Fritz mit 315,00 EUR/NF überdurchschnittlich hoch. Der Werbeaufwand hat den Bekanntheitsgrad des AH Fritz erhöht und sich positiv auf die Anzahl der verkauften NF ausgewirkt. Im Vergleich zum Vorjahr nahm der Werbeaufwand pro NF noch um 20,00 EUR zu.

Die Analyse der Neufahrzeugabteilung zeigt akuten Handlungsbedarf. Der Geschäftsführer Herr Fritz ruft seine Mitarbeiter aus dem Neufahrzeugverkauf zu einem Meeting und teilt ihnen die seiner Meinung nach notwendigen Schritte für das kommende Jahr mit.

Das Autohaus Fritz hat keine angeschlossenen Händler, damit auch keine Umsätze an diese Abnehmergruppe. Das möchte Herr Fritz im nächsten Jahr ändern. Er hat bereits mit einem Händler in Brandenburg Gespräche aufgenommen, um diesen als angeschlossenen Händler oder Agent zu gewinnen und damit ein Kundenpotenzial zu erreichen, das vom Standort in Potsdam nicht bedient werden kann.

Der Bruttoertrag der getätigten Geschäfte liegt mit erreichten 10,0 % unter dem Bundesdurchschnitt. Herr Fritz ist mit den erreichten Werten unzufrieden und beschließt, die Verkäufer im nächsten Jahr vermehrt auf die vom Hersteller/Importeur angebotenen Schulungen zu schicken. Darüber hinaus wird er die Verkaufssteuerung mittels der EDV noch besser ausnutzen. Ein wichtiger Punkt für Herrn Fritz ist die Vereinbarung von Rabattvorgaben. Er wird im neuen Jahr diese Vorgaben den Verkäufern verbindlich mitteilen.

Die Zahl der verkauften Neufahrzeuge ist im Vergleich zum Vorjahr um 16 Einheiten je NF-Verkäufer angestiegen. Der Bruttoertrag in EUR ist pro NF/Einheit gesunken. Die Verkäufer werden angehalten, den Kunden fach- und bedarfsgerechter zu beraten und nicht nur Fahrzeuge der Kompaktklasse mit geringeren Verkaufserlösen zu verkaufen. Für jeden Verkäufer wird für das kommende Jahr eine **Zielvereinbarung** getroffen. In dieser wird die Gesamtanzahl der zu vermarktenden Fahrzeuge nach Modellen aufgesplittet.

Beispiel   Verkäuferin Anke Schäfer

Text	Zu verkaufende NF-Einheiten
Zielvereinbarung kommendes Jahr	130
Davon:	
Modell PRIMOS (Lim./Kombi)	42
Modell MAGNA (Lim./Kombi)	38
Modell MAGNA-Van	20
Modell LUXERA	20
Modell LUXERA-Cabriolet	10

Der Deckungsbeitrag von 420,00 EUR pro verkauftem Fahrzeug ist unbefriedigend. Hier muss seitens der Geschäftsführung ein Kostenbudget für den Neufahrzeugverkauf geplant werden. Insbesondere die Werbekosten scheinen viel zu hoch zu sein. Frau Harnack wird damit beauftragt, die Kostensituation im Neufahrzeugverkauf mittels der Kostenrechnung zu analysieren und ein Kostenbudget zu planen.

In dieser Form werden in allen Abteilungen Analysegespräche geführt und zukünftige Planwerte und Ziele mit den Mitarbeitern vereinbart.

● Kern jedes Controllings sind permanente Soll-Ist-Vergleiche.

● Der Controller erfasst Ergebnisse, erläutert und erklärt sie, zeigt betriebswirtschaftliche Zusammenhänge auf und leitet in Absprache mit der Unternehmensleitung bei Bedarf Korrekturmaßnahmen ein.

In großen Autohäusern oder Werksniederlassungen übernehmen in der Regel die Assistenten der Geschäftsleitung die Aufgabe eines Controllers. Sie stehen außerhalb der Hierarchieebenen und arbeiten direkt der Geschäftsleitung zu. Ihnen obliegt die Aufgabe, Daten zu sammeln, zu sortieren und aufzubereiten.

1.3 Controlling im Gebrauchtfahrzeugverkauf

Kennzahlen Abteilung Gebrauchtfahrzeugverkauf

Aufteilung	Bundesdurchschnitt	Händlerspitzengruppe
Anteil am Gesamtumsatz	30 %	33 %
Bruttoertrag der Abteilung	7,1 %	8,4 %
Bruttoertrag pro GF	580,00 EUR	710,00 EUR
Deckungsbeitrag pro GF	120,00 EUR	290,00 EUR
Werbeaufwand pro GF	40,00 EUR	30,00 EUR
Durchschnittliche Standzeit in Tagen	125 Tage	113 Tage

Standzeitstruktur des GF-Bestandes in Einheiten
   unter 60 Tage
   61 bis 120 Tage
   121 bis 180 Tage
   über 180 Tage
	
	22
	11
	8
	15
		
		19
		8
		5
		10

Durchschnittlicher GF-Verkaufspreis	8 200,00 EUR	8 500,00 EUR
Umschlag GF-Bestand pro Jahr	5	6

Die wichtigen Kennzahlen für das Gebrauchtfahrzeuggeschäft sind:

- Bruttoertrag je Gebrauchtfahrzeug
- Standzeit in Tagen je Gebrauchtfahrzeug
- Standkosten pro Tag

1.4 Gebrauchtfahrzeugkalkulation

Bevor ein Gebrauchtfahrzeug angekauft wird, muss es bewertet werden. Diese Bewertung geht vom voraussichtlichen Verkaufspreis ohne Umsatzsteuer aus. In diesem Zusammenhang müssen die Voraussetzungen der **Differenzbesteuerung** beachtet werden.

Vorkalkulation	EUR
Geschätzter Netto-Verkaufspreis laut DAT oder Schwacke-Liste:	6 100,00 EUR
− Instandsetzungsaufwand laut Werkstattprüfprotokoll	150,00 EUR
− Aufbereitungskosten laut Werkstattprüfprotokoll	65,00 EUR
− verkaufsabhängige Kosten (Provisionen)	180,00 EUR
− anteilige Gemeinkosten laut BAB	300,00 EUR
− Standzeitkosten (30 Tage x 8,00 EUR)	240,00 EUR
− Gewinn	250,00 EUR
= kalkulierter Hereinnahmepreis	4 915,00 EUR

Wird dem Kunden ein höherer Preis als der kalkulierte **Hereinnahmepreis** für sein Gebrauchtfahrzeug gezahlt, so spricht man vom Eintauschüberwert.

Berechnung des Eintauschüberwertes

Der **Eintauschüberwert** ist die Differenz zwischen dem kalkulierten Hereinnahmepreis und dem tatsächlich gezahlten Übernahmepreis.

Kalkulierter Hereinnahmepreis	4 915,00 EUR
− tatsächlicher Übernahmepreis netto	5 000,00 EUR
= Eintauschüberwert	− 85,00 EUR

Nachkalkulation

Auf eine **Nachkalkulation** eines getätigten Gebrauchtfahrzeuggeschäftes sollte in der Praxis nicht verzichtet werden. Erst die Nachkalkulation durch den Controller lässt eine Beurteilung der Qualiltät des getätigten Geschäftes zu.

Erzielter Verkaufserlös	5 910,00 EUR
− tatsächlicher Übernahmepreis	5 000,00 EUR
= Bruttoertrag	910,00 EUR
− Instandsetzungsaufwand	160,00 EUR
− Aufbereitungskosten	70,00 EUR
− verkaufsabhängige Kosten (Provisionen)	180,00 EUR
− anteilige Gemeinkosten	320,00 EUR
− Standzeitkosten (60 Tage x 8,00 EUR)	480,00 EUR
= Gewinn/Verlust	− 300,00 EUR

Dieses Beispiel zeigt, dass erst durch die Nachkalkulation der Verlust dieses Geschäftes in Höhe von 300,00 EUR ermittelt werden konnte. Gründe für den Verlust sind der Eintauschüberwert, der niedrige Verkaufspreis und die hohe Standdauer von 60 Tagen.

Ermittlung der Standkosten

Die Ermittlung der **Standkosten** von Gebrauchtfahrzeugen setzt eine funktionierende Kostenrechnung voraus. Die anzusetzenden Werte werden als Durchschnittswerte aus der Kostenrechnung ermittelt.

Standkostenermittlung	EUR	Berechnung (auf volle EUR gerundet)
Monatliche Standplatzmiete	35,00 EUR	Monatliche kalkulatorische Miete/ Anzahl der Standplätze
+ Sonstige monatliche Platzkosten	20,00 EUR	Jahreswert aus dem BAB/12 Monate
+ Monatliche Werbekosten	4,00 EUR	1,0 % Jahreszins vom Übernahme-preis netto (Abhängig vom Kfz-Betrieb)
+ Monatliche Kapitalverzinsung	42,00 EUR	10 % vom Übernahmepreis netto (banküblicher Zinssatz)
+ Monatlicher Werteverlust	139,00 EUR	36 Monate Abschreibung (nach drei Jahren Standzeit hat das Fahrzeug keinen Verkaufswert mehr, Einschätzung des Kfz-Betriebes)
= Monatliche Standkosten	240,00 EUR	
tägliche Standkosten	8,00 EUR	Monatliche Standkosten/30

Das genannte Fahrzeug hatte eine Standdauer von 60 Tagen, somit fielen 60 x 8,00 EUR = 480,00 EUR Standkosten an.

1.5 Controlling im Ersatzteillager

Kennzahlen Abteilung Teilelager

Aufteilung	Bundesdurchschnitt	Händlerspitzengruppe
Anteil am Gesamtumsatz	13 %	14 %
Teileumsatz		
Über die Werkstatt	52 %	54 %
Über die Theke an Verbraucher	5 %	6 %
Handelsgeschäft	43 %	40 %
Teile-Umsatz zu VAK pro		
Lagerist und Jahr	270 000,00 EUR	300 000,00 EUR
Bruttoertrag in % vom Umsatz	26 %	26 %
Deckungsbeitrag in % vom Umsatz	15 %	16 %
Teileumschlag	5,5	6
Teilebestand	176 000,00 EUR	154 000,00 EUR

Im Kfz-Betrieb zeigen zwei betriebswirtschaftliche Grundsätze das wirtschaftliche Geheimnis im Ersatzteillager.

1. Der kaufmännische Grundsatz: Im Einkauf liegt der halbe Gewinn.
2. Der Balanceakt: Geringer Lagerbestand = geringe Kosten; hoher Lagerbestand = hohe Lieferbereitschaft.

Der Bruttoertrag liegt im Branchenschnitt bei 26 %. Haben Kfz-Betriebe eine große Anzahl rabattberechtigter Großabnehmer, bewegt sich dieser Wert weiter nach unten. Der Umsatz im Ersatzteillager wird zu 52 % bis 54 % vom Werkstattumsatz geprägt, daraus ergibt sich eine immense Bedeutung des Lohnumsatzes in der Werkstatt für das Ersatzteilgeschäft.

Lagerumschlag

Der Lagerumschlag ist eine wichtige Kennzahl zur Beurteilung des Teilelagers.

Beispiel   Das Autohaus Fritz bevorratet Teile im Wert von 115 000,00 EUR. Das bedeutet, dass das AH Fritz in dieser Höhe Kapital bindet, das natürlich Zinsen kostet. Ein hoher Lagerbestand beinhaltet zudem ein Bestandsrisiko durch nicht mehr verkäufliche Teile. Aus dieser Sicht sollte der Lagerbestand möglichst gering gehalten werden. Auf der anderen Seite steht der Anspruch höchster Servicebereitschaft, der einen hohen Lagerbestand zur Voraussetzung hat. Das sind die beiden Extremlösungen. In der Praxis gibt es keine Ideallösung einer wirtschaftlichen Lagerführung. Damit man einem Optimum zumindest nahekommt, wird in der Praxis die **ABC-Analyse** durchgeführt.

Formel:

$$\text{Lagerumschlag} = \frac{\text{Umsatz}}{\text{Durchschnittlicher Lagerbestand}}$$

Die Umsatzzahlen des Teilelagers liefert die Finanzbuchhaltung. Der durchschnittliche Lagerbestand lässt sich wie folgt berechnen:

$$\frac{(\text{Anfangsbestand} + \text{Endbestand})}{2}$$

Der Umsatz ist zu Einstandspreisen (VAK Teile) zu bewerten, da auch der Warenwert so angesetzt wird.

Beispiel Das AH Fritz hatte einen Anfangsbestand im Teilelager von 116 000,00 EUR, der Endbestand laut Inventur beträgt 114 000,00 EUR. Der durchschnittliche Lagerbestand beträgt (116 000,00 + 114 000,00)/2 = 115 000,00 EUR.
Der Umsatz zu Einstandspreisen = VAK Teile betrug 516 953,00 EUR laut Finanzbuchhaltung.
Der Lagerumschlag beträgt:

$$\frac{516\ 953}{115\ 000} = 4{,}5$$

Die Lagerdauer der Teile berechnet sich nach der Formel:

$$\frac{360\ \text{Tage}}{\text{Umschlagszahl}}$$

Die Lagerdauer der Teile beträgt im Durchschnitt 80 Tage.

Die **Lagerkennzahlen** dienen dem innerbetrieblichen Vergleich. Sie erlauben eine Kontrolle und Beurteilung des Lagerergebnisses. Es kann aber nur im jeweiligen Einzelfall eine Aussage darüber getroffen werden, ob die erreichten Werte für den Kfz-Betrieb akzeptabel sind oder nicht. Ein geringer Lagerumschlag kann seine Ursacheauch darin haben, dass im Lager bewusst auch weniger gängige Teile bevorratet werden, um die Servicebereitschaft hoch zu halten.

1.6 Controlling in der Werkstatt

Kennzahlen Abteilung Werkstatt

Aufteilung	Bundesdurchschnitt	Händlerspitzengruppe
Anteil am Gesamtumsatz	8,5 %	9,0 %
Lohnerlös nach Auftragsart		
Kundenaufträge	77 %	77 %
Gewährleistungsaufträge	11 %	11 %
Interne Aufträge	12 %	12 %
Verkaufte Stunden pro Monteur	1 260	1 310
Lohnerlös pro Durchgang	100,00 EUR	100,00 EUR
Lohnerlös pro Monteur pro Jahr	67 000,00 EUR	67 000,00 EUR
Bruttoertrag in % vom Umsatz	65 %	66 %
Deckungsbeitrag in % vom Umsatz	17 %	21 %
Produktivität der Monteure	83 %	95 %
Leistungsgrad der Monteure	94 %	96 %
Betreuungsgrad	35 bis 55 %	35 bis 55 %

Eine wichtige Kennzahl der Werkstatt ist die **Anzahl der produktiven Stunden** und **der Umsatz pro Monteur,** der sich aus der Multiplikation „produktive Stunden je Monteur mal Stundenverrechnungssatz (netto)" ergibt. Über 70 % des Stundenverrechnungssatzes werden durch die Werkstattpersonalkosten verursacht. Damit diese durch die Kräfte produktiv abgedeckt werden können, sollten pro Jahr und Monteur zwischen 1 340 und 1 370 Stunden abgerechnet werden.

Eine weitere Größe, die in diesem Zusammenhang zu nennen ist, ist der **Leistungsgrad** der Monteure. Liegt er über 100 %, so können mehr Stunden produktiv verkauft werden als produktiv geleistet wurden. Der Monteur erledigt seine Aufträge schneller als in der Vorgabezeit festgelegt wurde.

Sollte der Leistungsgrad unter 100 % sinken, wird der Umsatz nicht reichen, um kostendeckend zu arbeiten.

$$\text{Leistungsgrad der Monteure} = \frac{\text{verkaufte Stunden} \cdot 100}{\text{bezahlte Stunden}}$$

Beispiel Ein Monteur erledigt an einem Tag Aufträge mit insgesamt 8 zu berechnenden Stunden. Er war aber nur 7,4 Stunden anwesend.

$$\text{Leistungsgrad} = \frac{8 \cdot 100}{7,4} = 108,11 \ \%$$

Eine weitere wichtige Kennzahl für das Werkstattgeschäft ist der **Betreuungsgrad**. Er gibt an, wie viele Fahrzeuge der vertriebenen Marke im Marktgebiet tatsächlich in der eigenen Werkstatt betreut werden. Dieser Kennzahl ist in Zukunft größere Aufmerksamkeit zu schenken, da eine hohe Werkstattauslastung zu einem immer größer werdenden Problem wird. Die Neufahrzeuge werden immer weniger reparaturanfällig und verlängerte Inspektionsintervalle führen zu immer weniger Werkstattdurchläufen.

Formel Betreuungsgrad

$$\frac{\text{tatsächlich betreute Kundenfahrzeuge} \cdot 100}{\text{Bestandspotenzial der Marke im Gebiet}}$$

Die Anzahl der tatsächlich betreuten Kundenfahrzeuge ergibt sich aus der Kundendatei des Kfz-Betriebes. Das Bestandspotenzial der Marke im Gebiet ergibt sich aus den Zulassungsstatistiken des Kraftfahrzeugbundesamtes.

Beispiel Ein Kfz-Betrieb betreut laut Kundendatei 1 280 Kundenfahrzeuge seiner Marke. Das Bestandspotenzial im Marktgebiet beläuft sich auf 2 670 Fahrzeuge dieser Marke. Der Betreuungsgrad beträgt 48 %.

$$\frac{1\ 280 \cdot 100}{2\ 670} = 48 \ \%$$

Sollte der Betreuungsgrad unter dem Durchschnitt der Marke liegen, so sind die Ursachen dafür zu erforschen. Ein schlechtes Firmenimage, hohe Werkstattpreise, schlechte Verkehrsanbindung und ein geringer Bekanntheitsgrad des Kfz-Unternehmens können Ursachen für einen geringen Betreuungsgrad sein.

Eine weitere Möglichkeit der Werkstattanalyse ist die **Werkstattindexrechnung**.

Die Werkstattanalyse mittels der Indizespaare

| Lohnindex (LI) | ⟺ | Selbstkostenindex (Plan) |
| Erlösindex (EI) | ⟺ | Selbstkostenindex (Ist) |

wurde im Lernfeld 6 ausführlich dargestellt.

Aufgaben

1. Ein Kfz-Betrieb erreichte folgende Werte im NF-Verkauf:

Aufteilung	Werte der Abrechnungsperiode	Werte der vorangegangenen Abrechnungsperiode
Anteil am Gesamtumsatz	52 %	58 %
NF-Absatz nach Abnehmergruppen		
Verbraucher	72 %	60 %
Großkunden	18 %	25 %
Angeschlossene Händler	10 %	15 %
Bruttoertrag der Abteilung	9,5 %	8,1 %
NF-Einheiten pro Verkäufer und Jahr	118	125
Bruttoertrag pro NF	1 480,00 EUR	1 420,00 EUR
Deckungsbeitrag pro NF und Jahr	448,00 EUR	450,00 EUR
Werbeaufwand pro NF	121,00 EUR	65,00 EUR

a) Analysieren Sie die erreichten Werte anhand des Branchenschnitts, der Händlerspitzengruppe und des Zeitvergleichs.

b) Erläutern Sie mögliche Ursachen für die ermittelten Zahlen.

c) Welche Konsequenzen ziehen Sie aus der Analyse? Lösungstipp: Nutzen Sie die Methode des **Rollenspieles** und führen Sie ein Analysegespräch.

d) Erläutern Sie realistische Zielvorgaben. Lösungstipp: Nutzen Sie die Methode der **Karten-abfrage**, um realistische Maßnahmen zu erarbeiten.

2. Ein von einem Privatmann anzukaufendes Gebrauchtfahrzeug wird wie folgt bewertet:

Vorkalkulation	EUR
Geschätzter Netto-Verkaufspreis laut DAT oder Schwacke-Liste:	5 100,00 EUR
Instandsetzungsaufwand laut Werkstattprüfprotokoll	350,00 EUR
Aufbereitungskosten laut Werkstattprüfprotokoll	75,00 EUR
Verkaufsabhängige Kosten (Provisionen)	120,00 EUR
Anteilige Gemeinkosten laut BAB	150,00 EUR

a) Wie hoch ist der kalkulierte Hereinnahmepreis, wenn ein Gewinn von pauschal 200,00 EUR angenommen wird, die Standkosten pro Tag 7,50 EUR betragen und die durchschnittliche Standdauer mit 46 Tagen angenommen wird?

b) Wie hoch ist der Eintauschüberwert, wenn das Gebrauchtfahrzeug für 4 000,00 EUR netto angekauft wird?

c) Wie hoch ist der Gewinn/Verlust, wenn das Fahrzeug nach 60 Tagen Standzeit für 4 800,00 EUR verkauft wird?

d) Erstellen Sie mithilfe geeigneter Software einen GF-Einkaufskalkulationsbogen sowie ein Nachkalkulationsformular.

3. Das Autohaus Fritz erreichte folgende Werte im GF-Verkauf:

Aufteilung	Werte der Abrechnungsperiode	Werte der vorangegangenen Abrechnungsperiode
Anteil am Gesamtumsatz	36 %	42 %
Bruttoertrag der Abteilung	7,9 %	6,3 %
Bruttoertrag pro GF	671,00 EUR	651,00 EUR
Deckungsbeitrag pro GF	155,00 EUR	148,00 EUR
Werbeaufwand pro GF	42,00 EUR	22,00 EUR
Durchschnittliche Standzeit in Tagen	125 Tage	80 Tage

Standzeitstruktur des GF-Bestandes in Einheiten
    unter 60 Tage
    61 bis 120 Tage
    121 bis 180 Tage
    über 180 Tage
	
	16
	8
	8
	19
		
		9
		18
		9
		8

Durchschnittlicher GF-Verkaufspreis	7 500,00 EUR	6 400,00 EUR
Umschlag GF-Bestand pro Jahr	4	5

a) Analysieren Sie die erreichten Werte anhand des Branchenschnitts, der Händlerspitzengruppe und des Zeitvergleichs.

b) Erläutern Sie mögliche Ursachen für die ermittelten Zahlen.

c) Welche Konsequenzen ziehen Sie aus der Analyse? Lösungstipp: Nutzen Sie die Methode des **Rollenspieles** und führen Sie ein Analysegespräch.

d) Erläutern Sie realistische Möglichkeiten, die Standdauer des GF zu verkürzen. Erläutern Sie realistische Zielvorgaben. Lösungstipp: Nutzen Sie die Methode der **Kartenabfrage**, um realistische Maßnahmen zu erarbeiten.

e) Präsentieren Sie Ihre Ergebnisse in ansprechender Form Ihren Mitschülern.

4. Das Autohaus Fritz erreichte folgende Werte im Teilebereich:

Aufteilung	Werte der Abrechnungsperiode	Werte der vorangegangenen Abrechnungsperiode
Anteil am Gesamtumsatz	10 %	12 %

Teileumsatz
    über die Werkstatt
    über die Theke an Verbraucher
    Handelsgeschäft
	
	64 %
	35 %
	1 %
		
		70 %
		28 %
		2 %

Teile-Umsatz zu VAK pro Lagerist und Jahr	263 000,00 EUR	289 000,00 EUR
Bruttoertrag in % vom Umsatz	27 %	25 %
Deckungsbeitrag in % vom Umsatz	18 %	17 %
Teileumschlag	5,3	5,8
Teilebestand	182 000,00 EUR	158 000,00 EUR

a) Analysieren Sie die erreichten Werte anhand des Branchenschnitts, der Händlerspitzengruppe und des Zeitvergleichs.

b) Erläutern Sie mögliche Ursachen für die ermittelten Zahlen. Lösungstipp: Nutzen Sie die Methode der Kartenabfrage.

c) Welche Konsequenzen ziehen Sie aus der Analyse? Lösungstipp: Nutzen Sie die Methode des **Rollenspieles** und führen Sie ein Analysegespräch.

d) Präsentieren Sie Ihre Ergebnisse in ansprechender Form Ihren Mitschülern.

5. Das Autohaus Fritz erreichte folgende Werte in der Werkstatt:

Aufteilung	Werte der Abrechnungsperiode	Werte der vorangegangenen Abrechnungsperiode
Anteil am Gesamtumsatz	8,0 %	10 %
Lohnerlös nach Auftragsart		
Kundenaufträge	84 %	72 %
Gewährleistungsaufträge	7 %	10 %
Interne Aufträge	8 %	16 %
Verkaufte Stunden pro Monteur	1 230	1 360
Lohnerlös pro Durchgang	92,00 EUR	83,00 EUR
Lohnerlös pro Monteur pro Jahr	61 500,00 EUR	70 720,00 EUR
Bruttoertrag in % vom Umsatz	65 %	61 %
Deckungsbeitrag in % vom Umsatz	21 %	18 %
Produktivität der Monteure	90 %	90 %
Leistungsgrad der Monteure	94 %	90 %
Betreuungsgrad	51 %	48 %

a) Analysieren Sie die erreichten Werte anhand des Branchenschnitts, der Händlerspitzengruppe und des Zeitvergleichs.

b) Erläutern Sie mögliche Ursachen für die ermittelten Zahlen. Lösungstipp: Nutzen Sie die Methode der **Kartenabfrage**.

c) Welche Konsequenzen ziehen Sie aus der Analyse? Lösungstipp: Nutzen Sie die Methode des **Rollenspieles** und führen Sie ein Analysegespräch.

d) Präsentieren Sie Ihre Ergebnisse in ansprechender Form Ihren Mitschülern.

1.7 Controlling im Gesamtunternehmen

Eine tief gegliederte Kostenrechnung auf Teilkostenbasis liefert eine unüberschaubare Fülle von Daten. Der Leiter eines Kfz-Betriebes wäre durch diese Datenfülle nicht in der Lage, einen Überblick über das Unternehmen zu gewinnen. Aus diesem Grund hat der Controller einen **Bericht** zu erstellen, aus dem in überschaubarer Form die Leistungs- und Kostendaten zur Unternehmensführung ersichtlich sind.

Beispiel   Die Ertragslage Autohaus Fritz GmbH

	A	B	C	D	E	F	G	H	I
1	**Ertragslage Autohaus Fritz GmbH**								
2									
3	**Abteilung**	**Erlöse**			**Bruttoertrag**			**Deckungsbeitrag III**	
4		TEUR	Anteil in %		TEUR	in % der Erlöse		TEUR	in %
5			**AH Fritz**	Branche	**AH Fritz**	**AH Fritz**	Branche		der Erlöse
6	Neufahrzeuge einschließlich Vorführfahrzeuge	5 776,000	**44,52**	60,87	**577,600**	**10,00**	11,00	**248,478**	**4,30**
7	Gebraucht-fahrzeuge	6 048,000	**46,62**	21,08	**544,320**	**9,00**	9,00	**292,200**	**4,83**
8	Ersatzteil/Zubehör	795,312	**6,13**	11,62	**278,359**	**35,00**	31,22	**207,519**	**26,09**
9	Werkstatt	353,794	**2,73**	6,43	**264,994**	**74,90**	50,16	**98,834**	**27,94**
10	Gesamtbetrieb	12 973,106	**100,00**	100,00	**1 665,273**	**12,84**	16,10	**847,031**	**6,53**
11					Unternehmens-Fixkosten (Blockkosten)			617,320	4,76
12					Betriebsergebnis			229,711	1,77

Absolute Zahlen besitzen eine zu geringe Aussagekraft für eine umfassende Beurteilung des Kfz-Betriebes. Erst durch das In-Beziehung-Setzen werden die ermittelten Werte aussagekräftig.

Die Spalte C zeigt die Anteile der einzelnen Abteilungen am Gesamtumsatz. Durch den Vergleich mit der Branche wird deutlich, in welchen Bereichen der Schwerpunkt des Autohauses Fritz liegt. Besonders auffällig ist der hohe Anteil des Gebrauchtfahrzeuggeschäfts.

Eine Analyse des **Bruttoertrags**, Spalten E bis G, zeigt den unterschiedlichen Bruttogewinn beim Fahrzeugverkauf, beim Ersatzteilverkauf und in der Werkstatt. Der **Branchenvergleich**, Spalten F und G, zeigt, dass dieser branchenüblich ist, wobei das Autohaus Fritz im Ersatzteillager und in der Werkstatt erheblich über dem Branchendurchschnitt liegt. Insgesamt gesehen ist aber die **Ertragslage** verbesserungswürdig, da der Bruttogewinnanteil der Branche bei 16,1 % liegt, das Autohaus Fritz aber nur einen Wert von 12,84 % erreicht.

Die Summe der **Deckungsbeiträge III** dient zur Abdeckung der fixen Kosten des Kfz-Betriebes. Im Autohaus Fritz zeigen sich das Ersatzteillager und die Werkstatt als beitragsstarke Umsatzbereiche. Im Lager werden pro 100,00 EUR Umsatz 26,09 EUR zur Abdeckung der fixen Unternehmenskosten beigesteuert, in der Werkstatt beträgt dieser Wert 27,09 EUR.

Diese Aussage in Verbindung mit dem relativ niedrigen Anteil des Teileerlöses und der Werkstatt am Gesamterlös, nur 6,13 % (Lager) bzw. 2,73 % (Werkstatt) sprechen für eine notwendige Intensivierung des Teile- und Werkstattgeschäftes. Diese relativ schwachen Unternehmensbereiche begründen auch den niedrigen Gesamtbruttoertrag von 12,84 %.

Die Beziehung zwischen **Betriebsergebnis** und **Umsatz** führt zu einer weiteren, sehr wichtigen Kennzahl im Kfz-Betrieb, der **Umsatzrentabilität.**

Formel:

$$\text{Umsatzrentabilität} = \frac{\text{Betriebsergebnis} \cdot 100}{\text{Umsatz}}$$

Beispiel   Autohaus Fritz

$$\frac{229\,711,00 \cdot 100}{12\,973\,106,00} = 1,77\ \%$$

Die **Umsatzrentabilität** zeigt an, wie viel Gewinn pro 100,00 EUR Umsatz erwirtschaftet wurde. Im Autohaus Fritz sind das 1,77 EUR; ein überdurchschnittlich guter Wert, wie die folgende Übersicht zeigt.

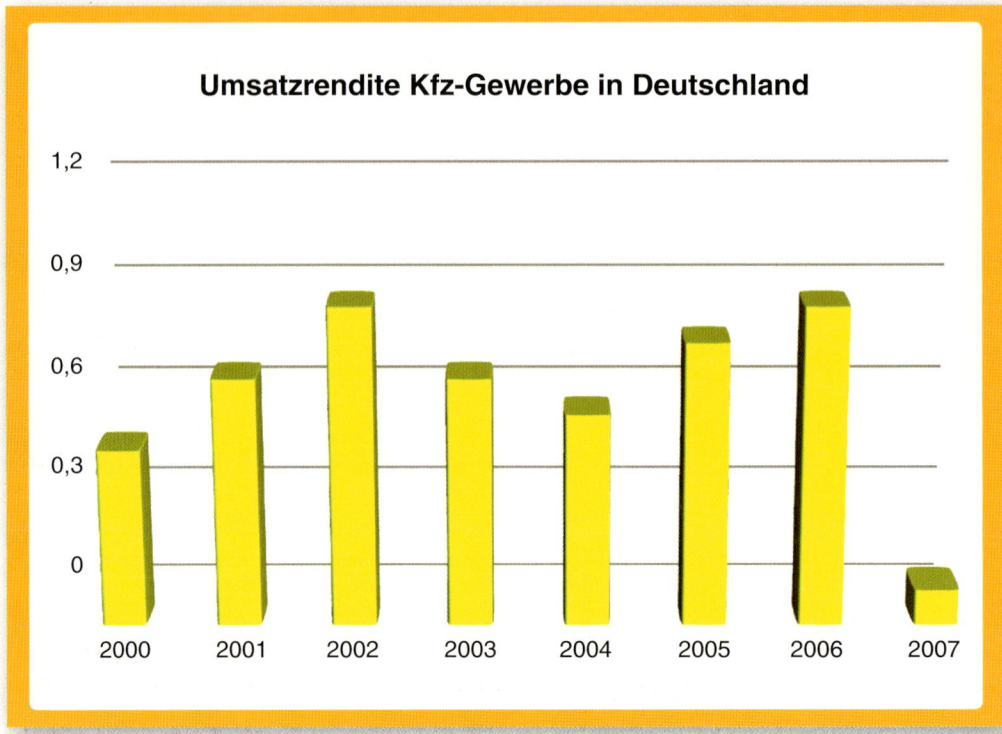

Im Autohaus Fritz können pro 100,00 EUR Umsatz 1,77 EUR für Ausschüttungen oder Investitionen im Autohaus verwendet werden.

In den Jahren 2000 bis 2007 bewegte sich die durchschnittliche Umsatzrendite im deutschen Kfz-Gewerbe immer unter der 1-%-Marke, wobei die Tendenz der Umsatzrendite rückläufig ist. Grund hierfür ist in erster Linie der Neufahrzeugverkauf. Härtere Marktbedingungen durch mehr Wettbewerber führten zu einem Preiskampf, der zulasten der Rendite ging. Darüber hinaus konnte die wirtschaftliche Lage in Deutschland die Kauflust der Konsumenten nicht weiter positiv beeinflussen.

Es bleibt festzuhalten, dass die durchschnittliche Umsatzrentabilität im deutschen Kraftfahrzeuggewerbe im Vergleich zu anderen Gewerben sich auf einem sehr niedrigen Niveau bewegt.

1.8 Leistungskennzahlen des Gesamtbetriebes

Die Leistungsmöglichkeiten eines Kfz-Betriebes sind u. a. durch die Mitarbeiterzahl begrenzt. Inwieweit die Leistungsmöglichkeiten des Kfz-Betriebes ausgenutzt werden, zeigt das In-Beziehung-Setzen der Mitarbeiterzahl mit dem Umsatz und dem Bruttoertrag.

Formel:

Beispiel   Für das Autohaus Fritz errechnet sich folgender Umsatz je Mitarbeiter:

$$\text{Erlös je Mitarbeiter} = \frac{\text{Gesamterlös}}{\text{Anzahl der Mitarbeiter}}$$

$$\frac{12\,973\,106{,}00}{27} = 480\,485{,}00 \text{ EUR}$$

Formel:

Beispiel   Für das Autohaus Fritz errechnet sich folgender Bruttoertrag je Mitarbeiter:

$$\text{Bruttoertrag je Mitarbeiter} = \frac{\text{Gesamtbruttoertrag}}{\text{Anzahl der Mitarbeiter}}$$

$$\frac{1\ 665\ 273{,}00}{27} = 61\ 677{,}00 \text{ EUR}$$

Beide Werte sind im **Zeitvergleich** und **Branchenvergleich** zu analysieren. Ein Zeitvergleich ist nur dann möglich, wenn Vergleichszahlen vorangegangener Wirtschaftsperioden vorliegen. Ist dies der Fall, so kann eine Verbesserung oder Verschlechterung der Werte ermittelt werden. Dieser **interne Vergleich** ist umso aussagekräftiger, je mehr Vergleichszahlen zur Verfügung stehen. Der Branchenvergleich führt nur bedingt zu einem aussagefähigen Ergebnis. Nicht jeder Kfz-Betrieb ist von der Umsatzstruktur her gleich; so weisen verkaufsorientierte Autohäuser einen höheren Umsatz pro Mitarbeiter aus, werkstatt- und serviceorientierte Autohäuser einen höheren Bruttoertrag je Mitarbeiter.

Das **Berichtswesen** im Autohaus ist eine wichtige Informationsquelle für die Betriebsleitung. Aus den monatlichen Berichten kann die Betriebsleitung einen schnellen Überblick über die Ertragslage des Unternehmens und seiner einzelnen Abteilungen gewinnen. Inwieweit Unternehmensziele erreicht oder verfehlt wurden, kann mithilfe einer funktionierenden Kostenrechnung und einer gezielten Aufbereitung der gewonnenen Daten durch den Controller festgestellt werden.

Für eine effiziente, marktorientierte Betriebsführung ist die kurzfristige Erfolgsrechnung auf Teilkostenbasis unerlässlich. Um den Anteil der einzelnen Abteilungen am Gesamtergebnis des Autohauses festzustellen, ist eine Kostenaufteilung im Rahmen der Vollkostenrechnung notwendig. Beide Kostenrechnungssysteme und ein effizientes Berichtswesen werden in Zukunft für die wirtschaftlich erfolgreiche Unternehmensführung eines Kfz-Betriebes unentbehrlich sein.

2 Bilanzkennzahlen

Um die wirtschaftliche Lage eines Unternehmens beurteilen zu können, müssen zusätzlich Kennzahlen aus Bilanzwerten ermittelt werden.

Beispiel Bilanzwerte des Autohauses Fritz

Aktiva	EUR	Passiva	EUR
Anlagevermögen		**Eigenkapital**	
Grundstücke	204 000,00	Kapital	718 000,00
Gebäude	468 000,00	Gewinn	229 711,00
Maschinen	51 500,00	Summe Eigenkapital	947 711,00
Betriebsausstattung	3 900,00	**Fremdkapital**	
Fuhrpark	53 000,00	**Langfristiges Fremdkapital**	
Vorführfahrzeuge	285 000,00	langfristige Bankverbindlichkeiten	889 289,00
Summe Anlagevermögen	1 065 400,00	Summe langfristiges FK	889 289,00
Umlaufvermögen		**Kurzfristiges Fremdkapital**	
Neufahrzeuge	908 000,00	kurzfristige Bankverbindlichkeiten	638 000,00
Gebrauchtfahrzeuge	584 900,00	Verbindlichkeiten aus Lieferung	
Teile/Zubehör	279 000,00	und Leistung	822 000,00
Forderungen	381 800,00	sonstige Verbindlichkeiten	47 700,00
Bankguthaben	115 000,00	Summe kurzfristiges FK	1 507 700,00
Kassenbestand	10 600,00		
Summe Umlaufvermögen	2 279 300,00	Summe Fremdkapital	2 396 989,00
Bilanzsumme	**3 344 700,00**	**Bilanzsumme**	**3 344 700,00**

2.1 Eigenkapitalanteil

$$\text{Eigenkapitalanteil} = \frac{\text{Eigenkapital}}{\text{Bilanzsumme}} \cdot 100$$

hoch: > 30 % = Stabilität und Unabhängigkeit des Unternehmens sind gewährleistet.

niedrig: < 20 % = Das Unternehmen ist zunehmend konjunkturanfällig.

< 15 % = Eine betriebswirtschaftliche Beratung ist anzustreben.

Was Aussagen über die Sicherheit eines Betriebes betrifft, so gehört diese Kennzahl zu den wichtigsten. Der Wert vernünftiger Eigenkapitalausstattung wird gerade in einer Konjunkturschwächephase besonders deutlich und steht bei Bankgesprächen ganz oben. Die Kennzahl besagt, wie viel des bilanzierten Vermögens tatsächlich dem Betrieb gehört. Je weniger Fremdfinanzierung vorliegt, desto unabhängiger ist ein Unternehmen von Geldgebern und umso stabiler ist die Situation in konjunkturellen Krisenzeiten.

Eigenkapital bedingt keinen Liquiditätsabfluss durch Zinskosten. Die Stabilität des Unternehmens kann notfalls auch durch Eigenkapitalverzehr (= Verluste) gewährleistet werden. In der Analyse spielen die Betriebsgröße und der Branchenvergleich sowie das Alter des Betriebes eine Rolle.

Beispiel Autohaus Fritz

$$\text{Eigenkapitalanteil} = \frac{947\ 711,00 \cdot 100}{3\ 344\ 700,00} = 28,33\ \%$$

2.2 Liquiditätskennzahlen

$$\text{Liquidität 1. Grades} = \frac{\text{(Bank + Kassenbestand)}}{\text{kurzfr. Fremdkapital}} \cdot 100$$

$$\text{Liquidität 2. Grades} = \frac{\text{(flüssige Mittel + Forderungen)}}{\text{kurzfr. Fremdkapital}} \cdot 100$$

$$\text{Liquidität 3. Grades (Working-Capital-Rate)} = \frac{\text{Umlaufvermögen}}{\text{kurzfr. Fremdkapital}} \cdot 100$$

Die **Liquidität 1. Grades** zeigt an, wie schnell durch bare Mittel die kurzfristigen Schulden beglichen werden können.

Die **Liquidität 2.** Grades zeigt an, wie schnell durch bare Mittel und Außenstände die kurzfristigen Schulden beglichen werden können.

Die **Liquidität 3.** Grades zeigt an, wie schnell durch das Umlaufvermögen die kurzfristigen Schulden beglichen werden können. Die Kennzahl ist von der Berechnung her gesehen mit der Working-Capital-Ratio identisch. Eine positive Working-Capital-Ratio, d. h. über 100 %, stellt eine gewisse Liquiditätsreserve dar, die bei Preiserhöhungen oder Konjunkturschwankungen überlebensnotwendig sein kann.

Da sich die Liquiditätskennzahlen aber nur auf den Bilanzstichtag beziehen, ist eine aussagefähige Beurteilung der Liquidität mit ihnen nicht möglich. Die Werte sind vergangenheitsorientiert. Die Liquidität ist aber für die Zukunft des Unternehmens von Interesse.

Die ermittelten Kennzahlen haben durchaus einen statistischen Wert.

Beispiel Autohaus Fritz

$$\text{Liquidität 1. Grades} = \frac{\text{(115 000,00 + 10 600,00)}}{1\ 507\ 700{,}00} \cdot 100 = 8{,}33\ \%$$

$$\text{Liquidität 2. Grades} = \frac{\text{(125 600,00 + 381 800,00)}}{1\ 507\ 700{,}00} \cdot 100 = 33{,}65\ \%$$

$$\text{Liquidität 3. Grades (Working-Capital-Rate)} = \frac{2\ 279\ 300{,}00}{1\ 507\ 700{,}00} \cdot 100 = 151{,}18\ \%$$

2.3 Cashflow

Formel (Basisversion):

$$\text{Cashflow in EUR} = \text{Jahresgewinn} + \text{Abschreibungen}$$

Der **Cashflow** ist eine wichtige Finanzkennzahl. Sie gibt denjenigen Ertrag an, der zur Eigenfinanzierung des Autohauses erwirtschaftet wird. Sie gibt das Finanzierungspolster zur Tilgung von Schulden oder zur Finanzierung von Investitionen an. Dabei wird das Ergebnis des Wirtschaftsjahres um die nicht ausgabewirksamen Posten erweitert.

Dem Gedanken, mit dem Cashflow – vornehmlich unter Finanzierungsgesichtspunkten – zu fundierten Aussagen über die Ertrags- oder Selbstfinanzierungs- und Schuldentilgungskraft zu kommen, liegen folgende Überlegungen zugrunde: Über die Umsatzerlöse fließen dem Unternehmen Geldmittel zu. Andererseits werden für den betrieblichen Aufwand Mittel verwendet. Als Differenz verbleibt der Gewinn. Dabei werden mit den Abschreibungen Aufwendungen abgesetzt, die die Abnutzung als Wertminderung erfassen. Dies führt nicht zu Ausgaben in der Rechnungsperiode. Aus diesem Grund sind die Abschreibungen zum Jahresgewinn zu addieren.

Beispiel Autohaus Fritz

Im Autohaus Fritz beliefen sich die Abschreibungen im vergangenen Jahr auf 80 000,00 EUR. Der Gewinn betrug 229 711,00 EUR.

> Cashflow in EUR = 229 711,00 EUR   Jahresgewinn
> +   80 000,00 EUR   Abschreibungen
> 309 711,00 EUR

Cashflow-Umsatzrate

Formel:

$$\text{Cashflow-Umsatzrate} = \frac{\text{Cashflow}}{\text{Umsatz}} \cdot 100$$

Der Cashflow in EUR ausgedrückt ist wenig aussagekräftig. Durch das In-Beziehung-Setzen zur Betriebsleistung = Umsatz wird die Aussagekraft dieser Kennzahl wesentlich gesteigert. Die Cashflow-Umsatzrate gibt das Verhältnis vom Umsatz zum erwirtschafteten Cashflow wieder. Diese Kennzahl ermittelt, wie viel Prozent vom Umsatz zur Eigenfinanzierung bereitgestellt werden (Branchenschnitt derzeit 2 bis 4,5 %).

Beispiel Autohaus Fritz

Der Cashflow beträgt 309 711,00 EUR. Der Umsatz betrug 12 793 106,00 EUR.

$$\text{Cashflow-Umsatzrate} = \frac{309\ 711,00}{12\ 793\ 106,00} \cdot 100 = 2,42\ \%$$

2.4 Rentabilitätskennzahlen

$$\text{Eigenkapitalrentabilität} = \frac{\text{Gewinn}}{\text{Eigenkapital}} \cdot 100$$

$$\text{Gesamtkapitalrentabilität} = \frac{(\text{Gewinn} + \text{Zinsaufwendungen})}{\text{Gesamtkapital}} \cdot 100$$

Die **Eigen-** bzw. **Gesamtkapitalrentabilität** zeigt eine Art Kapitalverzinsung auf.

Die Gesamtkapitalrentabilität drückt in der Analyse die **Insolvenzgefährdung** am besten aus. Wird eine sinkende Tendenz festgestellt, so ist eine Schwachstellenanalyse durchzuführen. Eine mangelnde Rentabilität kann in zu hohen Kosten oder zu geringen Verkaufserlösen begründet sein.

Beispiel Autohaus Fritz

Der Gewinn betrug 229 711,00 EUR, das Eigenkapital 947 711,00 EUR, das Gesamtkapital 3 344 700,00 EUR und die Zinsaufwendungen betrugen 106 500,00 EUR.

$$\text{Eigenkapitalrentabilität} = \frac{229\,711,00}{947\,711,00} \cdot 100 = 24,24\ \%$$

$$\text{Gesamtkapitalrentabilität} = \frac{(229\,711,00 + 106\,500,00)}{3\,344\,700,00} \cdot 100 = 10,05\ \%$$

2.5 Umsatzentwicklung

Formel:

$$\text{Umsatzentwicklung} = \frac{\text{Umsatzveränderung}}{\text{Umsatz des Vorjahres}} \cdot 100$$

Die **Umsatzentwicklung** zeigt an, wie stark sich der Umsatz gegenüber dem Vorjahr verändert hat. Eine steigende Tendenz lässt auf ein gutes Firmenimage schließen, wobei Preissteigerungen die Aussagekraft dieser Kennzahl vermindern können. Ist die Tendenz fallend, liegt somit ein Umsatzrückgang vor; dann ist eine Schwachstellenanalyse durchzuführen, um die Ursachen zu ergründen.

Beispiel   Autohaus Fritz

Der Umsatz in diesem Jahr betrug 12 793 106,00 EUR, im letzten Jahr betrug der Umsatz 12 233 800,00 EUR. Die Umsatzänderung beträgt 12 793 106,00 EUR minus 12 233 800,00 EUR = 559 306,00 EUR.

$$\text{Umsatzentwicklung} = \frac{559\,306,00}{12\,233\,800,00} \cdot 100 = 4,57\ \%$$

Aufgaben

Folgende Bilanzwerte liegen vor:

Aktiva	EUR	Passiva	EUR
Anlagevermögen		**Eigenkapital**	
Grundstücke	104 668,00	Kapital	302 000,00
Gebäude	372 000,00	Gewinn	48 000,00
Maschinen	38 998,00	Summe Eigenkapital	350 000,00
Betriebsausstattung	51 200,00	**Fremdkapital**	
Fuhrpark	28 000,00	**Langfristiges Fremdkapital**	
Vorführfahrzeuge	153 000,00	langfristige Bankverbindlichkeiten	684 800,00
Summe Anlagevermögen	747 866,00	Summe langfristiges FK	684 800,00
Umlaufvermögen		**Kurzfristiges Fremdkapital**	
Neufahrzeuge	724 000,00	kurzfristige Bankverbindlichkeiten	562 000,00
Gebrauchtfahrzeuge	384 000,00	Verbindlichkeiten aus Lieferung	
Teile/Zubehör	156 000,00	und Leistung	739 000,00
Forderungen	282 000,00	sonstige Verbindlichkeiten	29 700,00
Bankguthaben	63 264,00	Summe kurzfristiges FK	1 330 700,00
Kassenbestand	8 370,00		
Summe Umlaufvermögen	1 617 634,00	Summe Fremdkapital	2 015 500,00
Bilanzsumme	**2 365 500,00**	**Bilanzsumme**	**2 365 500,00**

Weitere Daten:

Abschreibungen	42 000,00 EUR
Umsatz dieses Jahr	8 900 000,00 EUR
Umsatz letztes Jahr	8 100 000,00 EUR
Zinsaufwendungen	81 000,00 EUR

a) Erstellen Sie mithilfe geeigneter EDV-Software eine Bilanztabelle nach obigem Muster mit allen Summenformeln.

b) Erstellen Sie eine Tabelle mit den weiteren Daten.

c) Ermitteln Sie unter Zuhilfenahme einer geeigneten EDV-Software folgende Kennzahlen:
 Eigenkapitalanteil
 Liquidität 1. Grades
 Liquidität 2. Grades
 Liquidität 3. Grades
 Cashflow in EUR
 Cashflow-Umsatzrate
 Eigenkapitalrentabilität
 Gesamtkapitalrentabilität
 Umsatzrentabilität
 Umsatzentwicklung

d) Interpretieren Sie die Werte. Lösen Sie die Aufgabe in **Gruppenarbeit**.

Lernfeldaufgabe:
Jahresplanung und Strategie im Autohaus Fritz

Situationsbeschreibung: Das Autohaus Fritz plant für das neue Geschäftsjahr. Alle Abteilungsverantwortlichen werden zum Jahresplanungsgespräch eingeladen. Herr Fritz erläutert ihnen die Situation wie folgt.

Bilden Sie **Arbeitsgruppen**. Jede Arbeitsgruppe übernimmt die Planung für eine Abteilung.

1. Neufahrzeugverkauf

Der Wettbewerb wird im folgenden Jahr schwieriger. Im Neufahrzeugverkauf ist durch die Ansiedlung eines Wettbewerbers mit sinkenden Verkaufszahlen von ca. 15 % und sinkenden Gewinnen zu rechnen. Außerdem wird der Hersteller/Importeur UNICA keine neuen Modelle auf den Markt bringen. Im abgelaufenen Jahr hat die Neufahrzeugabteilung mit drei Verkäufern 380 Einheiten vermarktet. Der Gesamtumsatz belief sich auf 5 776 000,00 EUR, der Wareneinsatz auf 5 198 400,00 EUR, der Bruttoertrag betrug 577 600,00 EUR, das entspricht 10 % vom Umsatz. Der durchschnittliche Verkaufspreis betrug 15 200,00 EUR pro Fahrzeug.
Im kommenden Jahr ist Herr Fritz bereit, so weit Nachlässe zu geben, dass noch 8 % Bruttoertrag bleiben. Allerdings möchte er im kommenden Jahr wieder 380 bis 400 Neufahrzeuge veräußern, wobei insbesondere die Modelle LUXERA- und MAGNA-Van verstärkt vermarktet werden sollen. Die Kosten in der Abteilung Neufahrzeugverkauf werden sich im Vergleich zum Vorjahr prozentual zum Umsatz nicht wesentlich verändern.
a) Erstellen Sie eine Planerfolgsübersicht für die Neufahrzeugverkaufsabteilung im Rahmen der Teilkostenrechnung.
b) Planen Sie die neuen Absatzziele von Herrn Fritz realistisch mit ein. Basis ist die Ergebnisübersicht des abgelaufenen Jahres.
c) Planen Sie eine Zielvereinbarung mit jedem Verkäufer. Legen Sie die Anzahl der zu vermarktenden Modelle fest. Denken Sie an die Vorgabe, dass die Modelle LUXERA- und MAGNA-Van verstärkt vermarktet werden sollen. Überprüfen Sie, ob die Umsätze mit dem Umsatzziel übereinstimmen.
d) Überlegen Sie, welche Maßnahmen ergriffen werden müssen, um die gestellten Ziele zu erreichen. Nutzen Sie hierbei die Methode des **Brainstormings**.

2. Gebrauchtfahrzeugverkauf

Das Gebrauchtfahrzeuggeschäft lief im letzten Jahr sehr gut. Im Autohaus Fritz wurden von vier Verkäufern insgesamt 540 Einheiten vermarktet. Der Umsatz belief sich auf 6 048 000,00 EUR, der Wareneinsatz auf 5 503 680,00 EUR, der Bruttoertrag betrug 544 320,00 EUR, das entspricht 9 % vom Umsatz. Der durchschnittliche Verkaufspreis betrug 11 200,00 EUR.
Herr Fritz möchte den Gebrauchtfahrzeugverkauf ankurbeln. Er fordert die Gebrauchtfahrzeugverkäufer auf, im kommenden Jahr insgesamt 600 Einheiten zu vermarkten, wobei der durchschnittliche Verkaufspreis nicht unter 10 000,00 EUR sinken soll. Die Kosten in der Abteilung Gebrauchtfahrzeugverkauf werden sich im Vergleich zum Vorjahr prozentual zum Umsatz nicht wesentlich verändern.

a) Erstellen Sie eine Planerfolgsübersicht für die Gebrauchtfahrzeugverkaufsabteilung im Rahmen der Teilkostenrechnung.
b) Planen Sie die neuen Absatzziele von Herrn Fritz realistisch mit ein. Basis ist die Ergebnisübersicht des abgelaufenen Jahres.
c) Planen Sie eine Zielvereinbarung mit jedem Verkäufer. Legen Sie die Anzahl der zu vermarktenden Modelle fest.
d) Überlegen Sie, wo das Autohaus Fritz zusätzliche Gebrauchtfahrzeuge ankaufen kann.

3. Teilelager

Das Teilelager erwirtschaftete im abgelaufenen Jahr einen Umsatz von 795 312,00 EUR. Dabei entfielen 495 312,00 EUR Umsatz auf den Kundendienst, 180 000,00 EUR Umsatz auf den Thekenverkauf und 120 000,00 EUR Umsatz auf den Zubehörverkauf. Der Wareneinsatz betrug 516 953,00 EUR, der Bruttoertrag 278 359,00 EUR, das entspricht 35 % vom Umsatz.

Im Prinzip ist Herr Fritz mit dem Teilelager zufrieden. Es ist klein, aber fein. Trotzdem möchte Herr Fritz den Umsatz insbesondere im Theken- und Zubehörverkauf steigern. Er sieht hier Chancen im Tuning-Shop.

Zielvorgabe ist eine Umsatzsteigerung von 10 % im Zubehörgeschäft und 8 % im Thekenverkauf. Die Kosten in der Abteilung Teilelager werden sich im Vergleich zum Vorjahr prozentual zum Umsatz nicht wesentlich verändern.

a) Erstellen Sie eine **Planerfolgsübersicht** für das Teilelager im Rahmen der Teilkostenrechnung.
b) Planen Sie die neuen Absatzziele von Herrn Fritz realistisch mit ein. Basis ist die Ergebnisübersicht des abgelaufenen Jahres.
c) Überlegen Sie, welche Maßnahmen ergriffen werden müssen, um die gestellten Ziele zu erreichen.

4. Kundendienst

Die Werkstattmannschaft besteht aus einem Meister, vier Monteuren und drei Auszubildenden, das entspricht fünf Monteureinheiten. Jede Monteureinheit verkaufte im abgelaufenen Jahr 1 480 Stunden mit einem durchschnittlichen Verrechnungssatz von 47,81 EUR. Das bedeutet, der Umsatz betrug 353 794,00 EUR, der Fertigungslohn 88 800,00 EUR, der Bruttoertrag 264 994,00 EUR, das entspricht 74,9 % vom Umsatz.

Im kommenden Jahr wird der durchschnittliche Stundenverrechnungssatz auf 46,00 EUR gesenkt. Die Werkstatt soll besser ausgelastet werden. Jede Monteureinheit muss 1 500 Stunden verkaufen.

Durch die Ansiedlung eines „Fast Fitters" beim neu angesiedelten Einkaufszentrum befürchtet Herr Fritz allerdings Probleme bei der Auslastung der Werkstatt. Die Kosten in der Abteilung Kundendienst werden sich im Vergleich zum Vorjahr prozentual zum Umsatz nicht wesentlich verändern.

a) Erstellen Sie eine **Planerfolgsübersicht** für den Kundendienst im Rahmen der Teilkostenrechnung.
b) Planen Sie die neuen Absatzziele von Herrn Fritz realistisch mit ein. Basis ist die Ergebnisübersicht des abgelaufenen Jahres.
c) Überlegen Sie, welche Maßnahmen ergriffen werden müssen, um die Auslastung der Werkstatt sicherzustellen.

Blockkosten/Kalkulatorische Kosten
Bei den Blockkosten und den Kalkulatorischen Kosten erwartet Herr Fritz einen Anstieg von 1,5 % zum Vorjahreswert.
a) Erstellen Sie eine **Planerfolgsübersicht** für das Gesamtunternehmen im Rahmen der Teilkostenrechnung.

b) Planen Sie die neuen Kosten von Herrn Fritz realistisch mit ein. Basis ist die Ergebnisübersicht des abgelaufenen Jahres.

c) Ermitteln Sie die Plangewinnschwellen der einzelnen Abteilungen.

d) Ermitteln Sie den Plangewinn.

Strategiegespräch

Nachdem Sie obige Planungen vorgenommen haben, bittet Herr Fritz die Abteilungsverantwortlichen zu einer Strategiesitzung, auf der die einzelnen Planungen diskutiert werden.

Nutzen Sie die Methode des **Rollenspieles**. Ein(e) Schüler(in) ist Herr Fritz und jeweils ein(e) Schüler(in) übernimmt die Rolle eines Abteilungsverantwortlichen.

a) Jeder Abteilungsverantwortliche stellt die Planung für seine Abteilung vor.

b) Diskutieren Sie die vorgeschlagenen Maßnahmen der einzelnen Abteilungsverantwortlichen, um die gestellten Ziele zu erreichen.

c) Halten Sie die genehmigten Maßnahmen schriftlich fest.

d) Erstellen Sie eine **Planerfolgsübersicht** im Rahmen der Teilkostenrechnung, die von allen Abteilungsverantwortlichen und Herrn Fritz genehmigt werden muss. Sollte keine Einigung erzielt werden, hat Herr Fritz „das letzte Wort".

Methoden- und Präsentationspool für die Arbeit mit diesem Buch

Betriebserkundung

Eine Betriebsbesichtigung bietet Ihnen die Chance, anschauliche Informationen aus erster Hand zu erhalten. Sie wird für Sie und den Betrieb erfolgreich verlaufen, wenn das gastgebende Unternehmen auf Ihre Interessen vorbereitet ist.

- Formulieren Sie das Ziel Ihrer Besichtigung und die wichtigsten Fragen.
- Führen Sie ein Vorbereitungsgespräch.
- Treffen Sie präzise organisatorische Verabredungen (Uhrzeit, Wegbeschreibung …).
- Informieren Sie die Teilnehmer rechtzeitig über die getroffenen organisatorischen Verabredungen.

Brainstorming

Verfahren zur Ideenfindung und zur Problemlösung:

- Geeignet für Gruppen bis zu zwölf Personen
- Kreisförmige oder quadratische Sitzordnung
- Möglichst ein Moderator/Moderatorin, um Ideen aufzunehmen
- Dauer bis zu 45 Minuten
- Fragestellung wird vorher festgelegt, in diesem Heft z. B. durch Arbeitsauftrag

  Grundregeln:
  – Jede Idee ist willkommen, je ausgefallener, desto besser.
  – Ideen können aufgegriffen und abgeändert werden.
  – Bewertung und Kritik der Beiträge sind nicht zugelassen, um Ideenfluss nicht zu behindern.
  – Ideen werden festgehalten, z. B. auf einem Flipchart oder auf Kärtchen an einer Pinnwand.
- Auswertung im Nachhinein durch Ordnung der Beiträge und ggf. Rangfolge.

Debatte

Unter einer Debatte wird das „geregelte Aufeinandertreffen unterschiedlicher Meinungen" verstanden. Damit eine Debatte neue Erkenntnisse bringt, beachten Sie bitte Folgendes:

- Teilen Sie die Klasse in zwei Gruppen (pro und kontra) und legen Sie eine Rednerliste fest.
- Vereinbaren Sie eine maximale Redezeit pro Redner.
- Losen Sie aus, welche Gruppe mit der Debatte beginnt.
- Tragen Sie Ihre Meinung eindeutig und begründet vor.
- Setzen Sie sich mit den Meinungen der Gegenseite argumentativ auseinander.
- Vermeiden Sie „Killersprüche" oder rhetorische Tricks.
- Klären Sie am Ende der Debatte, ob Gruppenmitglieder durch den Debattenverlauf ihre Meinungen geändert haben.

Es empfiehlt sich, einen „Moderator" zu wählen, der auf die Einhaltung der Debattenregeln achtet.

Gruppenarbeit

Die ideale Gruppengröße liegt bei vier bis sechs Teilnehmern/Teilnehmerinnen. Die Gruppen sollten von den Schüler/innen, durchaus nach Sympathie, selbst gebildet werden; nur im Konfliktfall ist ein Eingreifen der Lehrkraft notwendig. Die Gruppen arbeiten selbstständig, d. h., sie planen selbst die Herangehensweise an die jeweiligen Handlungsweisen oder Arbeitsaufträge, deren Durchführung und Präsentation. Dabei kann die Gruppe entscheiden, Teilaufgaben in Einzel- oder Partnerarbeit durchzuführen, die Ergebnisse sollten zu einem gemeinsamen Endergebnis zusammengeführt werden.

Spielregeln:

- Jedes Gruppenmitglied ist für das Ergebnis mitverantwortlich.
- Die Gruppendiskussionen sollten sich immer am Sachziel orientieren.
- Der Einzelne darf in der Gruppe nicht untergehen.
- Das Eingehen auf den Einzelnen darf nicht vom Ziel abführen.
- Jeder ist für die von ihm übernommenen Aufgaben gegenüber der Gruppe verantwortlich.
- Diskussionsbeiträge dürfen nicht persönlich verletzend sein.
- Jeder darf ausreden. Die Gruppe vereinbart ggf. Redezeiten und greift bei „Langzeitrednern" ein.
- Jeder darf sich frei äußern. Die Meinungen der Gruppenmitglieder werden gegenseitig akzeptiert.
- Die Arbeitsatmosphäre in der Gruppe sollte von jedem bei Bedarf angesprochen werden.
- Vereinbarte Termine werden eingehalten.
- Protokollführung und Moderation sollten von Sitzung zu Sitzung abwechseln.
- An der Ergebnispräsentation sollten möglichst alle Gruppenmitglieder teilnehmen oder diese zumindest gemeinsam vorbereiten und dann einen Sprecher wählen.

Interview

Das Interview ist eine besondere Form der Informationsbeschaffung. Bereiten Sie sich deshalb gründlich auf den Interviewpartner und auf das zu behandelnde Thema vor.

- Besorgen Sie sich Informationen über die Firma bzw. den Interviewpartner (Geschäftsberichte, Zeitungsartikel, Selbstdarstellungsbroschüren …).
- Halten Sie alle Fragen schriftlich fest (vgl. Mindmap).
- Systematisieren Sie Ihre Fragen.
- Mit welcher Frage wollen Sie beginnen?
- Nehmen Sie das Interview mit einem Kassettenrekorder oder einem Diktafon auf.

Gestalten Sie Ihr Interview abwechslungsreich. Verwenden Sie unterschiedliche Fragetypen wie W-Fragen (z. B. wer, wo, warum …), offene oder geschlossene Fragen. Und noch eins: Vier Ohren hören mehr als zwei!

Kartenabfrage (Metaplantechnik)

Ziel dieser Methode ist es, alle Gruppenmitglieder an der Problemlösung zu beteiligen und möglichst viele Lösungsansätze zu erfassen.

Arbeitsschritte:

- Die Leitfrage wird an einer Pinnwand/Tafel notiert.
- Schreiben Sie Ihre Antworten auf die ausgeteilten Karten (max. sieben Worte).

- Achten Sie darauf, dass in großen und kleinen Druckbuchstaben geschrieben wird.
- Notieren Sie nur eine Aussage auf eine Karte.
- Die Karten werden eingesammelt, vorgelesen und an eine Pinnwand/Tafel geheftet.
- Jetzt werden die Karten zu gemeinsamen Oberbegriffen („Clustern") zusammengefasst. Kennzeichnen Sie Widersprüche (⚡) und heften Sie eventuelle Ergänzungen an.
- Erst danach werden die einzelnen Lösungsansätze diskutiert.

Sind sehr viele Stichworte vorhanden, bietet sich eine **Punktabfrage** an, um die Wertigkeit der Äußerungen festzulegen. Jeder Teilnehmer erhält dann drei bis fünf Klebepunkte und darf diese auf die für ihn wichtigsten Stichworte kleben.

Mindmapping

- Methode zum Aufschreiben oder Aufzeichnen von Ideen
- Möglichst ein Moderator/eine Moderatorin, um Impulse zu geben
- Halbkreisförmige Sitzordnung um Tafel sinnvoll

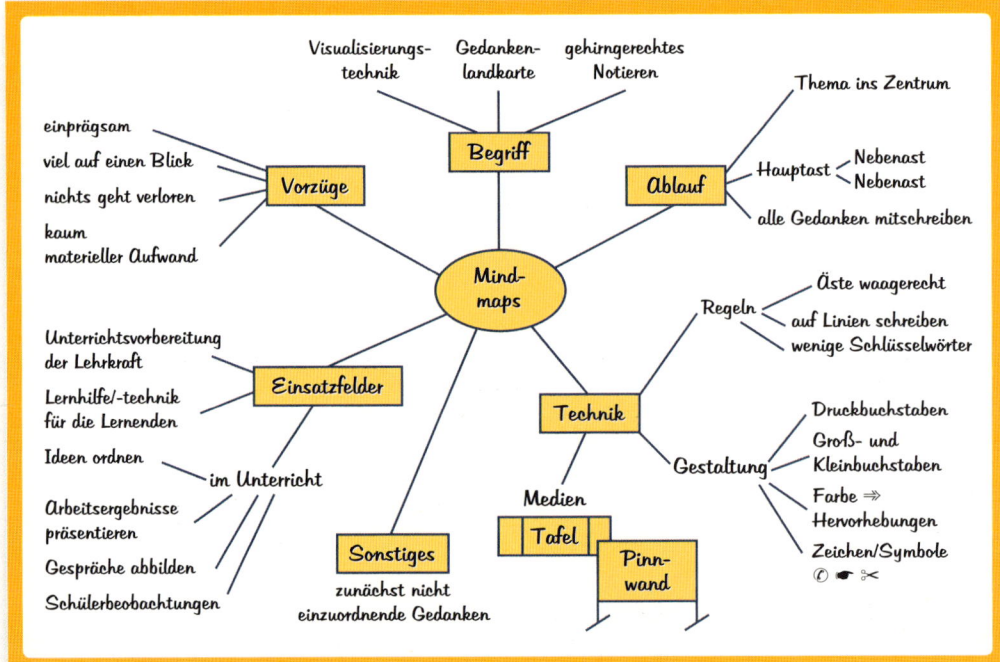

Regeln:

- Querformat und Waagerechte
- Thema als Kreis oder Ellipse im Zentrum
- Grobgliederung: Hauptäste = Hauptgedanken
- Feingliederung: Zweige und Zweiglein
- Ein Wort pro Ast/Zweig
- Druckschrift
- Pfeile, Einrahmungen und Farben für Verbindungen und Hervorhebungen
- Streichungen mit Handschuh = grau schraffiertes Feld
- Ast „Sonstiges" für nicht zuordnungsfähige Ideen, alternativ: am Blattrand notieren

- Am Schluss Äste nummerieren, wenn Reihenfolge wichtig
- Evtl. Mindmap auf eine Aktivitätenliste zur weiteren Bearbeitung übertragen

Rollenspiel

Definition: Lernspiel, bei dem unter fiktiven Umständen Realität simuliert wird; Koordination durch einen Spielleiter (muss nicht der Lehrer/die Lehrerin sein)

Merkmale:

- dynamisch
- Rollenidentifikation: Jeder Spieler beurteilt die Spielereignisse aus einer rollenspezifischen Perspektive.
- Rollenkonflikte: Aufgrund unterschiedlicher Interessenslagen kommt es zu Auseinandersetzungen und Diskussionen.
- Meinungsbildung: Im Spielverlauf werden Handlungsstrategien zur Durchsetzung der rollenspezifischen Interessen entwickelt.
- Handlungsergebnis: Die rollenspezifischen Interessen werden im Wege der Kompromissbildung durchgesetzt.

Ablauf:

1. Vorbereitung
   - Festlegen der Handlungssituation, Klärung der Zielsetzung: Was wird gespielt? (evtl. Drehbuch)
   - Basisinformationen (durch Spielleiter Schulbücher oder Situationen/Tipps in diesem Heft)
   - Rollenverteilung (freie Wahl oder durch Spielleiter)
     Zu unterscheiden:
     – Hauptrollen/Schlüsselrollen: tragen das Geschehen
     – Stützrollen: dienen den Schlüsselrollen als Informanten, Berater usw.
     – Nebenrollen: z. B. Kameraleute, Protokollanten, Requisiteure usw.
   - Rollenanweisung (= Rollenbeschreibung durch Drehbuch oder Rollenkärtchen)

2. Durchführung
   - Organisation, z. B. Raumvorbereitung, Requisiten, Möbel beschaffen, evtl. Videokamera
   - ein- oder mehrmaliges Durchspielen der Situation

3. Auswertung
   - keine Beurteilung der schauspielerischen Fähigkeiten
   - Eindrücke, Erfahrungen auflisten; Beobachtungsbögen ausfüllen
   - Resümee

Präsentation

Aufbau:

1. *Einleitung*
- Begrüßung und namentliche Vorstellung der Vortragenden
- Thema, Ziele, Inhalt und Ablauf

2. *Hauptteil*
- Darstellung der Ergebnisse in sachlogischer oder zeitlicher Reihenfolge
- Rahmeninformationen, z. B. zur Arbeitsorganisation, Erfahrungen während der Projektarbeit

3. Schlussteil

- Zusammenfassung der wichtigsten Aussagen
- Fazit, evtl. auch zum Arbeitsablauf
- Aufforderung zur Diskussion

Grundregeln, Voraussetzungen:

- pünktlich beginnen, angekündigte Zeit einhalten
- Blickkontakt zum Publikum
- laut sprechen
- normales Sprechtempo
- Pausen machen
- Inhalte durch Gestik unterstreichen
- Wichtiges durch Medien visualisieren

Präsentation: Feedback/Rückmeldung

Grundregeln für Feedback:

- beschreiben, nicht bewerten oder interpretieren
- konkret an Beispielen, nicht pauschal
- nachvollziehbar
- realistisch, nicht utopisch
- konstruktiv, sachlich, für andere annehmbar, nicht verletzend
- unmittelbar, nicht verspätet
- Der Feedback-Gebende sollte nur für sich sprechen.
- Der Feedback-Annehmende sollte
  - den anderen unbedingt ausreden lassen
  - Kritik nicht persönlich nehmen, sondern als positive Anregung auffassen
  - durch Feedback seine Wirkung auf andere überprüfen
  - Feedback als Angebot sehen, das er annehmen kann oder nicht

Ziel von Feedback istes, dass sich die Beteiligten

- ihrer Verhaltensweisen bewusst werden,
- einschätzen lernen, wie ihr Verhalten auf andere wirkt,
- sehen, was sie bei anderen auslösen,
- sich also selbst und den anderen besser kennen und verstehen lernen.

Stellen Sie zur Nachbearbeitung folgende Fragen und halten Sie die Antworten stichwortartig fest:

- Ist die **Zielsetzung** gelungen? Wenn nicht, woran lag es?
- Entsprach die Aufbereitung der Präsentation dem Thema?
- Wie sind die Phasen der **Präsentation** gelungen?
  1. **Eröffnung?**
  2. **Hauptteil?**
  3. **Schluss?**

Was muss verbessert werden? Gibt es Vorschläge?

- Wie war der **Diskussionsverlauf?**
- Wie war die **Organisation?** Was könnte hier verbessert werden?

- Ist der Einsatz der Medien gelungen? Falls es Schwierigkeiten gab, wurden diese behoben oder wie sind sie beim nächsten Mal zu beheben?
- Wie war die **Beziehung**, der Kontakt der **Präsentierenden** untereinander?
- Wie war der **Kontakt** zu den **Teilnehmern/Teilnehmerinnen?**

Visualisierung/Medieneinsatz

Grundregeln:

- nur Wesentliches prägnant darstellen
- Inhalte müssen für Zuhörer leicht erkennbar und lesbar sein
- sicherer Umgang mit technischen Medien, falls die Technik mal ausfällt, einfallsreich umdisponieren, z. B. anstatt Folien Flipchart (= dreibeiniges Metallgestell mit Papierblock)
- deutlich gliedern
- auf Sachverhalte mit Stift, Zeigestock oder Laserpointer, nicht mit dem Finger zeigen

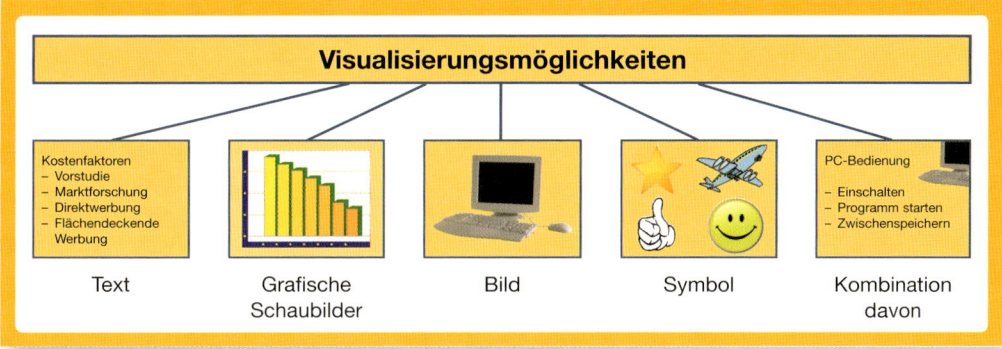

Daten des Modellunternehmens
Autohaus Fritz GmbH

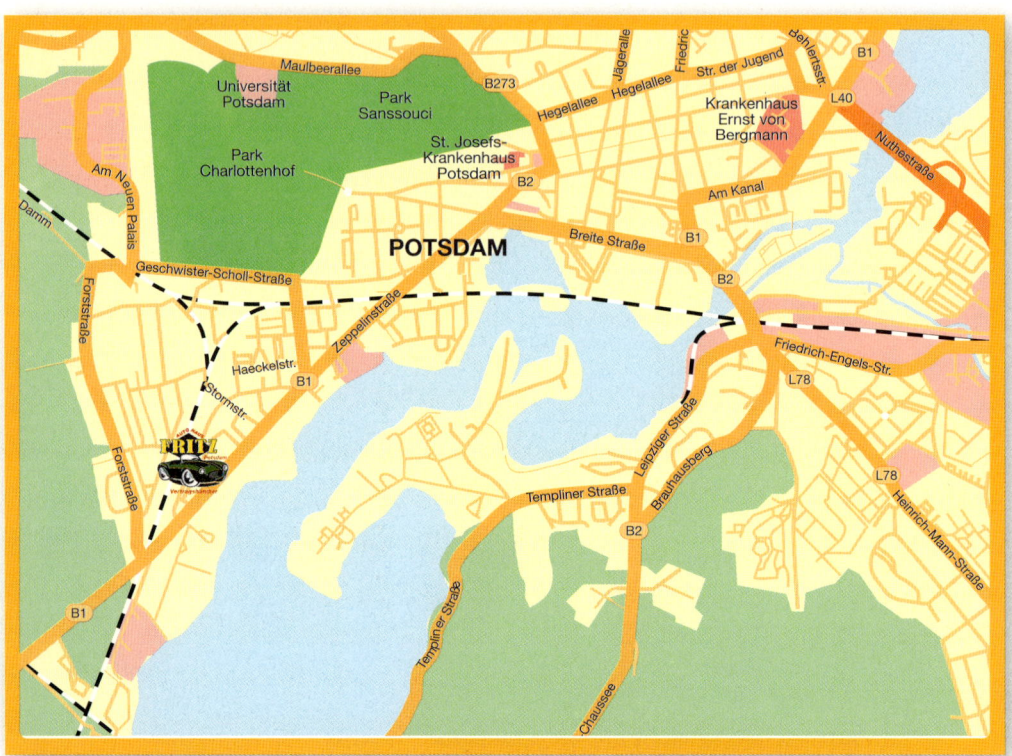

Autohaus	Importeur	Hersteller
Autohaus Fritz GmbH Am Templiner See 12 14471 Potsdam Tel.: 0331 903232 Fax: 0331 903230 E-Mail: autohaus_fritz@t-online.de Homepage: www.autohaus_fritz.de	**UNICA** **Importgesellschaft mbH** Weserstr. 84 28807 Bremerhaven Tel.: 0471 4698-0 Fax: 0471 4698-15 Ansprechpartner: Klaus Struck	**UNICA, United Cars Ltd.** 12–16, Milford Lane 70345 Cincinnati, OH U.S.A.
Bankverbindung: Mittelbrandenburgische Sparkasse Potsdam BLZ: 160 500 00 Konto-Nr.: 542 464 BIC: WELADED1PMB IBAN: DE34160500000000542464	**Bankverbindung:** Bremer Landesbank BLZ: 290 500 00 Konto-Nr.: 432 456 56 BIC: BRLADE22 IBAN: DE48290500000043245656	

Organigramm

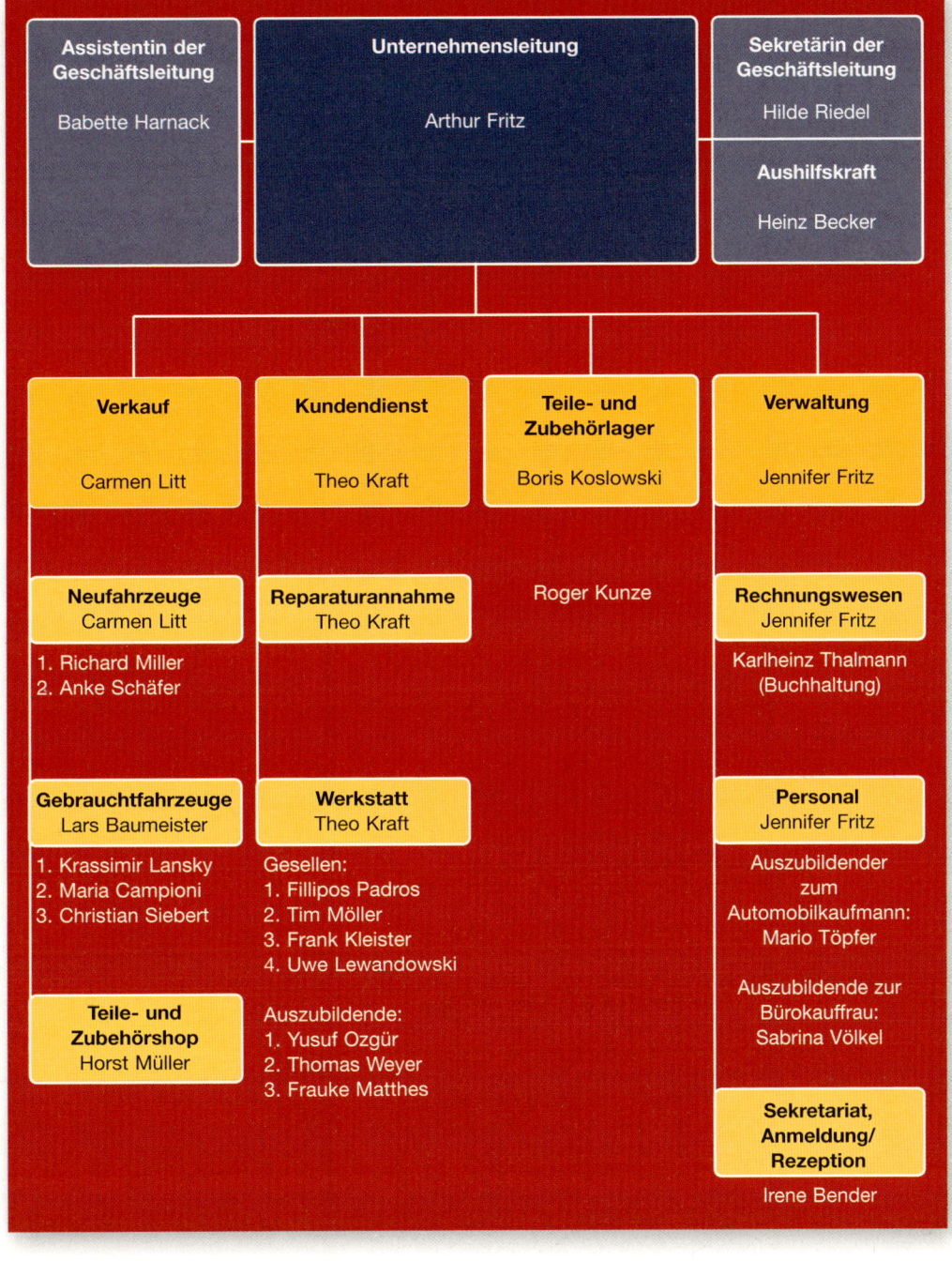

	Unternehmensleitung	
Assistentin der Geschäftsleitung Babette Harnack	Arthur Fritz	**Sekretärin der Geschäftsleitung** Hilde Riedel
		Aushilfskraft Heinz Becker

Verkauf

Carmen Litt

Kundendienst

Theo Kraft

Teile- und Zubehörlager

Boris Koslowski

Verwaltung

Jennifer Fritz

Neufahrzeuge
Carmen Litt

1. Richard Miller
2. Anke Schäfer

Reparaturannahme
Theo Kraft

Roger Kunze

Rechnungswesen
Jennifer Fritz

Karlheinz Thalmann
(Buchhaltung)

Gebrauchtfahrzeuge
Lars Baumeister

1. Krassimir Lansky
2. Maria Campioni
3. Christian Siebert

Werkstatt
Theo Kraft

Gesellen:
1. Fillipos Padros
2. Tim Möller
3. Frank Kleister
4. Uwe Lewandowski

Personal
Jennifer Fritz

Auszubildender
zum
Automobilkaufmann:
Mario Töpfer

Auszubildende zur
Bürokauffrau:
Sabrina Völkel

Teile- und Zubehörshop
Horst Müller

Auszubildende:
1. Yusuf Ozgür
2. Thomas Weyer
3. Frauke Matthes

Sekretariat, Anmeldung/ Rezeption

Irene Bender

Sortiment

Modell	UPE brutto EUR	UPE netto EUR	Händlerrabatt in %	Einkaufspreis netto EUR
PRIMOS-Limousine 3/5-türig	10 200,00	8 571,43	13	7 457,14
PRIMOS-Kombi	11 000,00	9 243,70	14	7 949,58
MAGNA-Limousine 3/5-türig	14 800,00	12 436,97	14	10 695,80
MAGNA-Kombi	15 300,00	12 857,14	15	10 928,57
MAGNA-Van	15 700,00	13 193,28	16	11 082,35
LUXERA-Limousine 3/5-türig	22 300,00	18 739,50	17	15 553,79
LUXERA-Cabriolet	25 000,00	21 008,40	18	17 226,89

Kunden

Kunde	Anschrift	Bemerkung
Privatkunde	Otto Bauer, Lindenstr. 20, 14467 Potsdam, Tel.: 0331 134422	Fan von Hertha BSC
Firmenkunde	Teltower Beton GmbH, Oderstr. 4–6, 14513 Teltow, Tel.: 03328 53221 (= Fax)	Immer Probefahren einräumen
Privatkunde	Elly Hauser, Gartenstr. 35 14469 Potsdam, Tel.: 0331 903355	Automatik-Fahrerin
Privatkunde	Renate Baumgart, Luisenstr. 44, 14806 Belzig, Tel.: 033841 32435	Zweitwagen, Ehemann BMW-Fahrer
Firmenkunde	Elektro-Maurer GmbH, Preußenplatz 1–3, 14467 Potsdam, Tel.: 0331 4549-0, Fax: 0331 4549-31	Kombi-Kunde
Privatkunde	Dr. Rüdiger Hartmann, Bachstr. 5, 14542 Werder, Tel.: 03327 76541 (= Fax)	Cabrio-Fahrer
Privatkunde	Christian Pflanz, Deichstr. 40, 14797 Lehnin, Tel.: 03382 913	Führerscheinneuling
Privatkunde	Doris Deister, Im Park 4, 14548 Caputh, Tel.: 033209 864	Friseurmeisterin, plant Selbstständigkeit
Privatkunde	Sun-Ku Kang, Generalkonsulat der Republik Korea, Kurfürstendamm 190, 10780 Berlin, Tel.: 030 8859660, privat: Kastanienallee 35, 14471 Potsdam Tel.: 0331 613247	Hat zwei Kinder und arbeitet bei der koreanischen Botschaft in Berlin, fährt LUXERA

Lieferer

Name	Produkte/ Leistungen	Name	Produkte/ Leistungen
Oliana AG Herr Kinkel Industriestr. 13 47226 Duisburg	**Schmierstoffe, Öle** Gründer und Inhaber: Wilhelm Kinkel	Pneus AG Herr Gutjahr Elbchaussee 3–12 22765 Hamburg	**Reifen**
Cars & Fun GmbH Frau Anna Müller Grethe-Weiser- Weg 56 14055 Berlin	**Autoradios, Tuning** Inhaber: Heinz Krüger sen.	Merritt & Co. Mr. Torres Industriepark 3 71001 Stuttgart	**Autoelektrik, Batterien**
Czech KG Frau Ute Frisch August-Bebel-Str. 12–14 14770 Brandenburg	**Werkstatt- Ausstattungen** Inhaber: Thomas Czech	Der Büro-Profi GmbH Frau Pawlik Ottostr. 22 14469 Potsdam	**Büroausstattungen**
Tintulus AG Herr Czimballa Reinhardtplatz 1 12103 Berlin	**Trägersysteme, Behälter**	Kfz-Werkstatt Rolf Weber e. Kfm. Am Brunnen 2 14473 Potsdam	**zeitweise als Subunternehmer tätig**

Abkürzungsverzeichnis

AB	Anfangsbestand
AG	Aktiengesellschaft
AH	Autohaus
AW	Arbeitswert
BAB	Betriebsabrechnungsbogen
BGA	Betriebs- und Geschäftsausstattung
DB	Deckungsbeitrag
EC	Eurocheque
EI	Erlösindex
EK	Eigenkapital
EUR	Euro
FK	Fremdkapital
GA	Geschäftsausstattung
GmbH	Gesellschaft mit beschränkter Haftung
GMK	Gemeinkosten
GoB	Grundsätze ordnungsmäßiger Buchführung
GuV	Gewinn- und Verlustrechnung (Gewinn- und Verlustkonto)
GF	Gebrauchtfahrzeug
GWG	Geringwertige Wirtschaftsgüter
H	Haben
KER	Kurzfristige Erfolgsrechnung
KLR	Kosten- und Leistungsrechnung
LI	Lohnindex
LL	Lieferungen und Leistungen
NF	Neufahrzeug
RAP	Rechnungsabgrenzungsposten
Ro	Rechenoperation
S	Soll
SB	Schlussbestand
SBK	Schlussbilanzkonto
SKI	Selbstkostenindex
St	Steuern (Lohnsteuer und Solidaritätszuschlag)
SVB	Sozialversicherungsbeiträge
TEUR	Tausend Euro
UPE	Unverbindliche Preisempfehlung
VAK	Verrechnete Anschaffungskosten
ZDK	Zentralverband Deutsches Kraftfahrzeuggewerbe e. V.

Muster-Betriebsabrechnungsbogen (BAB)

	A	B	C	D
1	**Betriebsabrechnungsbogen Autohaus Fritz GmbH** ③ ④			
2				
3	Konto ①	Kostenart ②	Gesamt ②	Verteilungsgrundlage/ Verteilungsschlüssel
4	7000	Neufahrzeuge	5 198 400,00	Einzelbelege
5	7040	Gebrauchtfahrzeuge	5 503 680,00	Einzelbelege
6	7300	Teile und Zubehör	516 953,00	Einzelbelege
7	4101	Produktive Löhne	88 800,00	Werkstattabrechnungen
8		Summe Einzelkosten	11 307 833,00	
9	4110	unproduktive Löhne	29 600,00	Werkstattabrechnungen
10	4200	Gehalt/Fixa, Aushilfslohn	312 000,00	Lohn- und Gehaltslisten
11	4300	Sozialaufwand gesetzlich	103 654,00	Lohn- u. Gehaltslisten
12	4500	Reparaturen/Instandsetzung	78 000,00	Stellenzugehörigkeit
13	4600	Hilfsmittel/Betriebsmittel	5 800,00	Werkstatt
14	4401–4405	Heizung/Energie	26 800,00	Umbauten Raum/Verbrauch
15	4803	Büromaterial	23 000,00	laut Belegen
16	4710	Gewerbesteuer	120 000,00	Anteil am Ergebnis
17	4720	Beiträge	6 800,00	Bescheide
18	4730	Versicherungen	19 200,00	investiertes Kapital
19	4805	Rechts- u. Beratungskosten	15 200,00	laut Belegen
20	4801–4802	Porto/Fax/Telefon	13 600,00	Verbrauch
21	4825	Bewirtungskosten	6 300,00	Abteilung
22	4826	Reisekosten	8 500,00	Anlass/Stellenzugeh.
23	4821	Werbekosten	198 000,00	Abteilung
24	4811	sonstige Kosten	52 000,00	laut Belegen
25	4890–4893	Kalkulatorische Kosten	120 000,00	Anteil am Ergebnis
26	4921–4922	Verkaufsprovisionen	206 268,00	Gehaltslisten
27	4941–4942	Fertigmachen	6 840,00	Neufahrzeuge-Verkauf
28	4950–4963	Gewährleistungen/ Sachmängelhaftung	78 000,00	laut Belegen
29	4965	Kulanzen	6 000,00	laut Belegen
30		Summe Gemeinkosten	1 435 562,00	
31		Umlage Verwaltungskosten		Inanspruchnahme in %
32		Anteilige Verwaltungskosten		
33		Summe Gemeinkosten nach Umlage der Verwaltungskosten		
34		Normalzuschlag in %		
35		verrechnete Gemeinkosten		
36		Kostenüber-/-unterdeckung		
37		Sollzuschlag in %		
38				
39				Berechnung
40				Summe Gemeinkosten
41				Anteilige Verwaltungskst.
42				Summe Gemeinkosten nach Umlage der Verwaltungs- kosten
43				Normalzuschlag in %
44				verrechnete Gemeinkosten
45				Kostenüber-/-unterdeckung
46				Sollzuschlag in %

E	F	G	H	I
①	①	①	①	①
Neufahrzeugverkauf	Gebrauchtfahrzeugverkauf	Lager	Kundendienst	Verwaltung
5 198 400,00				
	5 503 680,00			
		516 953,00		
			88 800,00	
5 198 400,00	5 503 680,00	516 953,00	88 800,00	
			29 600,00	
28 600,00	33 800,00	50 700,00	27 300,00	171 600,00
26 514,00	27 220,00	10 140,00	5 460,00	34 320,00
			78 000,00	
			5 800,00	
2 680,00	2 680,00	1 340,00	17 420,00	2 680,00
				23 000,00
50 0000,00	50 000,00	10 000,00	10 000,00	
				6 800,00
4 000,00	4 000,00	2 000,00	7 200,00	2 000,00
8 700,00	3 300,00		2 200,00	1 000,00
4 200,00	4 000,00	200,00	600,00	4 600,00
				6 300,00
				8 500,00
120 000,00	58 000,00	10 000,00	10 000,00	
				52 000,00
40 000,00	40 000,00	20 000,00	20 000,00	
103 968,00	102 300,00			
6 840,00				
38 000,00	30 000,00		10 000,00	
5 200,00	800,00			
438 702,00	356 100,00	104 380,00	223 580,00	312 800,00
35,00	30,00	20,00	15,00	100,00 ⑤
109 480,00	93 840,00	62 560,00	46 920,00 ←	
548 182,00	449 940,00	166 940,00	270 500,00	⑥
10,00	10,00	30,00	280,00	
519 840,00	550 368,00	155 085,90	248 640,00	
−28 342,00	100 428,00	−11 854,10	−21 860,00	⑧
10,55	8,18	32,29	304,62	⑥
Summe (E9:E29)				
I30/100 x E31				
E30 + E32				
gegebener Wert aus dem Vorjahr				
E8/100 x E34				
E35−E33				
E33/E8 x 100				

Sachwortverzeichnis

Bildquellenverzeichnis

Angelika Brauner, Hohenpeißenberg/ Bildungsverlag EINS GmbH, Köln	232
Fotolia Deutschland GmbH, Berlin	34 (Vasilis Akoinoglou), 49 (AstroBoi), 62 (Vasilis Akoinoglou), 231 (Stern=JJAVA; Flugzeug=picture-optimize; Daumen=pdesign; Smiley=Michael Brown)
MEV Verlag GmbH, Augsburg	Umschlagfoto, 231 (Computer)

Lehrplansynopse – wo verstecken sich die Lernfelder?

Lernfelder des Rahmenlehrplans	Ausbildungsjahr	Allgemeine Wirtschaftslehre für Automobilkaufleute 00750	Rechnungswesen und Controlling für Automobilkaufleute 00765	Automobilbetriebslehre – Service und Auftragsabwicklung 00770	Automobilbetriebslehre – Vertrieb und Finanzdienstleistungen 00771
1 – Das Unternehmen und seine Leistungen erkunden sowie die betriebliche Zusammenarbeit aktiv mitgestalten	1. Ausbildungsjahr	X		X (Technik)	
2 – Bestände und Wertströme erfassen und dokumentieren			X		
3 – Verkaufsgespräche im Teile- und Zubehörbereich führen und Kunden beraten				X	
4 – Teile- und Zubehöraufträge bearbeiten			X (Wareneinkauf, -verkauf)	X	
5 – Personalwirtschaftliche Aufgaben wahrnehmen	2. Ausbildungsjahr	X	X (Lohn- und Gehaltsabrechnungen)		
6 – Am Jahresabschluss und an der Kosten- und Leistungsrechnung mitwirken			X		
7 – Wartungs- und Reparaturaufträge bearbeiten			X (Zahlungsverkehr)	X	
8 – Kundenbezogene Maßnahmen im Rahmen einer Marketingstrategie entwickeln					X
9 – Rahmenbedingungen und Einflussgrößen bei wirtschaftlichen Entscheidungen in der Kfz-Branche berücksichtigen	3. Ausbildungsjahr	X			
10 – Erfolgskontrollen durchführen und Kennzahlen für betriebliche Entscheidungen aufbereiten			X		
11 – An Neu- und Gebrauchtfahrzeuggeschäften mitwirken			X (Fahrzeughandel)		X
12 – Finanzdienstleistungen und betriebsspezifische Leistungen vermitteln					X

Kontenklasse 2	Kontenklasse 3	Kontenklasse 4 und 5		Kontenklasse 7	Kontenklasse 8	Kontenklasse 9
Abgrenzungskonten	Wareneinkaufskonten, Vorräte (WE)	Betriebliche Aufwendungen		Verrechnete Anschaffungskosten (VAK)	Erlöskonten VE	Sonderkonten
20 Außerordentliche, betriebs- und periodenfremde Aufwendungen 2000 Außerordentliche Aufwendungen 2010 Betriebsfremde Aufwendungen 2020 Periodenfremde Aufwendungen **21 Zinsen und ähnliche Aufwendungen** 2100 Zinsen und ähnliche Aufwendungen 2180 Kundenskonti **22 Steueraufwendungen** 2200 Körperschaftsteuer 2208 Solidaritätszuschlag 2213 Kapitalertragsteuer 25 % 2280 Gewerbesteuernachzahlungen **23 Sonstige Aufwendungen** 2300 sonstige Aufwendungen 2310 Anlagenabgänge (Restbuchwert bei Buchverlust) 2315 Anlagenabgänge (Restbuchwert bei Buchgewinn) 2320 Verluste aus dem Abgang von Gegenständen des AV 2325 Verluste aus dem Abgang von Gegenständen des Umlaufvermögens (außer Vorräten) 2327 Verluste aus Schadensfällen 2350 Grundstücksaufwendungen 2375 Grundsteuer 2380 Spenden **24 Forderungsverluste** 2400 Forderungsverluste **25 Außerordentliche Erträge** 2500 Außerordentliche Erträge 2510 Betriebsfremde Erträge 2520 Periodenfremde Erträge **26 Zinserträge** 2650 Zinsen und ähnliche Erträge 2690 Lieferantenskonti **27 Sonstige abzugrenzende Erträge** 2700 Sonstige Erträge 2720 Erträge aus dem Abgang von Gegenständen des AV 2732 Erträge aus abgeschriebenen Forderungen 2735 Erträge aus der Auflösung von Rückstellungen 2750 Grundstückserträge **28 Gewinn- und Verlustvortrag, verrechnete kalkulatorische Kosten** 2890 Verr. kalk. Unternehmerlohn 2891 Verr. kalk. Miete 2892 Verr. kalk. Zinsen 2893 Verr. kalk. Abschreibungen 2894 Verr. kalk. Wagnisse	**30 WE, Bestand Pkw** 3000 Pkw neu 3039 Überführungs- und Zulassungskosten Pkw 3040 Pkw gebraucht (regelbesteuert) 3050 Pkw gebraucht ohne Vorsteuerabzug (differenzbesteuert) **33 WE Bestand Teile, Zubehör** 3300 Pkw Teile und Zubehör 3310 Pkw Tauschteile 3320 Pkw-Teile vom Teilegroßhändler 3350 Pkw Reifen 3360 Pkw Schmierstoffe **36 WE Fremdleistungen** 3600 Fremdleistungen Pkw	**41 Lohn** 4101 Löhne produktiv 4110 Löhne unproduktiv Kundendienst 4115 Löhne unproduktiv sonstige Abteilungen **42 Gehalt, Lohnfortzahlung VWL** 4200 Gehalt, Fixa, Aushilfslohn 4220 Lohnfortzahlung 4221 Umlage Lohnfortzahlung 4222 Erstattung Lohnfortzahlung 4270 Geschäftsführergehalt 4280 Vermögenswirksame Leistungen 4290 Fahrtkostenerstattung **43 Soziale Aufwendungen** 4300 Gesetzliche soziale Aufwendungen 4330 Aufwendungen für Altersversorgung 4340 Beitrage zur Berufsgenossenschaft 4360 Freiwillige soziale Aufwendungen 4380 Weiterbildung **44 Miete, Pacht, Leasing** 4400 Miete, Pacht Immobilien 4401 Heizung 4402 Strom 4404 Wasser 4405 sonstige Raumkosten 4450 Miete, Leasing Mobilien **45 Reparaturen, Abschreibung, Kosten des Fuhrparks, Werkzeuge** 4500 Reparaturen, Instandhaltung 4510 Abschreibungen, GWG 4511 Afa GWG Sammelposten 4520 Kosten Fuhrpark 4530 Werkzeuge **46 Hilfs- und Betriebsstoffe sonstige** 4600 Hilfs- und Betriebsstoffe 4675 Abschreibungen auf Sachanlagen 4676 Außerplanmäßige Abschreibungen auf Sachanlagen 4690 Abschreibungen auf das Umlaufvermögen **47 Steuern, Gebühren, Versicherungen, Beiträge, EDV** 4700 Steuern und Gebühren 4710 Gewerbesteuer 4711 Sonstige Betriebsteuern 4720 Beiträge 4730 Versicherungen 4752 EDV-Kosten	**48 verschiedene Kosten** 4801 Porto, Versandkosten 4802 Telefon, Telefax, Internetgebühren 4803 Büromaterial 4804 Zeitschriften 4805 Rechts- und Beratungskosten 4808 Abfallbeseitigung 4809 Nebenkosten des Geldverkehrs 4811 sonstige Kosten 4821 Werbekosten 4822 Werbegeschenke abzugsfähig 4823 Werbegeschenke nicht abzugsfähig 4824 Repräsentationskosten 4825 Bewirtungskosten **489 Kalkulatorische Kosten** 4890 Kalk. Unternehmerlohn 4891 Kalk. Miete 4892 Kalk. Zinsen 4893 Kalk. Abschreibungen **49 Verkaufsabhängige Kosten** 4921 Verkäuferprovision NW 4922 Verkäuferprovision GW 4941 Ablieferungsdurchsicht 4950 Sachmängelhaftung Neufahrzeuge 4951 Sachmängelhaftung Gebrauchtfahrzeuge 4954 Sachmängelhaftung Teile und Zubehör 4962 Garantie, Kulanz Teiledienst 4963 Garantie, Kulanz Kundendienst 4971 TÜV- und Schätzgebühren Verkauf 4981 Zulassungskosten Verkauf **50 Interner Aufwand** 5000 Interner Aufwand zu Lasten Verkauf 5010 Interner Aufwand zu Lasten Teiledienst 5020 Interner Aufwand zu Lasten Kundendienst 5030 Interner Aufwand zu Lasten Verwaltung	**70 VAK Pkw** 7000 Pkw neu 7020 Pkw Vorführwagen 7039 Überführungs- und Zulassungskosten 7040 Pkw gebraucht (regelbesteuert) 7047 Pkw gebr. steuerfrei 7050 Pkw gebr. differenzbesteuert **73 VAK Pkw Teile und Zubehör** 7300 Pkw Teile und Zubehör 7305 *Pkw Teile und Zubehör Garantie* 7309 Pkw Teile und Zubehör intern 7310 Pkw Tauschteile 7319 Pkw Tauschteile intern 7349 Sonstige Teile intern 7350 Reifen 7360 Schmierstoffe 7369 Schmierstoffe intern **76 VAK Fremdleistungen** 7630 Fremdleistungen Pkw 7639 Fremdleistungen Pkw intern **77 Boni und Verkaufshilfen** 7700 Boni Pkw 7705 Verkaufshilfen Pkw 7708 Rabatte Pkw	**80 VE Erlöse Pkw** 8000 Pkw neu 8020 Pkw Vorführfahrzeuge 8039 Überführung und Zulassung Pkw 8040 Pkw gebraucht (regelbesteuert) 8047 Pkw gebraucht umsatzsteuerfrei 8050 Pkw gebr. differenzbesteuert 8059 Mehrerlös Gebrauchtfahrzeuge 8080 Erlösschmälerungen Pkw **83 Erlöse Teile, Zubehör** 8300 Pkw Teile und Zubehör 8305 *Pkw Teile und Zubehör Garantie* 8309 Pkw Teile und Zubehör intern 8310 Pkw Tauschteile 8315 Pkw Tauschteile Garantie 8319 Pkw Tauschteile intern 8320 Pkw Originalteile vom Teilegroßhandel 8329 Pkw-Originalteile vom Teilegroßhandel int. 8350 Pkw Reifen 8360 Pkw Schmierstoffe 8369 Pkw Schmierstoffe intern 8380 Pkw Teile Erlösschmälerungen **86 Lohnerlöse** 8600 Lohnerlöse Instandsetzung 8609 Lohnerlöse Instandsetzung intern 8610 Lohnerlöse Lackiererei 8619 Lohnerlöse Lackiererei intern 8620 Lohnerlöse Karosserie 8625 Lohnerlöse Karosserie 8629 Lohnerlöse Karosserie intern 8630 Fremdleistungen Pkw 8639 Fremdleistungen Pkw intern **89 Sonstige Erlöse** 8900 Sonstige Erlöse 8984 Sonstige Erlösschmälerungen 8985 Vermittlungsprovision Kunden-Finanzierung 8986 Vermittlungsprovision Leasing-Finanzierung 8995 Eigenverbrauch 8999 Erlössammelkonto	**90 Vortragskonten** 9000 Saldenvorträge 9008 Saldenvorträge Debitoren 9009 Saldenvorträge Kreditoren 9090 Summenvortragskonto *Kursiv gedruckte Konten sind im ZDK-DATEV-Kontenrahmen 2012 nicht (mehr) erwähnt*

Kontenklasse 0	Kontenklasse 1
Anlage- und Kapitalkonten	**Finanz- und Privatkonten**

Kontenklasse 0 Anlage- und Kapitalkonten	Finanz- und Privatkonten

Kontenklasse 0
Anlage- und Kapitalkonten
Immaterielle Vermögensgegenstände

00 Grundstücke
0065 Unbebaute Grundstücke
0085 Bebaute Grundstücke

01 Bauten
0100 Fabrik- und Geschäftsbauten
0140 Wohngebäude

02 Technische Anlagen und Maschinen
0200 Technische Anlagen und Maschinen

03 Andere Anlagen, Betriebs- und Geschäftsausstattung
0310 Andere Anlagen

04 Fahrzeuge, GWG
0400 Fahrzeuge
0410 Vorführfahrzeuge
0420 Büroeinrichtung (BGA)
0485 GWG Pool (150,01 EUR–
    1 000,00 EUR)

0630 Verbindlichkeiten gegenüber Kreditinstituten
0631 Restlaufzeit bis 1 Jahr
0640 Restlaufzeit 1 bis 5 Jahre
0650 Restlaufzeit größer 5 Jahre

08 Eigenkapital

Bei Kapitalgesellschaften
0800 Gezeichnetes Kapital
0840 Kapitalrücklage
0846 gesetzliche Gewinnrücklagen
0851 Satzungsmäßige Rücklagen
0855 Andere Gewinnrücklagen

Bei Personenunternehmungen
0870 Kapital Vollhafter
0900 Kapital Teilhafter (Kommandit-Kapital)

09 Rückstellungen, aktive und passive RAP (Rechnungsabgrenzungsposten)
0930 Sonderposten mit Rücklagenanteil
0950 Pensionsrückstellungen
0955 Steuerrückstellungen
0970 Sonstige Rückstellungen
0980 Aktive RAP
0990 Passive RAP

1000 Kasse

1100 Postbank

1200 Banken

13 Besitzwechsel und Schecks
1300 Wechsel aus Lieferungen Leistungen
1330 Schecks

14 Forderungen aus Lieferungen und Leistungen (LuL)
1400 Forderungen aus LuL
1460 Zweifelhafte Forderungen
1491 Sonstige Forderungen Jahresabgrenzung

15 Sonstige Vermögensgegenstände
1500 Sonstige Vermögensgegenstände
1510 Geleistete Anzahlungen auf Vorräte
1530 Forderungen gegen Personal
1545 Umsatzsteuerforderungen
1550 (geleistete) Darlehen
1571 abziehbare Vorsteuer 7 %
1574 abziehbare Vorsteuer aus innergemeinschaftlichem Erwerb 19 %
1576 abziehbare Vorsteuer 19 %
1588 Einfuhrumsatzsteuer
1590 Durchlaufende Posten

16 Verb. aus LuL und Schuldwechsel
1600 Verbindlichkeiten aus LuL
1660 Schuldwechsel

17 Sonstige Verbindlichkeiten und Darlehen
1700 Sonstige Verbindlichkeiten
1701 Sonstige Verbindlichkeiten Jahresabgrenzung
1705 (aufgenommene) Darlehen
1736 Verb. aus Steuern und Abgaben
1740 Verb. aus Lohn und Gehalt
1741 Verb. aus Lohn- und Kirchensteuer
1742 Verb. im Rahmen der sozialen Sicherung
1750 Verb. aus Vermögensbildung
1755 Lohn- und Gehaltsverrechnung
1759 Voraussichtliche Beitragsschuld Sozialversicherungsträger
1774 Umsatzsteuer innergemeinschaftlicher Erwerb 19 %
1776 Umsatzsteuer 19 %
1780 Umsatzsteuervorauszahlung
1790 Umsatzsteuer Vorjahr

18 Privatkonten Vollhafter
1800 Privatentnahmen
1880 unentgeltliche Wertabgaben
1890 Privateinlagen

19 Privatkonten Teilhafter
1900 Privatentnahmen
1980 unentgeltliche Wertabgaben
1990 Privateinlagen